윈드프로파일러와 대기탐측

WIND PROFILER AND ATMOSPHERIC SOUNDING

허복행 지음

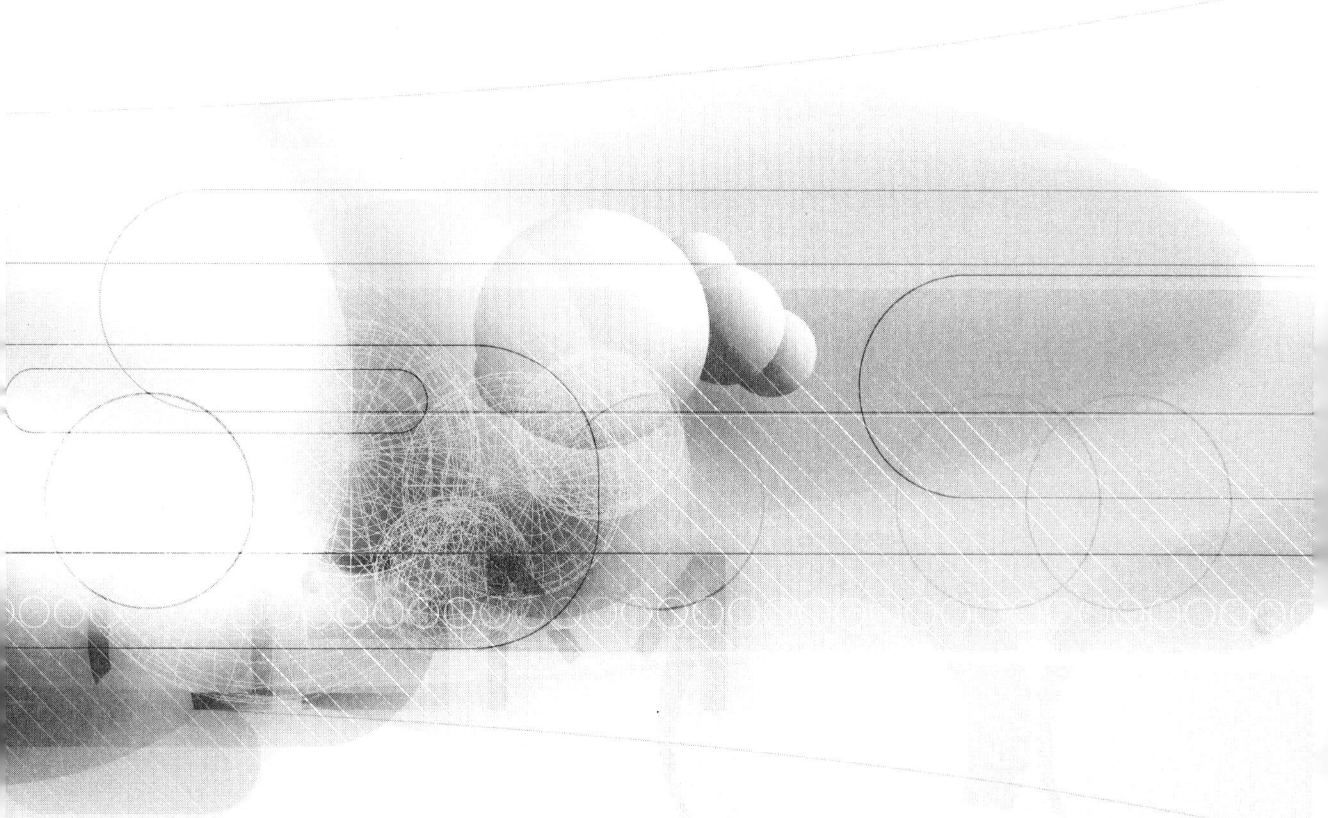

홍릉과학출판사

머리말

최근 위험 기상을 만드는 중규모 기상 현상이나 항공기의 안전한 이·착륙에 영향을 주는 바람시어를 감시하고자 전국 20여개 소에 윈드프로파일러가 도입되어 운영되고 있다. 또한 이들 관측 자료를 활용하여 중규모 위험 기상을 분석하고 기상이나 수치예측 모델의 예측정확도를 높이기 위한 자료동화가 활발히 진행되고 있다.

윈드프로파일러는 수십 cm~수십 m 파장의 전파를 대기로 방사하고 대기에서 다시 산란되어오는 전파 신호를 검출하여 기상 정보를 얻는 원격탐사장비이다. 이 장비는 수분의 시간분해능과 수십 m의 공간분해능으로 상공의 바람 자료를 제공하며, 송신 파장의 절반 크기에 해당하는 난류 정보도 제공한다. 이 관측 자료로 해륙풍, 산악파, 관성중력파, 대기경계층 등과 같은 작은 규모의 기상 현상에 대한 바람 구조를 파악할 수 있고, 대류경계층 고도, 대류권계면 고도, 전선 등과 같은 불연속면과 난류층을 분석할 수 있다. 윈드프로파일러의 우수한 성능 중에서 하나는 난류와 강수 입자에서 산란되어오는 두 신호를 동시에 수신할 수 있다는 점이다. 이러한 특성을 이용하여 높은 시공간 분해능으로 빗방울 크기 분포와 강수 구조도 분석할 수 있다.

최근 대기과학에서 윈드프로파일러의 기여가 인정되면서 많은 나라에서 일기예보를 위한 현장 업무와 연구 관측에 윈드프로파일러를 도입하고 있다. 그럼에도 불구하고 윈드프로파일러의 관측 원리나 관측 자료 특성을 쉽게 설명하는 문헌이 적고, 윈드프로파일러를 활용하여 대기 현상을 분석하고 연구한 사례를 체계적으로 설명한 책이 드물다. 이 책은 윈드프로파일러의 관측 자료를 효과적으로 활용하기 위해 필요한 윈드프로파일러의 발달사, 관측 원리, 시스템 구성, 그리고 신호처리를 서술하였다. 그리고 윈드프로파일러의 관측 자료를 처리하다보면 한번은 접하게 되는 오류 관측 자료를 처리하기 위한 방법을 제시하였다. 또한 연구에 도움이 될 수 있도록 윈드프로파일러의 관측 자료를 활용한 기상 현상의 분석과 연구 사례를 다양하게 제시하였다.

우리나라에 윈드프로파일러가 2002년에 도입되어 십년이 지난 시점에서 이 책을 출판하게 되어 지식의 깊이나 제시된 연구 사례의 다양성에서 미흡한 점이 있다. 그리고 제시된 연구 사례의 많은 부분이 프랑스, 미국, 그리고 일본과 같이 오래 전부터 VHF와 UHF 윈드프로파일러를 운영해온 나라에서 얻은 관측 자료이다. 많은 부족함에도 불구하고 서둘러 출판한 것은 우리나라의 대기과학 연구자에게 윈드프로파일러 관측을 이해하는 데 필수적인 기초 지식과 최신 연구 동향을 제공하여 대기과학의 선단 연구력과 연구

경쟁력을 높이고자 하는 것이다. 부족한 점이 있더라도 이 점을 충분히 이해해주길 바란다. 그리고 이 책이 발판이 되어 더 쉽게 이해하고 연구력을 더욱 향상시킬 수 있는 좋은 책이 나오길 바란다.

이 책은 저자의 박사 학위 과정 중에 얻은 지식과 경험을 기반으로 썼다. 학위 과정 중에 소중한 경험을 하게 해주신 경북대학교 천문대기과학과 김경익 교수님께 진심으로 감사드립니다. 이 책에서 제시된 그림과 연구 사례 중에서 많은 부분이 프랑스의 대기과학연구소(Laboratoire d'Aérologie, Observatoire Midi-Pyrénées) 베르나르 캄피스트롱(Bernard Campistron) 박사의 연구와 강의 노트에서 가져왔음을 밝히며, 자료 제공에 감사드린다. 이 책은 많은 분들의 도움으로 출판되었다. 먼저, "쉬워지는 과학, IDL 프로그래밍"에 이어 좋은 책이 출판될 수 있도록 허락해주신 홍릉과학출판사 우명찬 사장님께 진심으로 감사드린다. 여러 번에 걸쳐 원고를 읽고 수정해주신 한국천문연구원 곽영실 박사와 양태용 연구원에게 감사드린다. 또한 참고문헌 검색과 정리에 크게 도움을 준 기상청 석미경 연구원과 국립기상연구소 고혜영 연구원에게 감사드린다. 마지막 원고를 끝까지 읽고 수정해준 기상청 이윤정, 한혜영, 그리고 이진아 후배에게 감사드린다.

지은이 허 복 행

2013년 12월 19일

차례

Chapter 01

윈드프로파일러의 개발과 발전

윈드프로파일러는 수십 cm~수십 m 파장을 가진 전파를 방사하고 대기에서 산란되어 되돌아오는 신호를 검출하여 기상 정보를 얻는 시스템이다. 이것은 원래 이온권 레이더에서 출발하여 현대에는 대류권과 하부 성층권의 대기를 탐측하기 위한 핵심장비로까지 발전하게 되었다. 여기서는 이온권 레이더를 기반으로 대기 레이더가 개발되고 최근 윈드프로파일러까지 발전하는 과정에 대하여 설명한다.

1.1 레이더 개발과 응용

레이더(RADAR)는 전파를 이용하여 물체의 존재와 거리를 탐지하는 장치로, 1940년 미국에서 "Radio Detection And Ranging"의 머리글자를 따서 명명되었다. 그러나 레이더의 최초 고안은 약 40년 거슬러 올라가 1904년 독일에서 원형 장치를 만들어 금속 파면을 검출한 것이다. 그 이후로 1924년에 영국 킹스대학(King's College)의 에드워드 애플턴(Edward Victor Appleton)이 주파수 변조 연속 전파(FM-CW) 방식으로 거리 측정을 시도하였다. 1926년에는 미국의 브리에트(Briet)가 펄스 전파를 이용한 레이더 개발을 시도하였다. 당시에 이들 장치는 수 MHz의 전파를 방사하고 이온권에서 반사되어 온 에코를 수신한 장치였고 목표물까지의 거리가 분명하지 않아서 레이더라고 불릴만한 것은 아니었다.

1930년대 중반까지는 레이더가 이온권 연구를 위한 도구로 개발되었다. 이 당시까지는 10~200 m 파장을 가진 HF 대역의 레이더로 이온권의 전반사에 따른 전파의 전달 특성을 연구하였다. 1930년대 후반에 왓슨 와트(Watson-Watt), 코웰(Cowell), 프렌드(Friend) 등은 원형 레이더를 이용하여 이온이 없는 대류권에서 에코를 관측하였다. 이때만 해도 이 에코가 천둥과 번개로 생긴 이온층에서 발생하는 것이라고 생각하였다. 코웰과 프렌드는 2개 주파수의 전파를 방사하고 동시에 항공기로 관측하는 실험을 하여, 이 에코가 기온 역전층에서 만들어진 대기굴절률 변화로 생긴 부분 반사라는 것을 밝혔다. 비슷한 무렵에 왓슨 와트가 전파로 항공기를 탐지하는 실험에 성공하였다. 레이더 기술이 발명되기 이전인 1920~30년대에는 이온존데를 이용하여 이온권을 연구하였다. 이온존데는 HF 대역의 전파를 방사하여 이온권에서 전반사하는 특성으로 이온권의 E층과 F층의 발생 고도와 전자 밀도를 조사하였다. 1930~40년대는 미국, 영국, 일본 등을 포함한 많은 나라에서 레이더를 비밀리에 개발하기 시작한 시기였으며, 이 무렵에 세계 최초로 현대적인 레이더가 만들어졌다.

[표 1.1] 주파수 범위와 파장 범위에 따른 전파의 분류

전파 분류	주파수 범위	파장 범위	주파수 명칭	비고
VLF(Very Low Frequency)	30 kHz 이하	10 km 이상	miliameter파	장파
LF(Low Frequency)	30~300 kHz	10~1 km	kilometer파	
MF(Medium Frequency)	300~3,000 kHz	1,000~100 m	hectometer파	중파
HF(High Frequency)	3~30 MHz	100~10 m	dacameter파	중단파 단파 초단파
VHF(Very High Frequency)	30~300 MHz	10~1 m	meter파	
UHF(Ultra High Frequency)	300~3,000 MHz	100~10 cm	decimeter파	극초단파
SHF(Super High Frequency)	3~30 GHz	10~1 cm	centimeter파	
EHF(Extreme High Frequency)	30~300 GHz	10~1 mm	millimeter파	

[그림 1.1] 1935년 2월 26일 왓슨 와트가 전파로 항공기 위치를 탐지하는 실험에 사용하였던 BBC 방송국의 송출탑

새로 개발된 현대적인 레이더는 1940년대 들어서면서 다양한 분야에 적용되기 시작하였다. 이 당시 전파과학, 기상 레이더, 그리고 이온권 레이더에서 얻은 연구 성과는 대기 레이더가 등장할 수 있는 발판이 되었다. 1940년대 전파과학자들은 이온이 없는 대류권에서 전파의 전달에 관심을 두기 시작하였고, 이 현상은 난류로 생긴 대기굴절률의 불균질층에서 산란이 일어나거나 넓은 기온 역전층에서 부분 반사가 되어 발생한다고 생각하

였다. 1950년대 대류권에서 전파의 장거리 전달을 설명하기 위하여 부커(Booker), 고든(Gordon), 메가우(Megaw) 등이 전파의 난류 산란에 대한 기초 이론을 만들었고, 치스홀름(Chisholm), 게씽(Gjessing), 레인(Lane), 솔룸(Sollum) 등이 실험으로 대류권에서 전파의 전달에 대한 난류 산란 이론의 타당성을 검증하였다. 1961년에 타타르스키(Tatarskii)가 난류로 생긴 대기굴절률의 공간 변동이 전파를 산란시켜 레이더 에코로 수신된다는 이론을 정립하였다.

1930년대까지는 기술적인 한계로 200~400 MHz의 낮은 주파수만 사용할 수 있었으나 1940년대부터 높은 주파수를 활용하는 레이더가 등장하게 되었다. 3~10 cm 정도의 짧은 SHF 전파를 이용하는 기상 레이더에서 맑은 날에 바람과 함께 이동하는 점 모양의 에코가 관측되었다. 이 에코는 사람의 눈으로 아무것도 보이지 않는 곳에서 나타났고, 이 때문에 유령 에코나 천사 에코로 불리게 되었다. 당시까지는 그 원인을 전혀 알 수 없었던 천사 에코의 발생 원인을 밝히기 위한 연구가 1950~60년대에 걸쳐서 이루어졌다. 1960년 후반에 하디(Hardy), 크로플라이(Kropfli), 레인(Lane) 등은 천사 에코가 난류의 불규칙성에 의한 산란으로 발생한다는 것을 밝혔다. 여러 파장의 전파를 송신하는 레이더로 천사 에코를 관측하는 실험이 미 공군 지구물리연구소(AFGL)에 의해 실시되었다. 이 실험을 통하여 수 cm 파장의 레이더에서 나타나는 점 모양의 에코는 새나 곤충에 의한 것이고 수십 cm 파장의 레이더에서 나타나는 천사 에코는 대기굴절률 변동에 의한 것임이 밝혀졌다. 또한 대기굴절률도 함께 측정하여 전파 파장의 절반 크기에 해당하는 대기굴절률 변동이 레이더 관측에 영향을 준다는 것을 증명하였다.

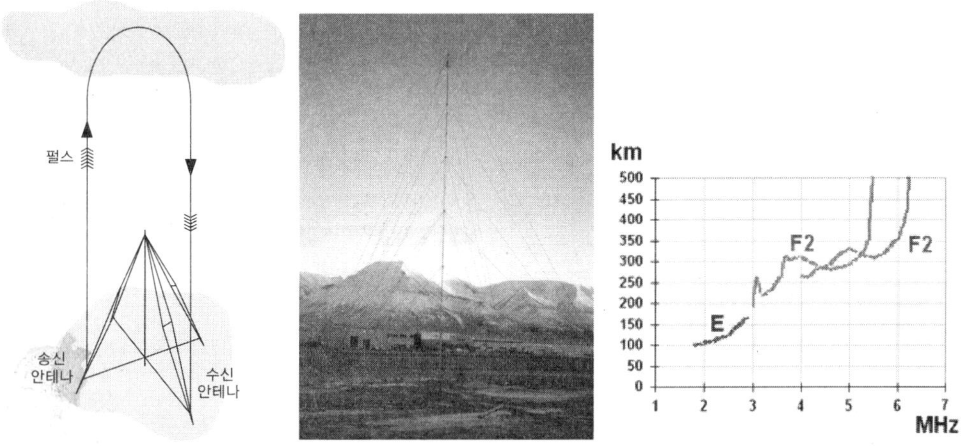

(a) 이온존데의 관측 원리　　(b) 외형　　(c) 이오노그램(ionogram)

[그림 1.2] 이온존데를 이용한 이온권 관측

레이더 기술이 발명되면서 VHF 대역에서도 이온권의 불균질로 발생하는 전방산란과 후방산란을 관측하는 기술이 개발되었다. 이에 따라 1950년대 비간섭 산란 기법이 이온권 연구에 도입되었고, 볼스(Bowles)는 이 기법을 적용하여 41 MHz VHF 레이더로 F층의 전자 밀도 연직 분포를 처음 관측하였다. 1951년 독일 막스플랑크연구소의 월터 디밍거(Walter Dieminger)가 이온권 D층에서 MF 전파 흡수층을 2.05 MHz 레이더로 처음 관측하였다. 월터 디밍거는 흡수의 증가가 100 km 이하의 고도에서 이온화 증가와 관련된 부분 반사의 발생과 일치한다고 주장하였다.

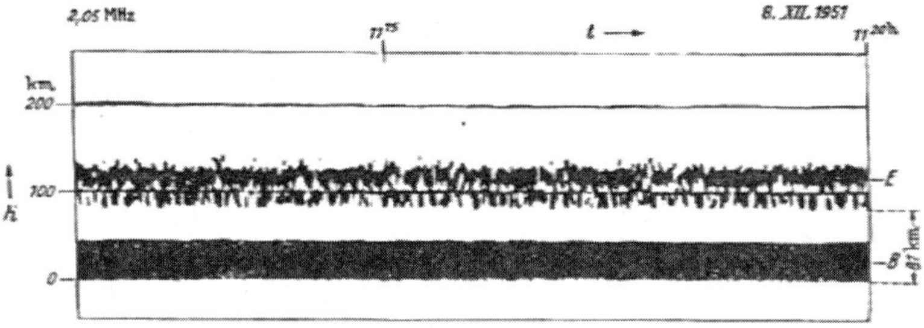

[그림 1.3] 레이더로 최초 관측된 1951년 12월 8일 고도 87 km의 부분 반사 사례(Dieminger, 1952)

1960년대 이온권의 플라즈마 과정을 연구하기 위하여 VHF 대역 주파수와 큰 구경의 안테나를 사용한 대형 이온권 레이더가 2곳에 건설되었다. 그 하나는 1961년 지구 자기 적도에 위치한 페루 리마 근처에 설치한 히까마르까(Jicamarca) 레이더이고, 다른 하나는 1963년에 완공된 아열대 지역인 푸에르토리코(Puerto Rico)의 아레시보(Arecibo) 레이더이다. 히까마르까 레이더는 동축 쌍극을 일렬로 세운 위상 배열 안테나를 사용하였고, 아레시보 레이더는 초점면에 피드가 있는 원형 접시 안테나를 사용하였다. 히까마르까와 아레시보 레이더는 이온과 전자의 미약한 톰슨 산란을 수신할 수 있도록 출력이 MW이고 안테나 직경이 수백 m에 이르러 수신 전파의 위상이 불규칙하게 나타나는 비간섭 산란을 관측하기 때문에 비간섭 산란 레이더라고 불렀다. 비간섭 산란 레이더는 주로 50 MHz대나

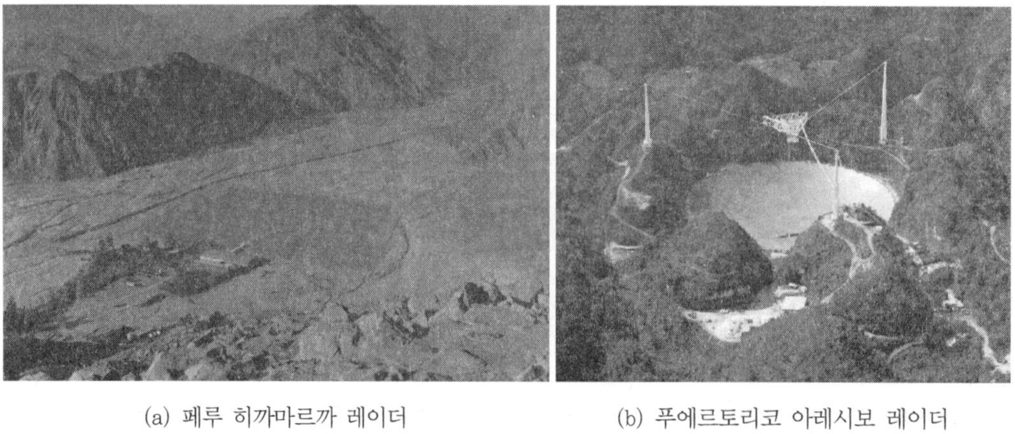

(a) 페루 히까마르까 레이더 (b) 푸에르토리코 아레시보 레이더

[그림 1.4] 1960년대 이온권 플라즈마 과정을 연구하기 위해 건설된 이온권 레이더

400 MHz대를 이용하였고 이온권의 플라즈마를 관측하였다.

1960년대 말 히까마르끄까 레이더에서 비간섭 산란이 약해야만 하는 60~70 km의 중간권에서 강한 에코가 관측되었다. 볼스(Bowles)가 미국 일리노이 VHF 윈드프로파일러로 75~90 km 고도의 이온권 산란을 처음 관측하여 보고하였다. 플록(Flock)과 밸슬리(Balsley)도 히까마르끄까 레이더로 비슷한 유형의 에코를 관측하였다. 1950~60년대의 이온권에 대한 레이더 연구로 대류권의 청천대기에 따른 효과가 점차 드러나기 시작하였다.

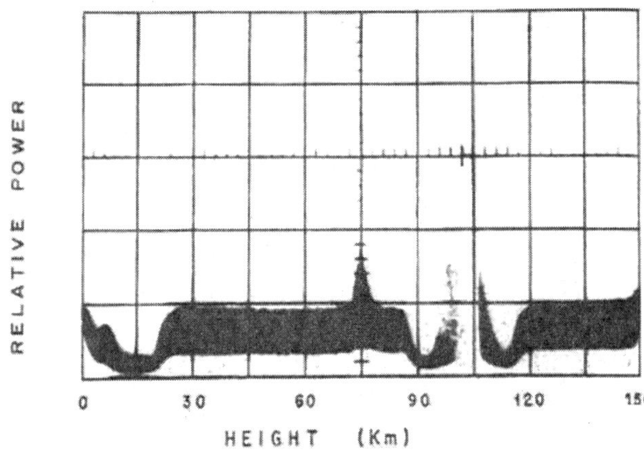

[그림 1.5] 페루 히까마르끄까 레이더로 관측한 약 80 km 고도의 강한 에코 (Flock and Balsley, 1967)

1.2 대기 레이더 기술의 개발

1960년대 후반에 도플러 레이더 기술이 개발되면서 레이더는 대기 운동을 연구할 수 있는 강력한 도구로 등장하게 되었다. 도플러 기능이 없는 레이더는 목표물의 신호 강도만 얻을 수 있지만, 도플러 레이더는 신호 강도와 함께 수신 신호의 도플러 편이로 목표물의 시선속도도 측정할 수 있다. 이 무렵 도플러 레이더 기술은 기상 레이더에 적용되어 대류권의 강수 입자의 반사도와 시선속도를 측정하였고, 이온권 레이더에 적용되어 이온과 전자의 시선속도를 측정하였다. 그러나 이때까지도 이 기술이 성층권이나 대류권의 청천대기를 관측하는 분야까지는 적용되지 않았다.

1970년대에 들어서면서 도플러 레이더 기술이 하부 성층권의 강한 에코를 검출할 수 있는 이온권 레이더에 적용되기 시작하였다. 이 당시의 많은 연구에서 중간권의 산란 불균질은 전자 밀도의 불균질에 의해서, 성층권의 산란 불균질은 온도 변화에 의해서, 대류권의 산란 불균질은 온도와 습도 변화에 의해서 발생한다는 사실이 밝혀졌다. 또한 도플러 스펙트럼의 편이와 폭에서 평균 풍속과 변동을 측정하고 난류 정보도 얻을 수 있게 되었다. 히까마르끄까 레이더 관측에서 고도 100 km 이하에서 대기로 인한 산란 신호가 이온권 D층의 산란 신호보다 훨씬 강하고 간섭성이 크다는 것이 밝혀졌다. 여기서 간섭성이란 많은 수의 펄스 빔을 방사하는 동안 어떤 특성이 오랜 시간 동안 지속되는 것이며, 달리 말하면 1000분 1초 동안 위상과 진폭이 거의 변하지 않는 것을 의미한다. 이온권 레이더에 도플러 레이더 기술이 적용된 것과 중간권 이하에서 레이더 신호 간섭성을 발견한 것은 펄스 코딩, 간섭 적분 그리고 필터링 기법을 적용한 새로운 MST(Mesosphere-Stratosphere-Troposphere) 레이더 기법을 탄생하게 하였다. 이 기술을 적용한 레이더가 대기 레이더로, 중간권에서 대류권까지 대기의 바람과 난류를 측정하는 시스템으로 정의할 수 있다.

MST 레이더 기법을 이온권 레이더에 실제 적용한 과학자는 1971년 우드맨(Woodman)과 길옌(Guillen)이었다. 이들은 히까마르끄 레이더로 고도 10 km에서 35 km 사이에서 강하고 연속적인 에코를 관측하였고, 최초로 중간권, 성층권, 그리고 대류권의 바람을 고도별로 관측하였다. [그림 1.6]은 우드맨과 길옌이 최초로 관측하여 보고한 중간권 이하의 수신 전력에 대한 연직 분포이다. 이 그림에서 1개의 펄스에서 얻은 배경 잡음 수준은 약 25 dB로 높으나 316개 펄스를 누적 평균한 배경 잡음 수준은 0 dB로 크게 낮아져 안정하게 신호를 얻을 수 있게 된다. 이 연구로 MST 레이더 기법을 이용하면 이온권뿐만 아니라 중간권과 성층권의 중성 대기도 관측할 수 있다는 것이 밝혀졌고 VHF 윈드프로파일러 기술의 잠재성이 널리 알려지게 되었다.

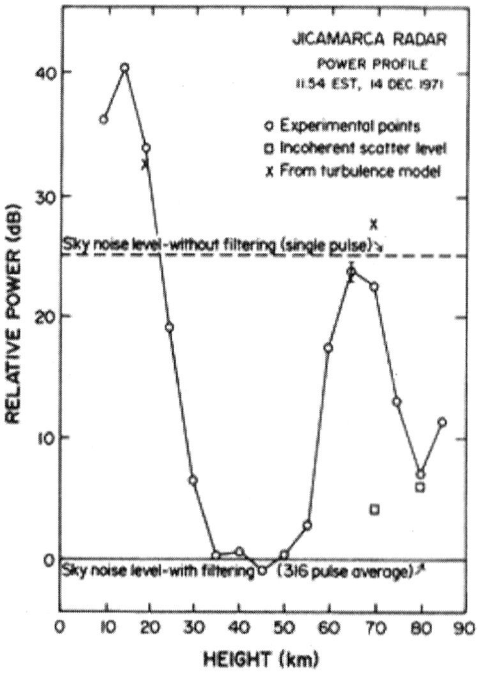

[그림 1.6] 페루 히까마르까 50 MHz 레이더로 1971년 12월 14일에 관측한 중간권, 성층권, 그리고 대류권의 수신 전력에 대한 연직 분포(Woodman and Guillen, 1974)

1.3 대기 레이더의 급속한 성장

히까마르끄 레이더의 놀라운 관측에 자극되어 1970년대 중반부터 이온권 레이더가 대류권과 성층권 관측에 참여하기 시작하였다. 여기에는 미국 알래스카(Alaska)의 챠타니카(Chatanika) 레이더와 푸에르토리코의 아레시보 레이더가 있다. 또한 이온권 레이더보다는 작지만 이온이 없는 중간권과 대류권을 관측하기 위해 VHF 주파수와 큰 위상 배열 안테나를 가진 MST 레이더가 속속 건설되었다. 이러한 레이더로는 미국 알래스카의 포커플랫(Poker Flat) MST 레이더, 독일 린다우(Lindau)의 SOUSY 레이더, 미국 콜로라도의 플랫빌(Platteville) MST 레이더, 대만의 중리(Chung-Li) 레이더, 노르웨이 트롬쇠(Tromsø)의 EISCAT VHF 레이더, 영국 웨일스 에버리스트위스(Aberystwyth) NERC MST 레이더, 인도 가단키(Gadanki)의 MST 레이더 그리고 일본 시가라키(Shigaraki)의 MU 레이더가 있다. MST 레이더보다 규모가 작고 하부 성층권과 대류권을 관측하는 ST 레이더로 미국 콜로라도의 선셋(Sunset) 레이더가 건설되었다. 이 중에서 미국의 플랫빌 MST 레이더와 포커플랫 MST 레이더는 연속적이고 자동으로 관측할 수 있는 능력을 갖추기 시작하였다. 이들 레이더는 대부분 40~55 MHz의 VHF 주파수로 운영되었기 때문에 "VHF 윈드프로파일러"라고 부르기도 했다. 그리고 1977년에 미국 유타대학교(University of Utah)에서 열린 작은 레이더 워크숍에서 대류권에서 중간권까지 대기권의 명칭인 "Mesosphere-Stratosphere-Troposphere"의 머리글자를 딴 "MST 레이더"라는 이름이 등장하게 되었다.

초창기의 대표적인 MST 레이더로 미국 선셋 ST 레이더와 독일 SOUSY 레이더를 들 수 있다. 이들 레이더는 히까마르끄 레이더에서 개발된 개념과 같지만 좀 더 발전된 자료처리 기법을 사용하였다. 선셋 ST 레이더는 주파수 40.5 MHz와 최대 출력 약 100 kW로 운영되었고, 히까마르끄 레이더와 같은 동축 케이블의 위상 배열 안테나를 사용하였다. SOUSY 레이더는 주파수 53.5 MHz와 최대 출력 600 kW로 운영되었고, 새롭게 개발된 야기 안테나 소자로 구성된 배열 안테나를 사용하였다. 이들 레이더는 천정각이 0°인 연직빔과 천정각이 10~15° 기울어진 경사빔을 방사하여 수신 신호의 도플러 편이에서 3차원 바람을 산출하였다. 이러한 기법으로 관측된 3차원 바람의 대표적인 사례가 그림 1.8이다. 이 그림은 1977년 선셋 ST 레이더로 대류권에서 하부 성층권(고도 4 km~19 km)까지 관측한 첫 도플러 스펙트럼이다. 왼쪽은 연직빔에서 측정된 도플러 스펙트럼이고, 오른쪽은 경사빔에서 측정된 도플러 스펙트럼이다. 연직 풍속이 수평 풍속보다 아주 작기 때문에 왼쪽의 도플러 편이는 오른쪽보다 아주 작게 나타난다. 수신 신호가 연직빔에서는 고도 19 km까지 뚜렷하게 유지되나 경사빔에서는 약 10 km 고도 근처에서 신호가 사라져 연직빔의 수신 전력이 경사빔보다 강하다는 것을 보여준다. 이렇게 측정된 수평 풍속은 라디오존데로 관측된 풍속과 아주 비슷하다는 것이 증명되었다.

(a) 미국 챠타니카 레이더

(b) 노르웨이 EISCAT 레이더

(c) 독일 SOUSY 레이더

(d) 일본 MU 레이더

(e) 영국 NERC MST 레이더

(f) 인도 가단키 MST 레이더

(g) 대만 중리 레이더

(h) 미국 선셋 ST 레이더

[그림 1.7] 1970년대부터 1990년까지 대류권과 성층권 관측에 참여했던 이온권 레이더와 MST 레이더

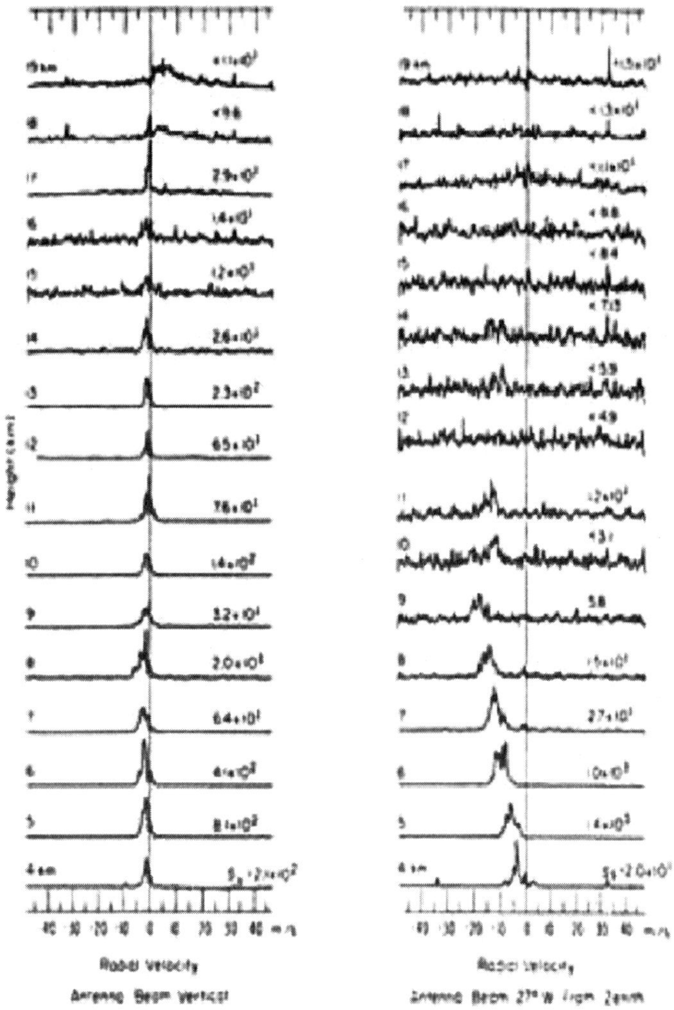

(a) 연직빔　　　　(b) 경사빔

[그림 1.8] 미국 선셋 ST 레이더에서 관측된 도플러 스펙트럼(Gage and Green, 1978)

1.4 윈드프로파일러의 개발과 실용화

1970년대 중반까지 얻어진 이온권 레이더와 MST 레이더의 연구 성과는 1970년대 후반 윈드프로파일러의 개발과 1980년대 윈드프로파일러의 실용화로 이어졌다. 1970년대 후반 미국 해양대기청(NOAA) 연구팀은 챠타니까 레이더의 바람 관측과 라디오존데 관측의 비교, 포커플랫 MST 레이더의 바람 관측 비교, 그리고 아레시보 레이더의 검증을 통하여 MST 레이더로 대류권과 하부 성층권의 바람을 연속으로 관측할 수 있는지를 조사하였다. 그리고 주파수 1,290 MHz, 출력 3.2 MW 그리고 직경 26.8 m인 챠타니카 레이더를 사용하여 상공 바람을 UHF 레이더로 관측할 수 있는지도 연구하였다. 이러한 연구를 통하여 VHF와 UHF 레이더로 상공 바람을 연속으로 관측할 수 있다는 것이 판명되었다. 그리고 중규모 기상, 종관 기상, 항공 기상 등의 여러 분야에서 상공 바람의 연속 관측에 대한 필요성이 제기되었다.

MST 레이더가 높은 시공간 분해능으로 상공 바람을 제공할 수 있다는 것이 인정되면서, 1980년대 초부터 상공 바람을 연속 관측하기 위한 MST 레이더 관측망의 필요성이 제기되었고, MST 레이더를 이용한 정규적인 상공 바람 관측망의 구축이 시도되었다.

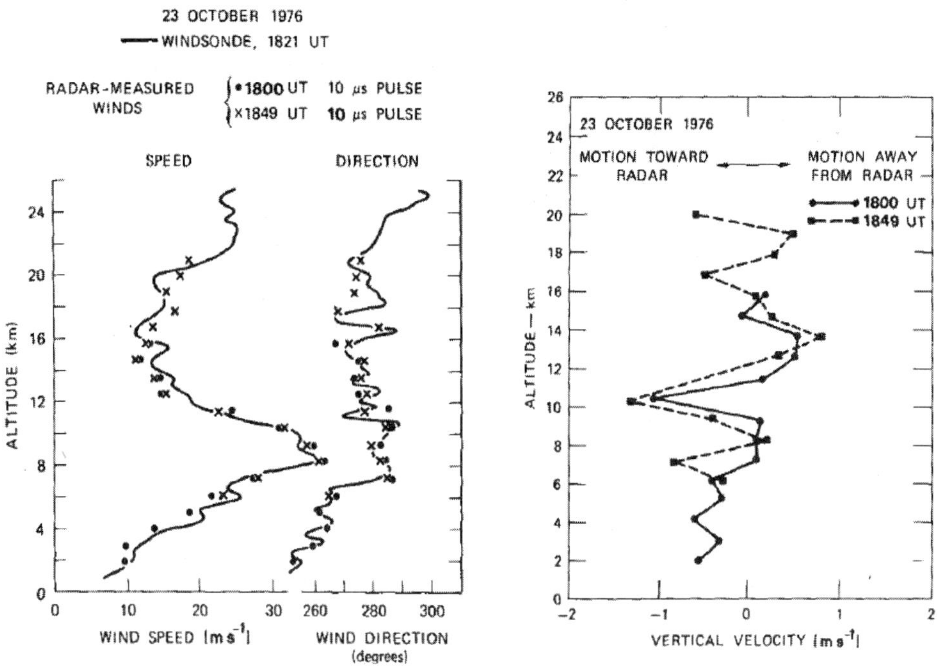

[그림 1.9] 챠타니카 레이더와 포커플랫에서 라디오존데로 관측한 바람의 비교(Balsley et al., 1977)

미국 해양대기청 전파연구소(WPL)는 4대의 VHF 윈드프로파일러와 1대의 UHF 윈드프로파일러로 약 15 km 고도까지 바람을 정규 관측하는 콜로라도 윈드프로파일러 관측망(Colorado Wind-profiling Network)을 1983년에 구축하였다. 이 관측망은 국지 예보와 중규모 예보 활동을 지원하기 위한 것이었고, 관측기법이나 기상 응용을 위한 검증에도 활용되었다. 이때부터 대류권을 주요 관측 대상으로 하는 MST 레이더를 "윈드프로파일러(Wind Profiler)"라고 부르게 되었다. 이 당시의 윈드프로파일러는 상공 바람을 측정하여 그 연직 분포를 제공하는 장치를 의미한다. 비슷한 의미로 "윈드프로파일러 레이더(Wind Profiler Radar)"라고도 부르며, 머리글자를 따서 "WPR"으로도 쓰기도 한다. MST 레이더를 작게 만든 형태가 ST 레이더이고, ST 레이더를 현업에 적용한 형태가 윈드프로파일러이다. 콜로라도 윈드프로파일러 관측망은 1988년부터 미국 NWS에 의해 미국 중서부에 404 MHz 윈드프로파일러 35대로 구성된 윈드프로파일러 검증 관측망(WPDN)으로 확장 구축되기 시작하여 1992년에 완성되었다. 현재는 미국 해양대기청(NOAA)과 환경부(EPA)가 100여 대의 윈드프로파일러로 구성된 국가 프로파일러 관측망(NPN)으로 운영하고 있다. 이들 관측 자료는 1990년대 초반부터 수치예측모델에 입력되어 일기예측 기술의 향상에 대한 효과가 입증되었다.

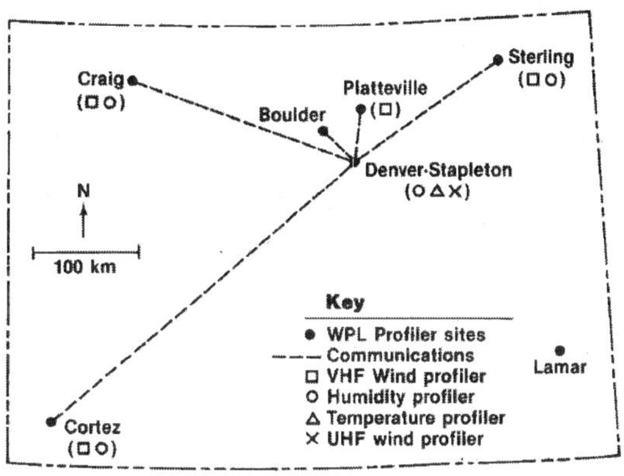

[그림 1.10] 1983년에 구축된 미국 콜로라도 윈드프로파일러 관측망(Strauch et al., 1984)

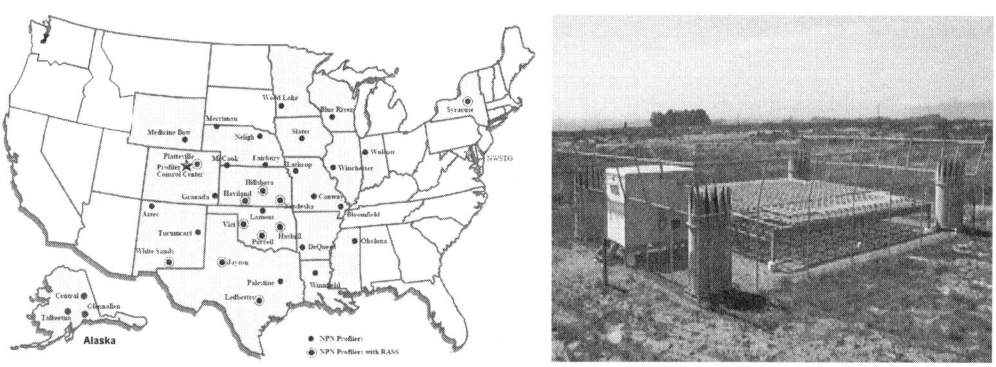

[그림 1.11] 미국 NOAA의 윈드프로파일러 검증 관측망 구성

윈드프로파일러로 지상에서 수 km까지의 상공 바람을 연속적이고 높은 고도 분해능으로 관측하길 원하는 요구에 따라 1990년대에 대기경계층 레이더가 개발되었다. 1982년에 밸슬리(Balsley)와 게이지(Gage)는 높은 분해능과 짧은 시스템 회복시간을 가져야 하는 대기경계층 레이더의 주파수로 약 1,000 MHz를 제안하였다. 미국 해양대기청의 고층대기연구소(AL)는 열대 해양 지역에서 하층 대기의 바람을 관측하기 위한 915 MHz 대기경계층 레이더를 개발하였고, 1991년에 열대대기 집중관측 프로그램(TOGA COARE) 동안 관측선에서 UHF 레이더의 관측 성능이 시험되었다. 이렇게 개발된 915 MHz의 대기경계

층 레이더는 열대대기 관측 프로그램을 통하여 시공간적으로 높은 분해능의 바람뿐만 아니라 난류, 대기경계층 고도, 열속, 운동량속, 그리고 강수 구조도 관측하는 능력이 입증되었다. 또한 도시 지역에서 대기질을 감시하기 위해 필요한 바람의 연직 분포를 실시간으로 제공할 수 있게 되면서 대기질 예측에도 이용되기 시작하였다.

1.5 윈드프로파일러 관측망 구축의 확산

미국의 윈드프로파일러 관측망이 성공하자, 일본, 유럽, 한국, 중국 등지에서 수치예측모델에 고분해능의 상공 바람 자료를 제공하기 위한 목적으로 UHF 주파수로 운영되는 윈드프로파일러 관측망을 구축하기 시작하였다. 일본에서는 1988년 기상연구소에서 미국의 404 MHz 윈드프로파일러를 도입하여 연구하였고, 일본 통신종합연구소와 교토대학에서 1.3 GHz의 윈드프로파일러를 개발하였다. 일본 기상청은 2002년부터 2003년까지 국지적인 재해를 가져오는 기상 현상에 대한 감시와 예측 성능을 높이기 위하여 기존의 라디오존데 고층기상 관측망에 31곳의 윈드프로파일러 관측망(WINDAS)을 추가하였다. 이 관측망의 윈드프로파일러는 주파수 1.3 GHz의 전파를 5개 방향으로 방사하고 수신하여 고도 약 300 m에서 5 km까지 층의 바람 벡터를 10분마다 측정한다. 이 관측 자료는 1시간마다 수집되어 중규모 수치모델과 하층 바람 분석에 활용된다.

(a) 눈이 많이 내리는 지역에 설치된 레이돔의 윈드프로파일러

(b) 레이돔이 없는 윈드프로파일러

[그림 1.12] 일본 기상청의 윈드프로파일러 관측망과 윈드프로파일러 외형

유럽에서는 1993년에 영국의 에버리스트위스 MST 레이더만이 정규적으로 상공 바람을 관측하고 있었다. 1994년 후반에 유럽의 32개 국가와 50개 연구기관으로 구성된 유럽과학기술연구협력체(COST)에서 유럽의 상공 바람 관측망을 구축하기 위한 COST-76 실행계획(1994~2000년)이 수립되었다. 이 계획에 따라 13개국의 유럽 윈드프로파일러 관측망(CWINDE)이 구성되었고, 영국기상청이 이 관측망의 관측 자료를 수집하고 분배하였다. COST-76 실행계획이 2000년 3월로 종료되면서 기존 유럽 윈드프로파일러 관측망을 계속해서 운영하고 개발하기 위한 프로그램이 실시되었으며, 2010년 관측망은 모두 24개로 운영되고 있다.

(a) 유럽의 2005년 윈드프로파일러 관측망

(b) 라 페흐뜨 비담므(52 MHz, 프랑스)

(c) 란느므장(45 MHz, 프랑스)

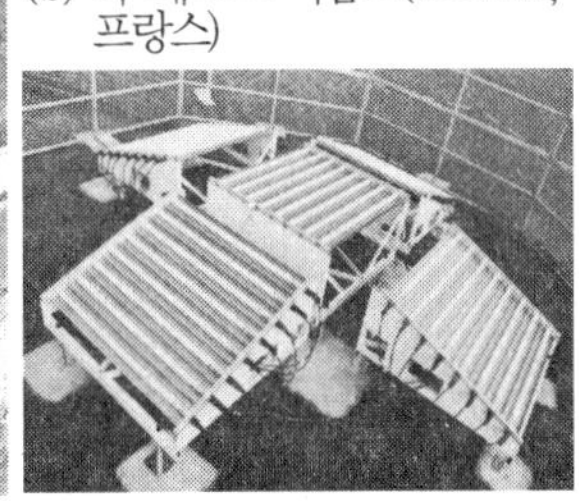

(d) 니스(1,290 MHz, 프랑스)

(e) 에버리스트위스(915MHz, 영국)

[그림 1.13] 유럽의 2005년 윈드프로파일러 관측망과 이를 구성하고 있는 대표적인 윈드프로파일러

한국에서는 기상청이 라디오존데로만 구성된 고층기상 관측망의 시공간 분해능을 개선하기 위하여 2002년부터 2007년까지 1.29 GHz의 윈드프로파일러 관측망(KWPN)을 구축하였다. 2002년에 국립기상연구소가 시범적으로 해남에 일본 수미토모(Sumitomo)의 윈드프로파일러를 설치하였고 현재는 보성에 이전 설치하여 운영하고 있다.

기상청이 2003년부터 2007년까지 강릉, 문산, 창원, 원주, 철원, 격렬비도, 군산, 울진, 추풍령에 프랑스 디그리안(Degrean)의 윈드프로파일러를 설치하였다. 이 관측망은 지상에서 약 5 km 고도까지 10분 간격의 바람을 관측하며, 이 관측망이 구축되면서 고층기상 관측소의 조밀도와 시간 간격이 각각 128 km에서 75 km, 12시간에서 10분 단위로 향상되었다.

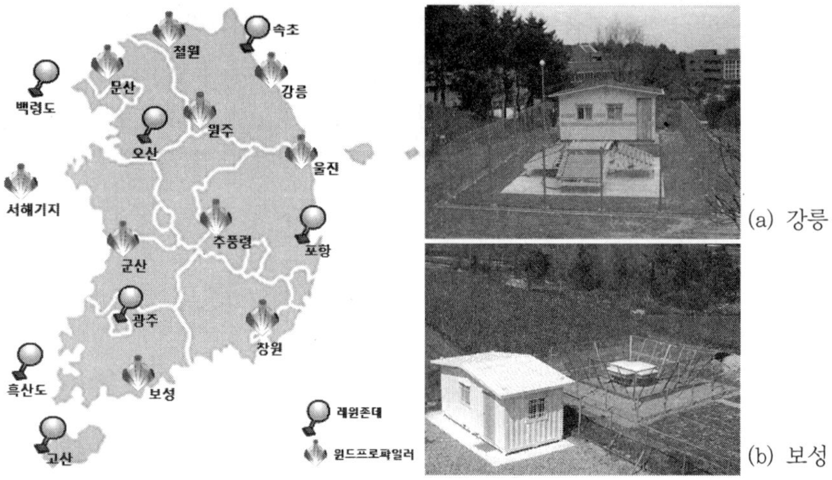

[그림 1.14] 한국 기상청의 윈드프로파일러와 라디오존데로 구성된 고층기상 관측망과 윈드프로파일러의 외형

1.6 대기 레이더와 이온권 레이더의 활용 현황

윈드프로파일러, 대기 레이더, 이온권 레이더 등과 같이 MF에서 UHF까지의 전파를 사용하는 레이더는 대류권, 성층권, 중간권 그리고 이온권의 연구 분야에 널리 활용되고 있다. 이들 레이더는 운영 주파수, 송신 전력, 안테나 크기, 관측 고도 등에서 조금씩 차이가 있으나 관측 원리나 레이더 특성에서 매우 유사하다. 이 분야에서 활용되고 있는 레이더의 종류와 특성은 [표 1.2]와 같이 요약된다.

[표 1.2] 윈드프로파일러, 대기 레이더, 그리고 이온권 레이더의 종류와 특성

레이더 종류	운영 주파수	파장 (m)	송신 전력 (kW)	안테나 크기 (파장)	관측 고도
MF 레이더	MF~HF	150~50	0.01~1	1~10	M, LT/I
HF 레이더(이온존데)	HF	300~10	0.01~5	0.5~1	TH/I
간섭 레이더 (불균질 산란)	HF~VHF	30~1	0.1~1	5~50	TH/I
유성 레이더	HF~VHF	10~6	0.1~10	2~10	M, LT
비간섭 레이더	VHF~UHF	6~0.25	100~300	100~300	M, LT/I
MST 레이더	VHF	6~7	1~100	5~50	M, S, T
ST 레이더	VHF SHF	6~0.1	1~500	10~500	S, T
대기경계층 레이더	UHF	0.3	0.01~0.1	10	T

(TH : 열권, LT : 하부 열권, I : 이온권, M : 중간권, S : 성층권, T : 대류권)

MF 레이더는 전자 밀도의 불균질로 인한 부분 반사를 관측한다. 특히, D층의 전자 밀도 연직 분포와 바람을 측정한다. 그리고 이온과 중성 입자의 충돌 빈도를 추정한다. MF 레이더는 중간권과 하부 열권의 바람, 조석, 그리고 중력파를 측정한다. MF나 낮은 주파수의 HF를 사용하는 레이더는 중간권과 하부 열권의 난류와 파동 구조를 측정하며, 특수한 기법으로 풍속도 측정한다.

이온존데를 포함한 HF 레이더는 이온권 E층과 F층의 연구에 활용된다. 또한 간헐적으로 발생하는 E층 현상 동안에 상부 D층과 E층에서 전자 밀도를 측정한다. 이 관측 자료는 비간섭 레이더로 관측된 연직 전자 밀도 분포를 보정하고 전자의 표류속도와 입사각을 측정한다. 비간섭 레이더는 이온층의 자유전자가 산란시키는 전파를 이용하여 이온권과 중간권을 연구하는데 사용된다.

유성 레이더는 상부 중간권을 연구하기 위해 오래전부터 사용해온 기법이다. 유성의 시선속도를 측정하여 유성의 거리와 도착 각도, 그리고 연직 바람 분포를 추정한다. 그리고 80 km에서 100 km 고도 사이의 바람과 조석을 측정한다. 유성 레이더의 최적 주파수는 MST 레이더가 사용하는 30~70 MHz 범위이기 때문에 몇몇 MST 레이더가 유성 레이더로도 활용된다.

50 MHz 부근의 VHF 주파수로 운영되는 MST 레이더는 바람, 파동, 난류 그리고 대기 안정도를 연구하는데 활용된다. MST 레이더를 작게 만든 ST 레이더는 UHF와 SHF를 사용한다. MST와 ST 레이더는 행성 규모, 종관 규모, 미규모의 역학 과정, 대류권과 하부 성층권간의 교환 과정, 하부 성층권에서 중력파에 의한 에너지와 운동량의 수송과 침적, 성층권과 대류권 간의 연직 수송, 성층권 순환, 산악파 형성, 3차원 바람장, 미규모 발산, 난류 강도, 난류 생성, 대류권과 하부 성층권의 미규모와 중규모 구조의 다양한 연구에 활용되고 있다.

수십 년 전부터 윈드프로파일러, 대기 레이더, 그리고 이온권 레이더는 꾸준히 발전해 왔고, 탐지 기술이 발전하면서 이들 레이더의 관측 영역은 지구 대기 분야에서 더욱 다양해지고 확대되고 있다. 따라서 이 관측 기술을 이해하고 적용하는 능력을 키우면 미지의 지구 대기를 상세히 규명할 수 있는 강력한 도구를 얻게 된다.

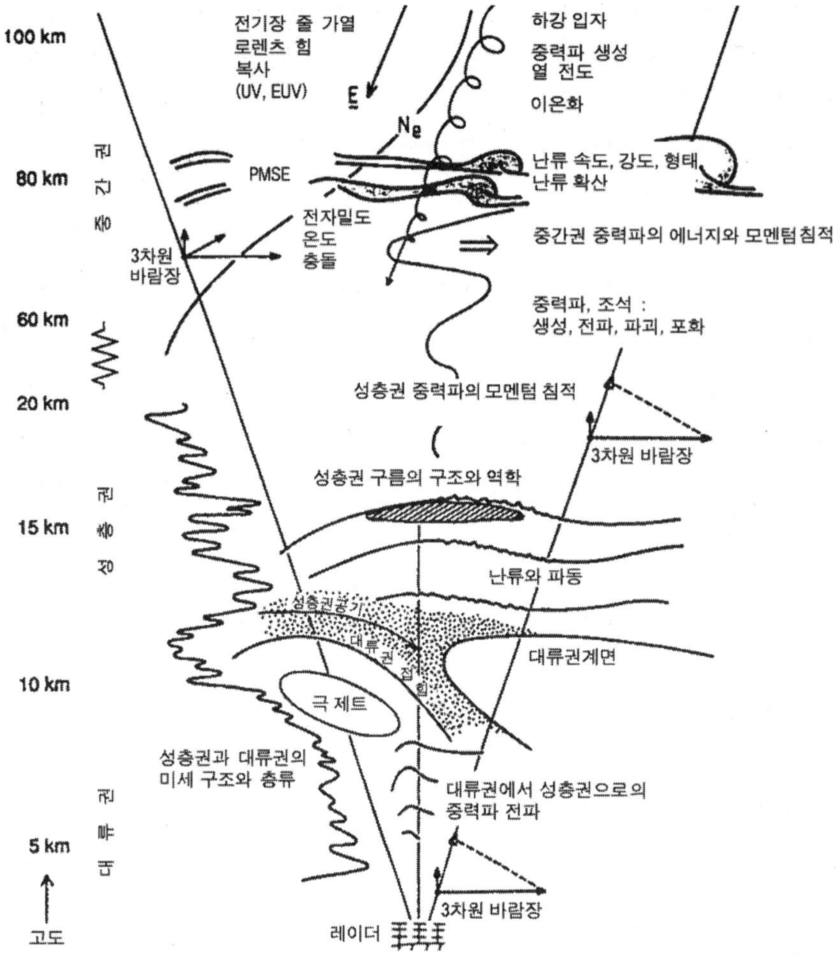

[그림 1.15] 윈드프로파일러, 대기 레이더, 그리고 이온권 레이더의 연구 활용 분야

Chapter

02 관측 원리

윈드프로파일러는 전파를 대기로 방사하고 대기굴절률 불균질 영역에서 산란되어오는 전파를 수신하여 관측한다. 대기굴절률 불균질은 난류, 자유전자의 열운동, 구름 입자 혹은 강수 입자로 인해 생기며, 그 원인에 따라 전파가 산란되는 메커니즘이 달라진다. 여기에서는 각 원인에 따른 전파 산란 메커니즘과 레이더 방정식을 설명한다.

2.1 대기굴절률과 전파 산란

대기로 방사된 전파가 대기굴절률의 불균질 영역을 만나면 전파의 전달 속도가 달라지고 굴절되면서 후방으로 산란되거나 반사된다. 따라서 대기 매질에서 전파 산란은 다음과 같이 정의되는 대기굴절률 n에 따라 좌우된다.

$$n = \frac{c}{v} \tag{2.1}$$

여기서 c는 진공에서 빛 속도이고 v는 대기에서 전파 속도이다. 지구 대기에서 전파 속도는 빛 속도보다 항상 작기 때문에 대기굴절률 n은 항상 1보다 크게 나타난다. 일반적으로 대기굴절률을 쉽게 다루기 위해서 n 대신에 $n-1$로 표현한다.

MF에서 SHF까지의 주파수로 운영되는 윈드프로파일러는 다음과 같이 주어지는 대기굴절률의 불균질에 의해 산란되어 오는 전파를 수신한다.

$$n-1 = \frac{3.73\times 10^{-1}e}{T^2} + \frac{7.76\times 10^{-5}P}{T} - \frac{N_e}{2N_c} \tag{2.2}$$

여기서 e는 수증기압(hPa), P는 기압(hPa), T는 기온(K), N_e는 자유전자 밀도(m^{-3}), N_c는 임계 플라즈마 밀도(m^{-3})이다. 이 식의 오른쪽에 있는 세 항에 따라 대기굴절률은 수증기, 건조공기 그리고 자유전자에 좌우된다. 이들 성분의 구성은 고도에 따라 달라지기 때문에 각 성분이 대기굴절률에 주는 영향 정도는 [그림 2.1]과 같이 고도에 따라 크게 변한다. 고도 10 km 이하에서는 건조공기와 수증기의 영향이 크고 그 이상의 고도에서는 수증기의 영향이 없어진다. 고도가 올라갈수록 건조공기의 영향은 꾸준히 감소하여 고도 40 km 이상에서 자유전자가 더 큰 영향을 준다. 대기굴절률에 대한 자유전자의 영향은 윈드프로파일러의 파장이 길수록 더욱 커진다.

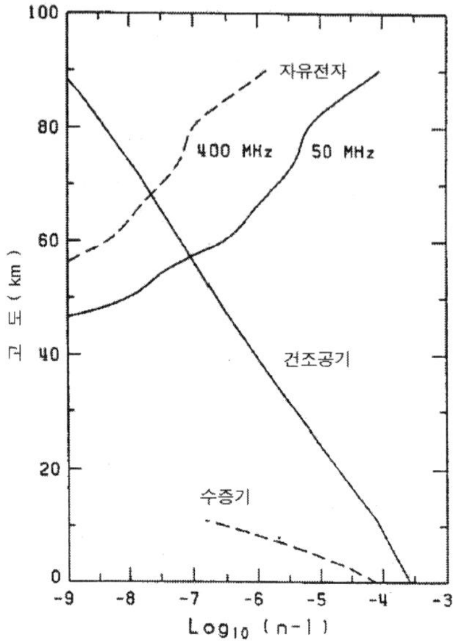

[그림 2.1] 대기권에서 수증기, 건조공기 그리고 자유전자가 대기굴절률에 주는 영향 정도(Sato, 1989)

고도 40 km 이하에서는 전하를 띠지 않는 중성 대기로 이루어져 있기 때문에 대류권과 하부 성층권을 관측하는 윈드프로파일러의 경우에 식 (2.2)의 오른쪽 셋째 항을 무시할 수 있다. 따라서 윈드프로파일러에 적용되는 대기굴절률은 다음과 같다.

$$n-1=\frac{3.73\times10^{-1}e}{T^2}+\frac{7.76\times10^{-5}P}{T} \tag{2.3}$$

이 식에 따라 15℃의 표준대기에서 대기굴절률을 계산하면 1.000325가 된다. 이처럼 대기굴절률은 1을 넘고 소수점 3자리와 6자리 사이의 값만 변한다. 따라서 대기굴절률을 다루기 쉽도록 굴절률이 1을 넘는 값에 10^6을 곱한 굴절지수를 도입하면 편리하다. 이것을 반영하여 대류권과 성층권에서 대기굴절지수 N은 다음과 같다.

$$N\equiv(n-1)\times10^6=\frac{77.6}{T}\left(P+\frac{4810e}{T}\right) \tag{2.4}$$

이 식에 포함된 기온, 기압, 그리고 수증기압은 고도에 따라 보존되지 않는 물리량이기 때문에 대기굴절지수는 고도에 따라 보존되지 않는다. 이들 물리량을 고도에 따라 보존되는 온위와 비습으로 대체하면 대기굴절지수는 다음과 같다.

$$N = 77.6\frac{P}{\theta}\left(\frac{P_0}{P}\right)^{0.25}\left[1+7750\frac{q}{\theta}\left(\frac{P_0}{P}\right)^{0.25}\right] \tag{2.5}$$

여기서 P_0와 P는 각각 기준 고도(hPa)와 임의 고도(hPa)이고, θ와 q는 온위(K)와 비습(무차원)이다. 이 식에서 기준 고도 P_0을 1,000 hPa로 정하여 얻은 대기 굴절지수가 일반잠재굴절지수 Φ으로 다음과 같다.

$$\Phi = 77.6\frac{P}{\theta}\left(1+7750\frac{q}{\theta}\right) \tag{2.6}$$

일반잠재굴절지수의 연직 기울기 M은 기온과 수증기의 연직 기울기($\partial\Phi/\partial z$)로서 다음과 같이 쓸 수 있다.

$$M = \frac{\partial\Phi}{\partial z} = \left(\frac{\partial\Phi}{\partial\theta}\right)\left(\frac{\partial\theta}{\partial z}\right)+\left(\frac{\partial\Phi}{\partial q}\right)\left(\frac{\partial q}{\partial z}\right) \tag{2.7}$$

$$= 77.6\frac{P}{T}\left(\frac{\partial\ln\theta}{\partial z}+\frac{15500q}{T}\frac{\partial\ln\theta}{\partial z}-\frac{7750}{T}\frac{\partial q}{\partial z}\right) \tag{2.8}$$

이 식을 일반잠재굴절률의 연직 기울기로 표현하면 다음과 같다.

$$M = -77.6\times10^{-6}\frac{P}{T}\left(\frac{\partial\ln\theta}{\partial z}+\frac{15500q}{T}\frac{\partial\ln\theta}{\partial z}-\frac{7750}{T}\frac{\partial q}{\partial z}\right) \tag{2.9}$$

이 식에서 전파 산란은 기온과 수증기의 연직 기울기에 밀접하게 관련됨을 알 수 있다. 여러 연구에 따르면 윈드프로파일러의 연직빔에서 얻은 수신 전력은 라디오존데로 계산한 M^2와 비례하며, 이 특성은 하나의 관측 자료보다는 여러 개의 윈드프로파일러 관측 자료를 일정 기간 동안 평균한 관측 자료에서 더욱 뚜렷해진다.

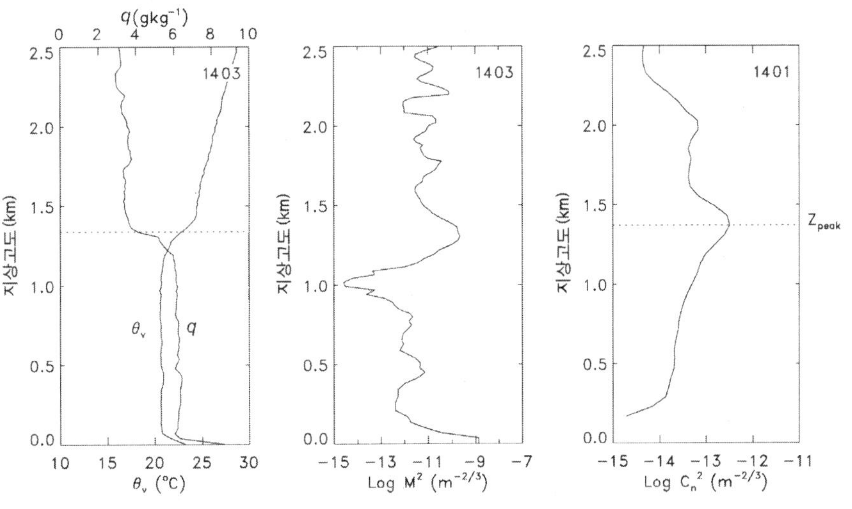

[그림 2.2] 1998년 6월 19일 1403 LST 프랑스 비아봉(Viabon)에서 관측한 라디오존데 자료로부터 계산한 가온위(θ_v), 혼합비(q), 일반잠재굴절률의 연직 기울기(M)과 1401 LST에 관측한 UHF 윈드프로파일러의 대기굴절률 구조변수(C_n^2) 연직 분포. Z_{peak}는 UHF 윈드프로파일러의 C_n^2 첨두이다.

2.2 대기 운동과 난류 스펙트럼

대류권의 대기 운동은 크고 작은 소용돌이로 구성된다. 이 소용돌이의 크기를 스펙트럼 분석해 보면 100시간(4일) 부근과 0.01시간(1분) 부근에서 스펙트럼 첨두가 있고 두 첨두 사이에 스펙트럼 협곡이 나타난다. 100시간 부근의 첨두는 종관 규모의 일기계가 통과하면서 만들어진 풍속 변동 때문이고 이 시간대에서 운동 에너지와 열 에너지의 전환이 활발히 이루어진다. 1시간과 0.1시간 사이에 나타나는 에너지 협곡은 소용돌이 에너지를 유지하기 위한 물리 과정이 없기 때문이다. 0.01시간 부근의 스펙트럼 첨두는 난류 운동으로 만들어진 것이며, 그 시간 규모가 0.1시간에서 0.001시간 사이이다. 이 규모의 소용돌이가 전파의 브래그 산란을 일으키는 산란체이다.

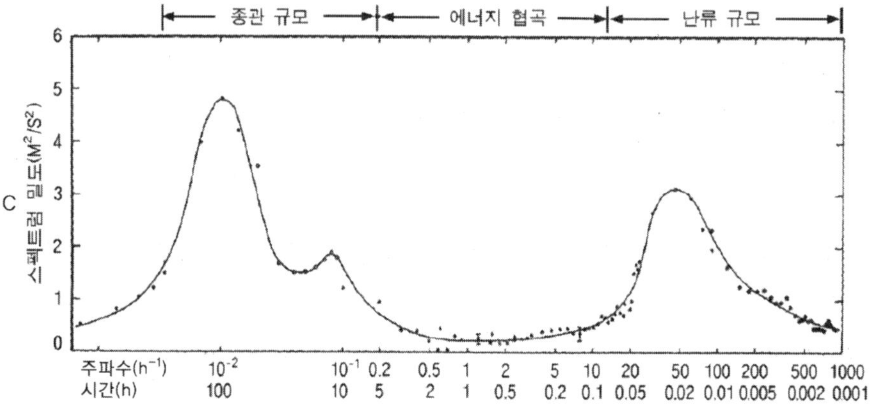

[그림 2.3] 미국 부르크해븐 국립연구소의 미기상탑에서 관측한 125 m 고도의 수평 풍속 스펙트럼(van der Hoven, 1957)

난류는 담배 연기가 위로 올라가면서 흩어지는 모습처럼 무질서하고 정상성이 없는 유체 흐름을 말한다. 유체 속에 있는 난류 소용돌이는 특별한 구조와 생애를 가진다. 이러한 난류 소용돌이의 운동 결과가 어떤 유체 덩어리 형태로 나타난다. 대기 난류는 수백 m에서 수 mm 크기의 난류 소용돌이로 나타나고 열 에너지나 운동 에너지를 확산시키는 역할을 한다.

난류는 관성력과 점성력의 비로 정의되는 레이놀즈 수 Re가 클 때 발생한다.

$$Re = \frac{vL}{\nu} \tag{2.10}$$

여기서 v는 전형적인 속도이고 L은 전형적인 규모이며 ν는 점성력이다. 레이놀즈 수가 0~1이면 포복 흐름, 1~100이면 층류, 100~1,000이면 대기경계층류, 10^3~10^4이면 약한 난류로 전환된다. 그리고 10^4~10^6이면 보통 난류이고, 10^6을 초과하면 강한 난류로 된다.

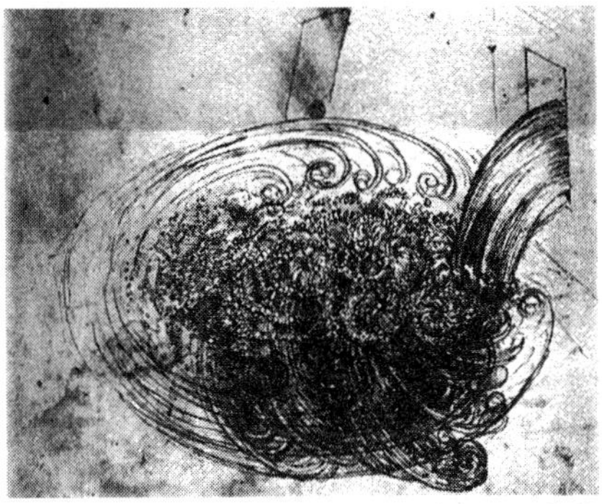

(a) 레오나르도 다 빈치가 그린 물 표면의 난류 운동 모양

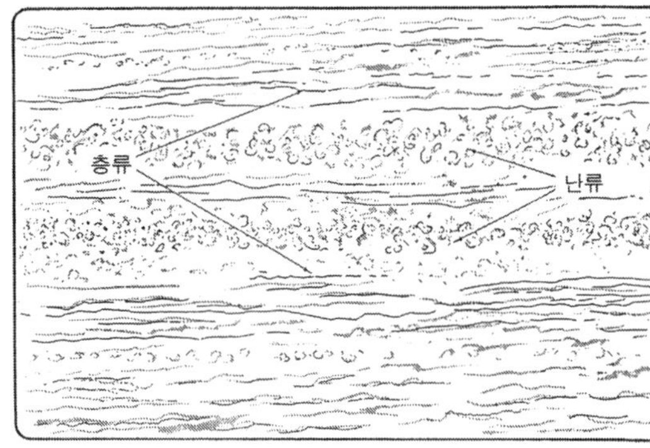

(b)대기 난류에서 층류와 난류 모양

[그림 2.4] 물과 대기에서의 난류 모양

난류 소용돌이는 풍속이 시공간으로 급격하게 변하거나 태양복사의 지면 가열에 따른 대류 불안정이 있을 때 발생한다. 난류 발생 초기에 난류 소용돌이는 풍속의 시공간 변동이나 대류 운동에 해당하는 크기를 가지며 그에 상응하는 난류 에너지를 가진다. 이때 공급된 난류 에너지는 소용돌이 규모가 크고 파수가 작은 영역에 치우쳐 분포한다. 작은 파수 영역에 있는 큰 난류 에너지는 다른 규모의 난류 에너지와 결합하여 큰 파수 영역으로 수송된다. 이때, 큰 파수 영역의 변동 성분은 난류의 발생 상태에 영향을 받지 않고 등방에 가까워 평형 상태를 이룬다. 이 파수의 영역을 보편 평형 영역이라고 한다. 보편 평형 영역의 작은 파수 쪽에서 난류 에너지가 유입되고 큰 파수 쪽에서 같은 양의 난류 에너지가 점성에 의해 열 에너지로 소멸된다. 따라서 이 영역의 소용돌이 특성은 난류 에너지 유입량에 해당하는 난류 에너지 소멸률과 점성에 의한 난류 에너지 소멸을 나타내는 동점성계수로 설명한다. 난류가 강하면 보편 평형 영역의 중간에 있는 대기 운동계에서는 난류 에너지가 유입되지도 않고 난류 에너지의 점성 소멸이 거의 없는 영역이 생긴다. 이 영역에서는 관성력에 의해 큰 난류 소용돌이에서 작은 난류 소용돌이로 에너지가 전달된다. 이 파수의 영역을 관성 소영역이라고 한다. 관성 소영역의 난류는 동질성과 등방성으로 다양한 크기로 존재하고 난류 스펙트럼은 파수의 -5/3승 법칙에 따른다. 이 영역에서는 난류 에너지의 점성 소멸도 없고 난류 에너지만 있어서 오직 난류 에너지 소멸률로만 설명된다.

대기 운동계의 운동 에너지 공급으로 생성된 큰 난류 소용돌이는 작은 난류 소용돌이로 깨지고, 마지막에는 가장 작은 크기까지 깨진다. 가장 작은 크기의 난류 소용돌이에서 운동 에너지는 점성에 의해 열 에너지로 소멸된다. 이것을 에너지 폭포 효과라고 하며, 이 과정에서 생성되는 난류 소용돌이의 크기는 난류 특성 길이로 나타낸다. 난류 특성 길이는 두 지점에서 난류 소용돌이의 속도 성분이 상관관계를 가지고 그 거리가 가장 클 때의 거리를 의미한다. 난류 특성 길이는 외곽 규모 L_0, 테일러 미규모 η, 그리고 내부 규모 l_0로 구분된다. 외곽 규모는 보편 평형 영역에서 난류 에너지를 수송하는 난류 소용돌이의 최대 크기로서 대류권에서 수십~수백 m 정도이다. 외곽 규모보다 큰 난류 소용돌이에서 난류 에너지가 공급된다. 이렇게 유입된 난류 에너지는 에너지의 손실이 없이 점성 소용돌이에 전달된다. 테일러 미규모는 점성 효과가 난류 에너지의 소멸에 영향을 주기 시작하는 크기이며, 관성 소영역에서 점성 소영역으로 전환되는 경계이다. 점성 소용돌이로 전달되는 난류 에너지는 열 에너지로 소멸된다. 내부 규모는 점성 소영역에서 보면 난류 에너지를 소멸시키는 점성 소용돌이의 최대 크기이고, 보편 평형 영역에서 보면 난류 에너지의 유입률과 점성소멸률이 평형을 이루는 크기로 난류 소용돌이가 점성으로 소멸되기까지 최소 크기이다. 내부 규모는 콜모고로브 미규모 μ라고도 한다. 대류권에서 내부 규모는 수 mm 정도이다.

난류 스펙트럼은 난류 에너지 수지 측면에서 구분하기도 한다. 외곽 규모보다 큰 난류 소용돌이의 범위를 에너지 공급 영역으로, 테일러 미규모보다 작은 소용돌이의 범위를 에너지 소멸 영역으로, 그리고 외곽 규모보다 작고 테일러 미규모보다 큰 범위를 관성 소영역으로 구분한다. 관성 소영역에서는 난류 에너지의 발생이나 소멸 없이 관성력에 의해 낮은 파수로 전달된다. 따라서 난류장의 통계 특성은 파수, 난류 에너지 소멸률, 그리고 동점성에 의해 좌우된다. 그리고 이때의 난류장은 균질하고 등방성이다.

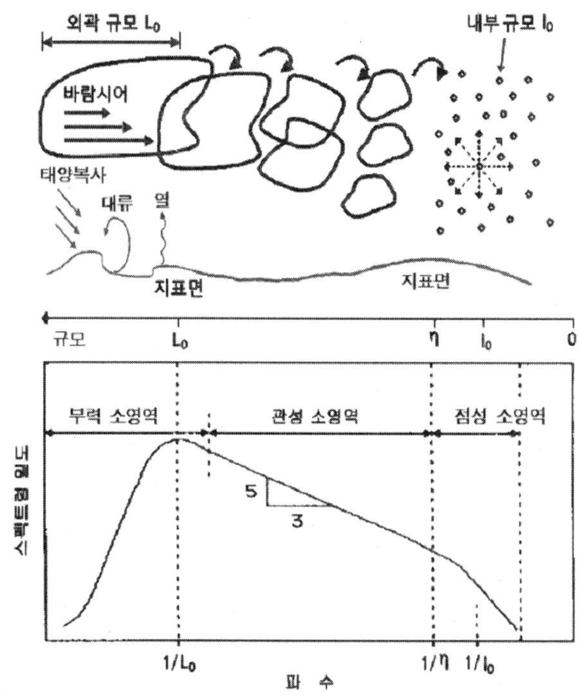

[그림 2.5] 난류 에너지가 열 에너지로 변하는 에너지 폭포 효과와 난류 소용돌이 크기 분포를 보여주는 난류 스펙트럼 밀도 분포. 여기서 L_0는 외곽 규모, η는 테일러 미규모, l_0는 내부 규모이다.

2.3 관성 소영역 난류장의 고도별 변화

다양한 크기의 난류 소용돌이가 존재하는 관성 소영역은 HF에서 SHF 주파수의 전파에 대해 주요 산란체의 역할을 한다. 이 영역은 외곽 규모와 내부 규모 사이에서 형성되고 등방성 난류이다. 부력 소영역과 관성 소영역 사이의 전이는 외곽 규모에서 이루어진다. 관성 소영역의 난류에 대한 길이 규모는 고도에 따라 변한다. 윈드프로파일러에서 사용하는 주파수인 1.3 GHz와 50 MHz는 파장이 22 cm에서 6 m 정도이며, 이 파장에서 관성 소영역은 수십 km 고도까지 이른다.

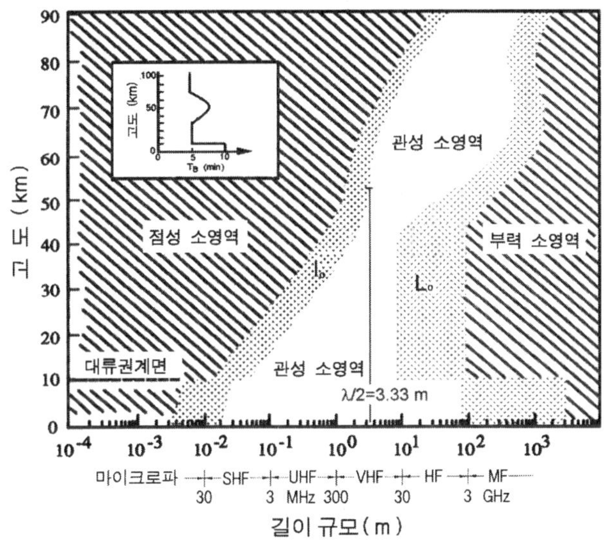

[그림 2.6] 관성 소영역을 구성하는 내부 규모 l_0와 외곽 규모 L_o의 고도별 분포(Rottger, 1997)

전파의 주파수에 따른 산란 정도는 산란체의 크기와 종류에 관련된다. 관성 소영역의 난류는 낮은 고도에서 cm 크기이며 고도가 높아질수록 수백 m로 커진다. 따라서 높은 주파수의 윈드프로파일러는 높은 고도에서 효과적으로 후방산란하지 않으며, 낮은 주파수의 윈드프로파일러는 높은 고도까지 관측할 수 있다. 고도에 따른 관성 소규모를 기준으로 윈드프로파일러로 적합한 주파수를 판단해 보면, 약 10 km 이하의 대류권에서는 SHF, UHF, VHF, HF 주파수가, 성층권에서는 UHF, VHF, HF 주파수가 최적 주파수에 해당한다.

2.4 전파 산란 메커니즘

전파는 대기굴절률의 불균질 영역에서 산란되며, 이 불균질 영역은 난류, 자유전자의 열 운동, 구름 입자 혹은 강수 입자 등의 산란체에 의해 생긴다. 따라서 산란체에 따라 전파가 산란되는 메커니즘이 달라진다. 산란체의 특성에 따른 전파 산란 메커니즘은 브래그 산란, 프레넬 반사, 프레넬 산란, 레일리 산란, 그리고 톰슨 산란이 있다.

(1) 브래그 산란

다양한 크기의 난류 소용돌이가 회전하면서 모여 있는 층이 난류층이다. 이 난류 소용돌이가 수증기압, 기온 그리고 기압의 공간 분포를 흩트리면서 대기굴절률의 불균질층이 생긴다. 이 층에 수직으로 입사되는 전파는 다시 후방으로 산란된다. 전파의 반 파장 크기에 해당하는 난류 소용돌이가 그 크기에 상응하는 대기굴절률의 불균질층을 만든다. 이러한 층에서는 같은 위상으로 산란이 발생하고 보강 간섭이 일어나 강한 신호로 수신된다. 그러나 대기굴절률의 불균질층이 전파의 반 파장 크기에 해당하지 않는 경우에는 위상이 서로 다르게 산란하고 소멸 간섭이 일어나 신호가 약하게 수신된다. 이처럼 전파의 반 파장 크기에 해당하는 난류 소용돌이가 만드는 대기굴절률의 불균질층에서 전파가 최대로 산란되는 산란을 브래그 산란이라고 한다. 브래그 산란이란 용어는 난류 스펙트럼에서 대기굴절률 변동의 브래그 파수($k = 4\pi/\lambda$) 성분에 해당할 때 일어나는 후방산란 메커니즘에서 유래하였다. 브래그 산란은 난류 산란 혹은 페커리스(Pekeris) 산란이라고도 한다.

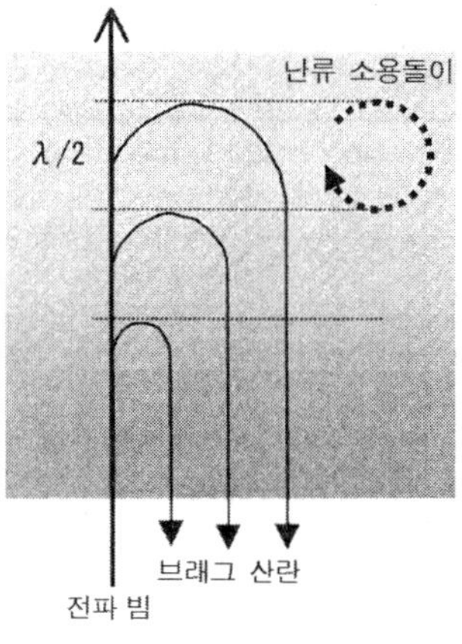

[그림 2.7] 브래그 산란이 발생할 때 대기굴절률 불균질층의 간격과 전파 파장의 관계

브래그 산란을 일으키는 난류 소용돌이의 크기는 수십 m에서 수 mm까지로 난류 스펙트럼에서 관성 소영역에 해당한다. 이때의 난류는 생성 조건에 따라 등방성 난류로 되거나 이방성 난류로 되기도 한다. [그림 2.8]은 등방성 난류와 이방성 난류가 생성되는 대기 조건을 보여준다. 고도 69 m와 251 m 사이의 대기층을 보면, 풍속 변동은 크고 기온 변동이 작지만 하부에서 기온이 높고 상부에서 기온이 낮은 대류 불안정층을 이룬다. 이런 층에서는 난류 소용돌이의 수평 방향과 연직 방향에서 그 크기가 비슷한 등방성 난류

가 생긴다. 고도 약 30 m와 69 m 사이 그리고 251 m와 288 m 사이의 기층을 보면, 풍속 변동은 크고 기온 변동도 크지만 하부에서 기온이 낮고 상부에서 기온이 높은 기온 역전층이 존재한다. 이런 층에서는 연직 방향의 운동이 억제되어 수평 방향으로 넓게 늘어난 이방성 난류가 생긴다.

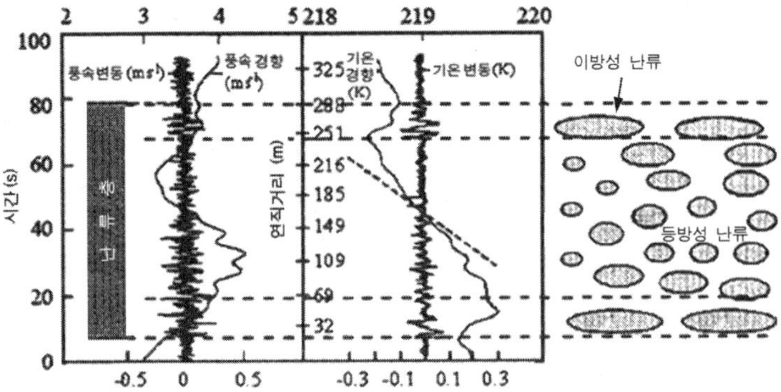

[그림 2.8] 기온과 풍속의 고도별 변동에 따른 등방성 난류와 이방성 난류의 생성

등방성 난류는 난류 소용돌이의 수평 방향과 연직 방향에서 대기굴절률의 통계적인 특성이 비슷하다. 따라서 등방성 난류로 발생한 전파 산란은 모든 방향으로 같은 강도로 산란하는 등방성 산란을 만들며, 전파의 입사 방향에 관계없이 모든 방향에서 같은 강도로 수신된다. 이방성 난류는 전파의 입사 방향에 따라 대기굴절률의 통계적인 특성이 다르다. 따라서 산란 강도가 방향에 따라 달라지는 이방성 산란을 만든다. 다만, 등방성 난류와 이방성 난류는 대기굴절률의 불균질이 시간에 관계없이 무작위 운동을 하기 때문에 시간에 따른 변화는 거의 비슷하고 도플러 스펙트럼도 대략 가우스 분포를 보인다.

(2) 프레넬 반사

대류권계면이나 침강 역전층과 같이 수평으로 넓고 안정한 기온 역전층의 경계면에서 연직 방향의 대기굴절률이 크게 변하는 하나의 불연속층이 존재한다. 수평 범위 A_z가 프레넬 영역 $(\lambda z)^{1/2}$보다 크고 연직 두께 Δz가 전파의 $\lambda/4$보다 작은 불연속층에 수직으로 입사되는 전파는 그 일부가 급격하게 굴절되어 반사된다. 여기서 λ는 전파 파장이고, z는 불연속층의 고도이다. 이러한 반사를 프레넬 반사라고 한다. 프레넬 반사를 일으키는 두 조건은 매우 엄격한 것이고, 대개는 불연속층의 최소 수평 범위가 레이더 빔의 수평 범위보다 넓고 불연속층의 연직 두께가 전파거리 표본간격보다 작다는 조건으로 대신한다. 불연속층의 수평 범위가 프레넬 영역보다 작으면 등방성 난류로 인한 브래그 산란이 일어난다. 프레넬 반사라는 용어는 불연속층의 최소 수평 범위가 프레넬 영역의 차원이기 때문에 붙여진 것이다. 프레넬 반사는 부분 반사로도 불린다. 이것은 이온권에서 모든 전파를 반사시키는 전반사보다 강도가 약한 반사라는 뜻에서 잘못 붙여진 것이다.

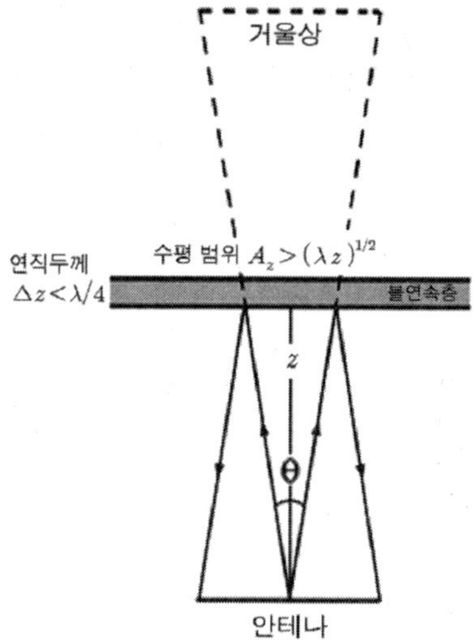

[그림 2.9] 불연속층의 프레넬 반사의 조건. 여기서 z는 불연속층의 고도, Δz는 불연속층의 연직 두께, A_z는 불연속층의 수평 범위, λ는 전파 파장, θ는 안테나의 빔 폭이다.

프레넬 반사는 불연속층의 거칠기에 따라 거울면 반사와 확산 반사로 나눈다. 거울면 반사는 불연속층의 표면이 평탄하여 입사된 전파가 거울과 같이 한 방향으로 반사되는 것이다. 거울면 반사라는 용어는 프레넬 반사나 부분 반사와 같은 개념으로 사용된다. 확산 반사는 불연속층의 표면이 전파 파장의 크기에 비교할 만큼 울퉁불퉁하여 입사된 전파가 거울면 반사의 방향뿐만 아니라 바깥쪽의 모든 방향으로 반사되는 것이다. 울퉁불퉁한 불연속층은 원래 평탄하던 불연속층이 중력파의 영향으로 만들어진다.

프레넬 반사는 파장이 6 m 이상으로 긴 전파에서 자주 나타나며, 전파 입사 방향에 따라 산란 강도가 크게 달라지는 방향 감도를 가진다. 그래서 수신 전력의 연직 분포에서 대못 모양이나 얇은 층의 강한 신호로 나타난다. 그리고 대기굴절률의 불연속층을 생성시키는 기온 역전층은 시간에 따라 그 위상이 거의 변하지 않아서 긴 간섭 시간을 가진다.

(3) 프레넬 산란

대류권계면과 안정한 기온 역전층의 경계면에서는 수평으로 넓게 퍼지나 연직 운동이 매우 약한 이방성 난류층이 형성된다. 이 층에서 연직 방향으로 대기굴절률이 급격하게 변하는 여러 층의 불균질이 만들어지고 입사된 전파를 거울처럼 그대로 반사한다. 이것이 프레넬 산란이다.

프레넬 산란은 전파거리 표본간격에 많은 수의 층이 있고 수평 방향으로 간섭성이 있으며 연직 방향에서 무작위로 변동하는 불균질층에서 발생한다. 따라서 프레넬 산란의 산란 강도는 불균질층에 전파가 입사되는 방향에 좌우되어 천정 방향의 전파 빔에서 최대이고 전파 빔의 천정각이 커질수록 급격하게 감소한다.

프레넬 산란은 프레넬 반사와 비슷하게 파장 6 m 이상에서 흔히 나타난다. 프레넬 산란의 방향 감도는 프레넬 반사와 비슷하게 큰 특성을 가진다. 그러나 각 불균질층은 통계적으로 서로 독립되어 있기 때문에 프레넬 산란의 시간 변화는 브래그 산란의 시간 변화가 비슷하다. 따라서 수신 전력의 평균 연직 분포는 고도에 따라 상당히 완만하게 변한다.

윈드프로파일러의 도플러 스펙트럼을 보면 가우스 분포와 좁은 대못 모양이 중첩되어 있다. 가우스 분포는 브래그 산란과 빔 확대로 만들어진 것이고, 일부 구간에서 나타나는 대못 모양은 프레넬 산란이나 프레넬 반사로 만들어진 것이다.

윈드프로파일러의 전파거리 표본간격이 매우 커서 많은 수의 프레넬 반사층이 합쳐져 프레넬 산란으로 관측될 수도 있다. 전파거리 표본간격이 크면 프레넬 산란으로, 전파거리 표본간격이 작으면 프레넬 반사로 관측되기 쉽다.

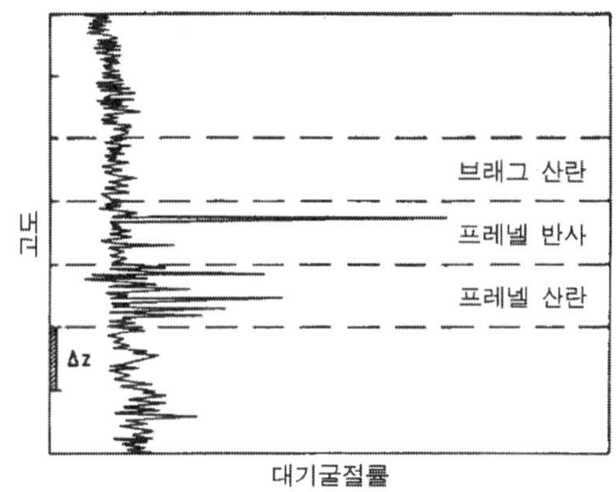

[그림 2.10] 고도에 따른 대기굴절률 변동으로 발생하는 브래그 산란, 프레넬 반사 그리고 프레넬 산란의 비교. Δz는 윈드프로파일러의 전파거리 표본간격이다(Rottger, 1997).

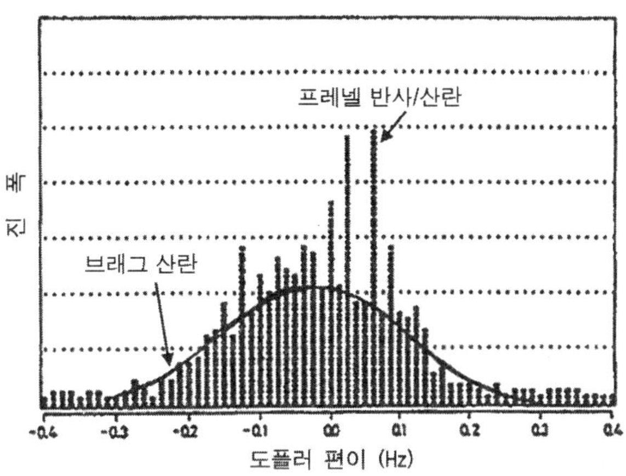

[그림 2.11] 53 MHz VHF 레이더의 연직빔으로 관측한 도플러 스펙트럼에서 나타나는 브래그 산란, 프레넬 반사 혹은 프레넬 산란 신호. 이 도플러 스펙트럼의 고도 분해능은 150 m이고 적분 시간은 5분이다(Rottger, 1997).

[표 2.1] 브래그 산란, 프레넬 반사, 그리고 프레넬 산란의 특성 비교

산란 메커니즘	산란체 모양	산란체 세부 분류	간섭성 시간	각 스펙트럼	다른 명칭
브래그 산란	난류 소용돌이	등방성 이방성	짧음 짧음	일정 넓음	난류 산란 페커리스 산란
프레넬 반사	하나의 안정층	편평–거울면 반사 울퉁불퉁–확산 반사	김 매우 김	좁음 매우 좁음	거울면 반사 부분 반사
프레넬 산란	중첩된 여러 개의 안정층	수평으로 성층 고도를 따라 분산	중간 중간	좁음 넓음	

(4) 레일리 산란

대류권은 건조공기와 함께, 수증기, 구름 입자, 그리고 강수 입자로 구성되며, 10 km 이하의 고도에서는 수증기 성분이 대기굴절률 변동을 크게 만든다. 레일리 산란은 구름 입자나 강수 입자가 만든 대기굴절률 불균질에 의해 발생하는 산란으로 산란 강도는 구름 입자나 강수 입자의 수밀도에 좌우된다. 이러한 레일리 산란으로 구름이나 강수대를 관측하는 것이 기상 레이더이다. 레이더는 2~10 cm 파장의 전파를 사용하기 때문에 송신 전파는 직경 0.1~수 mm인 강수 입자에 의해 산란한다.

(5) 톰슨 산란

중간권에서는 난류로 인한 대기굴절률 변동이 매우 약해지고 자유전자와 이온의 무작위 열 운동으로 큰 전자 밀도 변동이 생긴다. 이 변동이 대기굴절률의 불규칙한 변동을 만들고 입사되는 전파를 무작위로 산란시킨다. 이것이 톰슨 산란이고 열 산란 혹은 비간섭 산란이라고도 한다.

톰슨 산란의 산란 강도는 전자 밀도의 제곱에 비례한다. 이온권 레이더는 약한 산란 강도에서 적절한 신호를 얻기 위해 2 MW를 넘는 높은 송신 전력으로 전파를 방사한다.

2.5 대기굴절률의 구조함수와 구조변수

윈드프로파일러는 난류가 만든 대기굴절률 변동에서 오는 산란 신호를 수신하여 정보를 얻는다. 따라서 난류 정도와 그에 따른 산란 정도를 알아야 한다. 그러나 엄밀히 말하면 난류는 정상 상태나 평형 상태를 유지하지도 않고 등방성이지도 않다. 난류에 따른 대기굴절률 변동을 어떤 한정된 조건을 두고 평형으로 간주하면 통계적으로 표현할 수 있다. 난류에 따른 대기굴절률 변동과 체적산란율의 관계를 통계적으로 기술하기 위한 지표가 대기굴절률 구조변수이다.

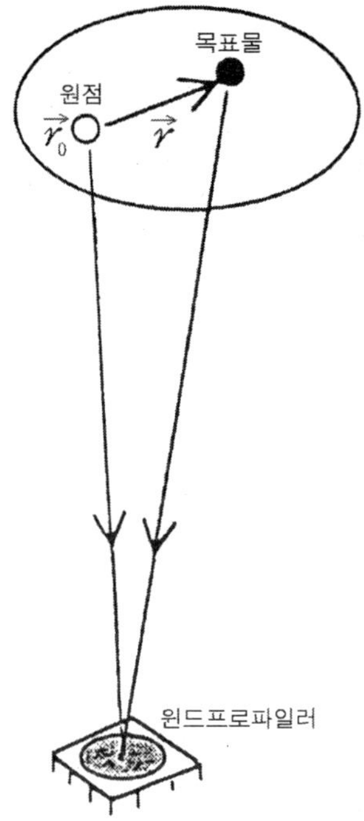

[그림 2.12] 관성 소영역의 난류에서 대기굴절률 구조함수의 개념

관성 소영역의 난류에 대해 거리 r에서 대기굴절률 n의 변화는 다음과 같이 대기굴절률 구조함수 D_n로 정의한다.

$$D_n(r) = < [n(\overrightarrow{r_0} + \vec{r}) - n(\overrightarrow{r_0})]^2 > \tag{2.11}$$

여기서 삼각 괄호는 시간평균을 의미하며, $\overrightarrow{r_0}$는 임의로 선택된 점의 위치 벡터이다. $\vec{r}$는 처음 위치에서 다른 위치로의 변위 벡터이다. 관성 소영역의 난류 특성은 난류 에너지 소멸률에 의해서만 결정되고 차원을 분석하면 대기굴절률 구조함수 D_n는 다음과 같다.

$$D_n(r) = a_n^2 \epsilon^{2/3} r^{2/3} = C_n^2 r^{2/3} \tag{2.12}$$

여기서 a_n은 무차원의 상수이고, ϵ는 난류 에너지 소멸률이다. 비례상수 C_n^2은 대기굴절률 변동에 대한 지표가 되는 대기굴절률 구조변수로 다음과 같다.

$$C_n^2 = a_n^2 \epsilon^{2/3} \tag{2.13}$$

이 변수는 표본 체적에 있는 난류에 대해 거리 r에 의존하지 않고 측정할 수 있기 때문에 난류에 대한 표준인자로 사용된다.

관성 소영역의 난류장에서 대기굴절률 불균질로 발생하는 후방산란체적율인 레이더 반사율 η는 다음과 같다.

$$\eta = 0.38\, C_n^2\, \lambda^{-1/3} \tag{2.14}$$

이 식에 따르면 레이더 반사도는 대기굴절률 구조변수 C_n^2에 의해 결정되며, 이 변수는 대기 난류에 의해 후방산란되는 레이터 반사도 인자에 해당한다. 대기굴절률 구조변수는 다음과 같이 관측하기 쉬운 평균량에서 구한다.

$$C_n^2 = a^2 \epsilon^{-1/3} K_\Phi 10^{-12} M^2 \tag{2.15}$$

여기서 a^2은 무차원 상수로 3.2~4.0의 값을 가지며, K_Φ는 잠재굴절률의 소용돌이 확산계수이고, M은 일반잠재굴절률의 연직 기울기이다.

2.6 레이더 방정식

윈드프로파일러는 대기 중으로 전파를 방사하고 산란 메커니즘에 의해 되돌아온 신호를 수신한다. 이러한 전파의 송신과 수신은 레이더 방정식을 적용하여 수신 전력을 계산한다.

레이더는 안테나로 펄스 형태의 에너지를 대기로 방사한다. 안테나로 방사된 에너지가 거리 r에 있는 산란체로 입사되는 전력 밀도 S_i는 다음과 같이 거리 r에서 단위 면적당 전력과 안테나 이득의 곱으로 나타낸다.

$$S_i = \frac{P_t}{4\pi r^2} \cdot G_t \tag{2.16}$$

여기서 P_t는 레이더의 송신 전력이고 G_t는 안테나 이득이다. 수평과 수직의 빔 폭이 θ인 원형 빔에서 산란체로 입사되는 전력 P_i는 입사되는 전력 밀도와 빔의 단면적의 곱으로 나타낸다.

$$P_i = S_i \cdot \pi \frac{r\theta}{2}\frac{r\theta}{2} = \frac{P_t G_t \theta^2}{16} \tag{2.17}$$

산란체로 입사되는 전력은 일정한 방향으로 산란되며, 이 중에서 후방산란 전력 P_s는 다음과 같다.

$$P_s = A_s P_i \tag{2.18}$$

여기서 $A_s = P_s / P_i$이며, 산란체의 후방산란 물리적 면적이다. 그런데 레이더 스코프에 포착된 면적은 산란체의 물리적인 면적과 크게 다르게 나타난다. 따라서 A_s 대신에 레이더 스코프에 나타난 산란체 면적의 개념인 후방산란 단면적 $\sigma \equiv P_s / P_i$를 도입하여 산란체의 후방산란 전력을 정의한다.

$$P_s = \sigma P_i \tag{2.19}$$

산란체의 후방산란이 안테나로 수신될 때 전력 밀도는 다음과 같다.

$$S_r = \frac{P_s}{4\pi r^2} \cdot G_s \tag{2.20}$$

여기서 G_s는 산란 이득으로 등방산란에 대한 특정한 방향의 산란의 비로 정의된다.

유효 면적이 A_e인 안테나에서 얻은 수신 전력 P_r은 다음과 같다.

$$P_r = S_r A_e = \frac{P_s G_s A_e}{4\pi r^2} \tag{2.21}$$

이 식에 식 (2.19)와 식 (2.20)을 대입하면 다음과 같이 일반화된 레이더 방정식을 얻는다.

$$P_r = \left[\frac{P_t G_t \theta^2 A_e}{64\pi r^2} \right] \cdot \sigma \cdot G_s \tag{2.22}$$

여기서 대괄호 안의 변수는 레이더 시스템과 관측 고도에 의해 결정된다. 따라서 레이더 수신 전력은 산란 메커니즘의 후방산란 단면적과 후방산란 안테나 이득에 의해 좌우된다.

등방성 난류에 의한 브래그 산란의 경우에 산란 이득 $G_s = 1$이고 후방산란 단면적 $\sigma = h \cdot \eta_B$이다. 여기서 h는 레이더 빔 폭이고 η_B는 브래그 산란에 의한 레이더 반사율로 단위체적당 산란 단면적($m^{-2/3}$)을 의미한다. 그리고 안테나 이득 G_t와 빔 폭 θ의 관계는 $G_t \theta^2 = \pi^2$이다. 식 (2.22)의 레이더 방정식에 브래그 산란에 대한 위의 조건을 대입하면 다음과 같이 브래그 산란의 레이더 방정식을 얻는다.

$$P_r = \frac{P_t A_e \pi h}{64} \frac{\eta_B}{r^2} \tag{2.23}$$

정적 안정층에 의한 프레넬 산란의 경우에 산란 이득 $G_s = 4\pi r^2 / \pi r^2 \theta^2 = 4/\theta^2$이고 안테나 이득 $G_t = 4\pi A_e / \lambda^2$이다. 그리고 후방산란 단면적 $\sigma = \alpha^2 |\rho|^2$이며, 여기서 α는 효율계수로 안테나와 도파관에 좌우된다. ρ는 정적 안정층의 프레넬 산란으로 반사되는 전력반사계수로 레이더 시스템과 대기굴절률의 연직 기울기에 좌우된다. 식 (2.22)의 레이더 방정식에 프레넬 산란에 대한 위의 조건을 대입하면 다음과 같이 프레넬 산란의 레이더 방정식을 얻는다.

$$P_r = \frac{\alpha^2 P_t A_e^2}{4\lambda^2 r^2} |\rho|^2 \tag{2.24}$$

이 식에서 보는 바와 같이 정적 안정층의 프레넬 산란에 의한 수신 전력 P_r은 전력반사계수 크기 $|\rho|^2$에 비례한다. 전력반사계수 크기는 다음과 같이 레이더 시스템 변수만으로 나타낸다.

$$|\rho|^2 = \frac{2\lambda^2 ckB(\alpha T_c + T_{rx})}{\alpha^2 P_t F_r A_e^2 h} \cdot SNR \tag{2.25}$$

여기서 c는 빛의 속도, k는 볼츠만 상수, B는 도플러 스펙트럼의 대역 폭, T_c는 배경 잡음 온도, T_{rx}는 수신기 잡음 온도, F_r는 펄스 반복 주파수, h는 레이더 빔 폭이다. SNR은 신호대잡음비로서 같은 윈드프로파일러일 경우에 수신 전력은 신호대잡음비에 비례한다.

전력반사계수 크기 $|\rho|^2$는 다음과 같이 일반잠재굴절률의 연직 기울기 M과 레이더 빔 폭 h로 나타낸다.

$$|\rho|^2 = \frac{1}{16} h^2 F(\lambda)^2 M^2 \exp\left[\frac{10-z}{z}\right] \tag{2.26}$$

식 (2.24)에 식 (2.26)을 대입하면 정적 안정층의 프레넬 산란에 의한 수신 전력 P_r은 다음과 같다.

$$P_r = \left\{\frac{\alpha^2 P_t A_e^2 h^2}{64\lambda^2}\right\}\left\{\frac{F(\lambda)^2}{z^2}\exp\left[\frac{10-z}{H}\right](-77.6\times 10^{-6})\right\}\left\{\frac{p}{T}\left(\frac{\partial \ln\theta}{\partial z}\right)\right\}^2 \tag{2.27}$$

여기서 $F(\lambda)$는 경험으로 결정되는 레이더 파장에 따른 상수이며, H, p, T 그리고 θ는 각각 규모 고도(6 km), 기압, 기온, 그리고 온위이다. 첫 번째 대괄호는 레이더 시스템에 의해 좌우되는 상수이며, 두 번째 대괄호는 장기적인 대기 변동에 의해 결정되는 상수로 대기 변동이 작을 때는 고도에만 좌우된다. 그리고 세 번째 대괄호는 대기의 정적 안정도 성분이다. 따라서 윈드프로파일러로 관측된 연직빔의 수신 전력의 신호대잡음비는 대기의 정적 안정도 성분인 $\partial \ln\theta/\partial z$와 고도에 따른 기압 감소 성분인 $(p/z)^2$에 좌우된다.

레이더 빔의 체적 내에 구름 입자나 강수 입자가 채워져 레일리 산란이 일어나는 경우 레이더 빔의 체적 내에 있는 목표물의 후방산란 단면적 σ_t는 다음과 같다.

$$\sigma_t = V\left(\frac{\sum_{i=1}^{n}\sigma_i}{V}\right) = V\sum_{vol}\sigma_j \tag{2.28}$$

여기서 σ_i는 각 산란체의 후방산란 단면적이며, σ_j는 단위체적당 후방산란 단면적으로 레일리 산란의 레이더 반사도이다.

레이더의 방출된 펄스 에너지의 전부가 반전력점의 수평 또는 수직 빔 폭 θ 내에 있으며 원형 단면적을 가진 포물면 안테나의 주방사부가 가우스 분포를 가질 때 레이더 빔의 체적은 다음과 같다.

$$V = \frac{\pi r^2 \theta^2 h}{16\ln 2} \tag{2.29}$$

레이더 빔을 가득 채운 목표물에 대한 레이더 방정식은 다음과 같다.

$$P_r = \frac{P_t G_t^2 \lambda^2 \theta^2 h}{1024(\ln 2)\pi^2 r^2} \sum_{vol} \sigma_j \tag{2.30}$$

레이더 파장이 레이더 체적 내에 있는 산란체의 직경 D보다 클 경우 각 산란체는 다음 식에 의해 레일리 산란에 의한 후방산란이 일어난다.

$$\sigma_j = \frac{\pi^5 |K|^2 D_i^6}{\lambda^4} \tag{2.31}$$

따라서 레일리 산란의 레이더 반사도 η_R는 다음과 같다.

$$\eta_R = \frac{\pi^5}{\lambda^4} |K|^2 \sum_{i=1}^{N} D_i^6 \tag{2.32}$$

여기서 N은 단위체적당 산란체의 수이고 D_i는 i번째 산란체의 직경이다. 그리고 유전율 상수 $|K|^2 = |(m^2-1)/(m^2+2)|^2$이다. 여기서 m은 굴절복소수이다. 0~20℃의 기온에서 물에 대해 $|K|^2 = 1$이며, 반면에 얼음 상태에 대해 $|K|^2 = 0.2$이다. 수신 신호의 전력 P_r은 강수 입자의 직경 D의 6승에 비례한다.

식 (2.32)의 레이더 반사도는 레이더 파장, 유전율 상수 등이 포함되어 레이더 종류나 강수 유형에 따라 다르게 계산될 수 있다. 따라서 이들 값에 영향을 받지 않는 레이더 반사도 인자 Z를 도입하며, 그것은 다음과 같다.

$$Z = \sum_{i=1}^{N} D_i^6 \tag{2.33}$$

이 식의 단위는 mm^6/m^3이다. 레이더 반사도 인자는 다음과 같이 지수 함수를 적용하여 dBZ로 나타낸다.

$$dBZ = 10 \log Z \tag{2.34}$$

레이더 반사도 인자를 적용하면 레일리 산란의 레이더 방정식과 레이더 반사도($m^{-2/3}$)는 각각 다음과 같다.

$$P_r = \frac{\pi^3 P_t G_t^2 \theta^2 h |K|^2}{1024(\ln 2)\lambda^2 r^2} Z \tag{2.35}$$

$$\eta_R = 0.93 \frac{\pi^5}{\lambda^4} Z \tag{2.36}$$

2.7 브래그 산란과 레일리 산란의 레이더 반사도 비교

윈드프로파일러는 맑은 대기와 구름 혹은 강수 입자에서 산란되어 오는 신호의 합으로 수신한다. 맑은 대기에서 오는 수신 전력은 브래그 산란의 레이더 반사도로 표현된다. 구름 입자이나 강수 입자에서 오는 수신 전력은 레일리 산란의 레이더 반사도로 표현된다. 브래그 산란에 의한 대기굴절률 구조변수 C_n^2와 레일리 산란에 의한 레이더 반사도 인자 Z의 비를 계산하면 다음과 같다.

$$\frac{C_n^2}{Z} = \frac{0.93\ \pi^5\lambda^{-4}}{0.38\ \lambda^{-1/3}}\frac{\eta_B}{\eta_R} = 7.489\times10^{-16}\lambda^{-11/3} \tag{2.37}$$

저층 대기에서 레이더 반사도 인자는 맑은 대기에서 대기굴절률이 연직 방향에서 강한 변동을 가질 때와 강수가 있을 때 증가한다. 맑은 대기에 의한 대기굴절률 구조변수는 $\lambda^{-1/3}$에 따라 변하는 반면에, 구름 입자나 강수 입자에 의한 레이더 반사도는 λ^{-4}에 따라 변한다. 따라서 윈드프로파일러는 맑은 대기에 민감하나 강수에는 덜 민감하다. 400 MHz 이상의 윈드프로파일러에서는 빗방울이 검출될 수 있지만 50 MHz의 윈드프로파일러에서는 강수가 매우 강할 때만 검출된다.

약한 비가 내릴 때는 맑은 대기에 의한 대기굴절률 구조변수와 빗방울에 의한 레이더 반사도 인자가 거의 비슷한 강도를 보인다. 이런 경우에 레이더 반사도는 대기굴절률 구조변수나 레이더 반사도 인자 중의 하나로 표현해야 한다. 파장이 $\lambda=32.8$ cm인 윈드프로파일러의 경우에 대기굴절률 구조변수와 레이더 반사도 인자의 관계식은 다음과 같다.

$$\log_{10}{C_n}^2 = \frac{Z}{10} - 13.4 \tag{2.38}$$

위 식으로 계산하면 레이더 반사도 인자 0 dBZ는 대기굴절률 구조변수 $4\times10^{-14}\,\mathrm{m}^{-2/3}$에 해당하며, 아주 큰 값의 대기굴절률 구조변수 $10^{-11}\,\mathrm{m}^{-2/3}$는 레이더 반사도 인자 24 dBZ에 해당한다.

Chapter

03 윈드프로파일러 시스템의 구성

현대의 도플러 레이더는 하나의 안테나로 펄스 전파를 방사하고 되돌아오는 전파를 수신한다. 윈드프로파일러도 도플러 레이더의 일종으로 하나의 안테나로 펄스 전파를 방사하고 수신한다. 여기서는 윈드프로파일러 시스템의 구성과 구성요소별 기능에 대하여 설명한다.

3.1 전체 시스템의 신호 흐름

무선 통신에서 전달하고자 하는 음성, 영상 그리고 데이터 정보는 수 kHz~MHz 정도로 기저 대역 주파수의 저주파이다. 이 저주파는 대기로 방출되면 멀리까지 전파되지 못하고 소멸된다. 이것을 방지하기 위하여 저주파를 100~1,000 MHz 정도인 고주파의 송신 주파수에 실려 대기로 방사한다. UHF 윈드프로파일러의 경우에도 1,300 MHz 부근의 송신 주파수를 60 MHz 부근의 중간 주파수를 혼합하여 송신한다. 이와 같이 송신 주파수나 수신 주파수를 다른 주파수로 변환하기 위하여 중간 주파수를 동원하는 구조를 슈퍼헤테로다인 방식이라고 한다. 중간 주파수는 기저 대역 주파수와 송신 주파수의 중간이라는 의미이며, IF(Intermediate Frequency)로 표시한다. 안테나에서 대기로 방사되기 직전의 송신 주파수나 수신된 직후의 수신 주파수를 무선 주파수라고 하며, RF(Radio Frequency)로 표시한다.

슈퍼헤테로다인 방식의 윈드프로파일러 시스템을 송신 신호와 수신 신호의 흐름에 따라 구성하면 [그림 3.1]과 같다. 간섭 발진기에서 중간 주파수에 해당하는 송신 기준 신호가 생성되고 이 신호는 펄스 변조기에서 송신 IF신호로 변조되어 혼합기로 보내진다. 국부 발진기에서는 고주파수에 해당하는 국지 신호가 생성되어 혼합기로 보내진다. 두 신호는 혼합기에서 혼합되어 송신 RF신호로 변환된다. 그리고 증폭기에서 큰 송신 전력으로 증폭되고 송수신 절환 스위치를 거쳐 안테나로 보내져 대기로 방사된다. 대기에서 산란하여 되돌아온 신호는 안테나에서 수신 RF신호로 수신된다. 이 신호는 송수신 절환 스위치를 거쳐 증폭기에서 증폭되고 대역 통과 필터를 거쳐 혼합기로 보내진다. 수신 RF신호는 혼합기에서 간섭 발진기에서 얻은 중간 주파수와 혼합되어 수신 IF신호로 변환되고 다시 증폭되어 위상 검출기로 보내진다. 위상 검출기에서 위상 정보가 추출되고 저역 통과 필터를 거쳐 아날로그 신호에서 디지털 신호로 변환된다. 이 신호는 신호처리기로 보내져 각종 관측 자료를 산출하고 표출기로 표출된다.

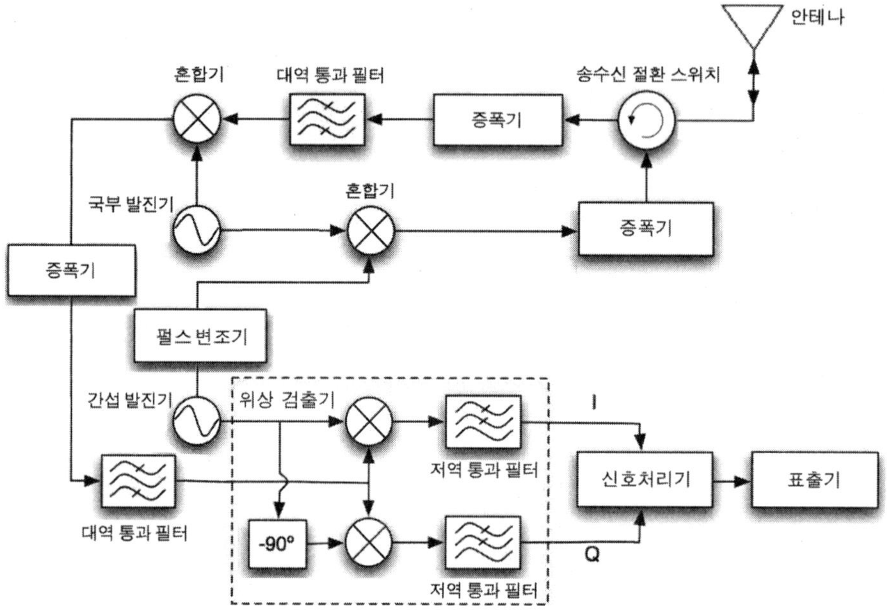

[그림 3.1] 송신 신호와 수신 신호의 흐름에 따른 윈드프로파일러 시스템의 구성

윈드프로파일러 시스템을 주요 기능에 따라 구분하면 변조부, 주파수 변환부, 신호 증폭부, 송수신 절환 스위치, 안테나부, 수신부, 인터페이스, 그리고 레이더 컴퓨터로 구성된다. 1,300 MHz 윈드프로파일러의 전형적인 구성은 [그림 3.2]와 같다. 다음 절부터는 1,300 MHz 윈드프로파일러를 기본으로 구성 요소별 기능을 설명한다.

3.2 변조부

변조부는 송신 기준 신호를 생성하고 변조하여 송신 IF신호로 만든다. 여기에는 간섭 발진기(COHO), 진폭 변조기, 위상 변조기가 포함된다.

간섭 발진기에서 송신 기준 신호가 생성되어 두 곳으로 분배된다. 이때의 신호는 송신 신호의 중간 주파수 신호로 보통 60 MHz이다. 하나는 수신부의 위상 검출기에 송신 IF신호로 보내지고, 다른 하나는 진폭 변조기와 위상 변조기로 보내진다. 이 신호는 두 변조기에서 이미 입력된 관측 변수에 맞추어 일정한 시간 간격과 길이를 가진 펄스 형태의 송신 IF신호로 변형된다. 이때, 변조기는 펄스의 지속 시간과 반복 주기를 조절하여 송신 IF 신호를 만든다. 변조된 송신 IF신호는 증폭기에서 증폭되어 주파수 변환부로 보내진다.

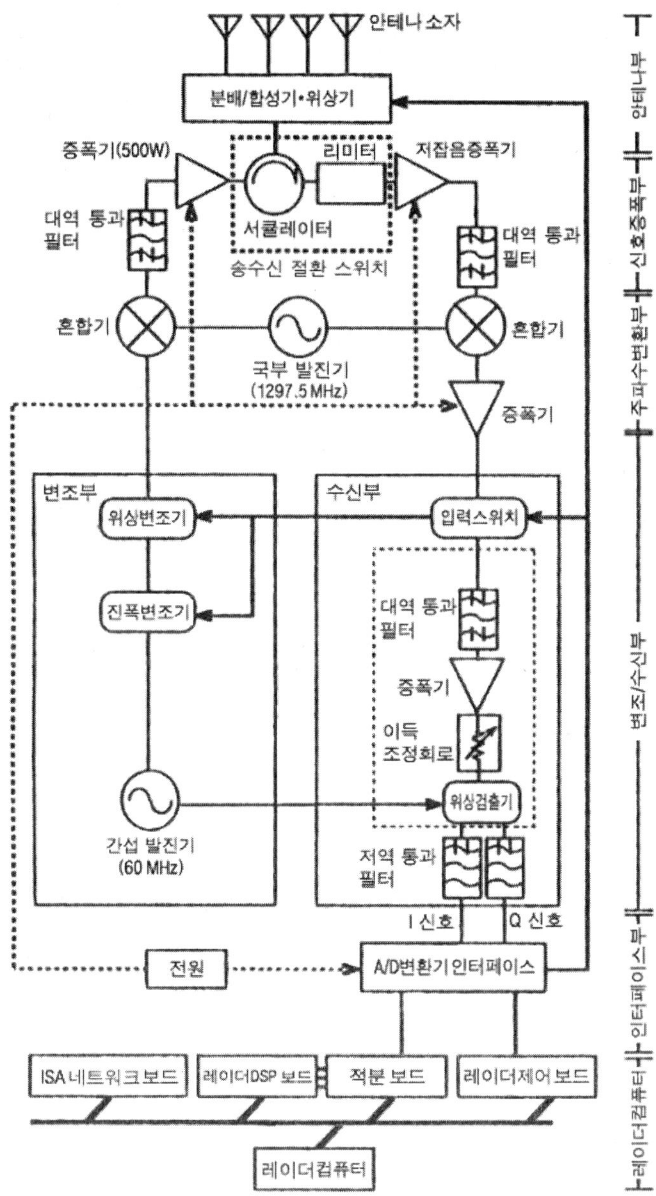

[그림 3.2] UHF 윈드프로파일러 시스템의 전형적인 구성

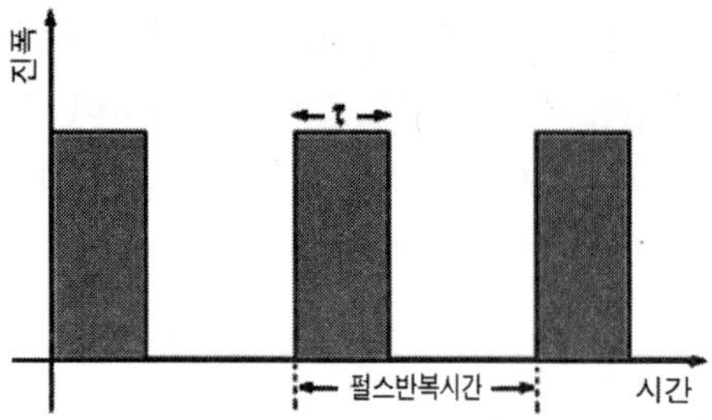

(a) 변조부의 변조기에서 얻은 펄스 형태의 송신 IF신호

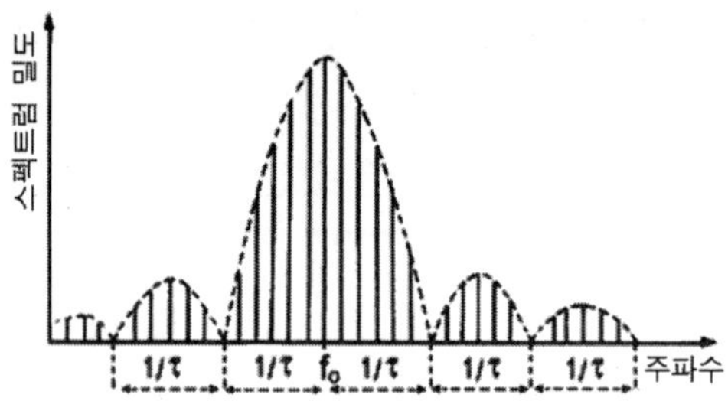

(b) 수신부에서 얻은 도플러 스펙트럼 신호

[그림 3.3] 송신 IF신호에 따른 도플러 스펙트럼의 형태. 여기서 τ는 펄스 지속 시간이고, f는 주파수이다.

3.3 주파수 변환부와 신호 증폭부

주파수 변환부에서는 전파 송신 때 변조부에서 보내온 송신 IF신호와 국부 발진기(STALO)에서 생성된 국지 신호를 혼합하여 송신 RF신호를 만든다. 또한 안테나에서 보내온 수신 RF신호와 국지 신호를 혼합하여 수신 IF신호를 생성한다. 신호 증폭부는 송신 전력을 크게 송신 RF신호를 증폭하거나 수신 신호의 신호처리가 수월하도록 수신 RF신호를 증폭한다. 주파수 변환부는 국부 발진기와 혼합기로, 신호 증폭부는 증폭기와 대역 통과 필터로 구성된다. 주파수 변환부와 신호 증폭부는 신호 케이블의 길이 연장에 따른 신호 전력 손실을 최소화하기 위하여 안테나의 아래 부분에 설치하는 경우가 많다.

국부 발진기에서 1,300 MHz 부근의 주파수를 가진 국지 신호가 생성된다. 이 신호는 매우 안정하여 송신 신호의 위상이 일정하게 유지된다. 이것은 송신 신호와 수신 신호의 위상차를 분석하여 시선속도를 얻기 위한 것이다. 국지 신호를 생성하는 송신관의 종류로는 클라이스트론 송신관, 마그네트론 송신관, 전력 트랜지스터가 있다.

슈퍼헤테로다인 방식의 윈드프로파일러 시스템에서 국지 신호는 [그림 3.4]와 같이 송신 IF신호의 주파수 상향변환용과 수신 RF신호의 주파수 하향변환용으로 분배된다. 전파 송신 때는 송신 IF신호(60 MHz)에 국지 신호(1297.5 MHz)를 더하여 주파수 상향변환시킨 송신 RF신호(1357.5 MHz)를 얻는다. 송신 RF신호는 대역 통과 필터에서 불필요한 신호성분이 제거된 후에 증폭기로 보내진다. 그리고 증폭기에서 큰 송신 전력(500 W)으로 증폭되고 송수신 절환 스위치로 보내진다. 전파 수신 때는 안테나부에서 보내온 수신 RF신호가 송수신 절환 스위치를 통과하여 저잡음 증폭기에서 증폭되고 다시 대역 통과 필터를 통과한 후에 혼합기로 보내진다. 혼합기에서 수신 RF신호(1357.5 MHz)에 국지 신호(1297.5 MHz)를 빼서 주파수 하향변환시킨 수신 IF신호(60 MHz)를 얻는다. 이 수신 IF신호는 수신부로 보내진다.

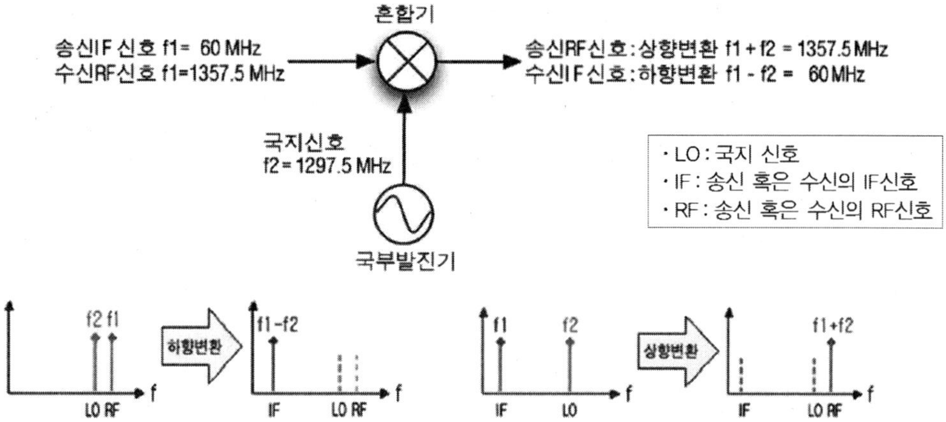

[그림 3.4] 혼합기에서 송신 IF신호의 주파수 상향변환과 수신 RF신호의 주파수 하향변환

지금까지 설명한 것과 같이 슈퍼헤테로다인 방식이 널리 활용되는 이유가 있다. 첫째, 고주파수보다 중간 주파수에서 수신 신호를 안정되게 증폭할 수 있다는 것이다. 수신 신호는 매우 미약하여 신호처리하기 전에 증폭해야 한다. 고주파의 송신 주파수를 직접 증폭하면 커다란 증폭 소자가 필요하고 불필요한 잡음이 만들어져 원하는 증폭도가 나오지 않는다. 따라서 중간 주파수로 낮추어 증폭하면 수신 신호를 안정되게 증폭할 수 있다. 둘째, 수신부의 특성이 흔들리지 않게 하고 주변 회로에 덜 민감해져 민감도가 크게 높아진다는 것이다. 중간 주파수단이 없으면 송신 주파수단의 변동이 혼합기를 통해 다른 주파수단으로 영향을 주고 민감도가 크게 떨어진다. 중간 주파수단은 송신 주파수단의 불필요한 변동을 격리시켜서 민감도를 높인다. 셋째, 주파수 채널 선택의 경제성과 정확성을 확보하기 위한 것이다. 수신 신호를 중간 주파수단에서 필터 처리하면 잘게 쪼개진 채널에서 원하는 주파수 대역만 정확하게 골라내는 선택 능력이 좋아지고 수월하게 여과할 수 있다. 넷째, 시스템 설계의 편리성과 경제성이 높아진다는 것이다. 중간 주파수단이 없으면 고주파의 송신 주파수단에 아날로그 신호처리 기능이 치우치게 된다. 이 경우에 송신 주파수가 조금만 변경되어도 아날로그 신호처리 장치를 전부 다시 설계하고 교체해야 한다. 그러나 같은 주파수의 중간 주파수단이 있으면 송신 주파수가 변경되더라고 순수한 송신 주파수단만 변경하면 된다.

3.4 송수신 절환 스위치

송수신 절환 스위치는 송신 때 안테나를 변조부와 연결하고 수신 때 안테나를 수신부와 연결하는 스위치이다. 송수신 절환 스위치의 절환 때맞춤은 레이더 컴퓨터의 신호에 따라 제어된다.

송수신 절환 스위치를 통과하는 송신 RF신호와 수신 RF신호의 전력은 그 크기가 크게 달라 송신 RF신호가 수신부로 누출되면 수신부를 크게 파손시킨다. 이를 방지하기 위한 송수신 절환 스위치로서 서큘레이터가 설치되어 있고, 수신부 방향으로 고전력 리미터가 마련되어 있다. 고전력 리미터는 수신 전력이 일정한 수준에 이르면 자동으로 통제된다. 서큘레이터는 전력이 정해진 회전 방향으로만 입출력되도록 이루어진 회로 소자이다. 그림 3.5와 같이 전력 전달 방향이 시계 방향인 3단자 서큘레이터의 경우에 단자 ①에서 입력된 전력은 시계 방향으로 진행하여 단자 ②로만 출력하고 단자 ②에서 역방향으로 유입된 전력은 단자 ③으로 출력되어 저항으로 소멸되고 단자 ①로 역류되지 않는다. 이와 같은 원리로 서큘레이터는 송신 RF신호가 수신부로 누출되는 것을 방지한다.

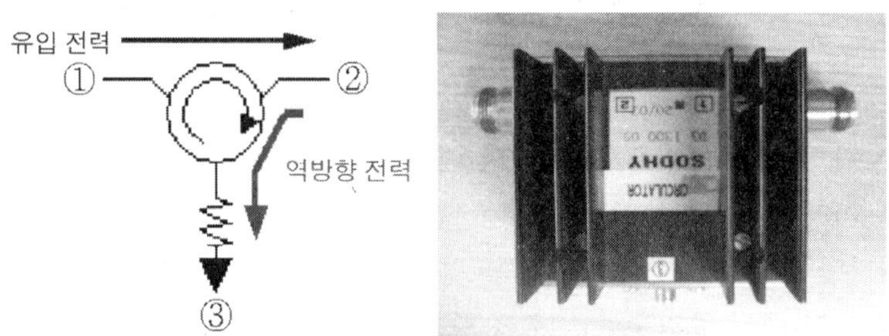

[그림 3.5] 서큘레이터의 기본 원리와 UHF 윈드프로파일러의 서큘레이터 모양

3.5 안테나부

송신 때는 변조부에서 보내온 송신 RF신호를 안테나 소자로 분배하여 대기로 방사하며, 수신 때는 대기에서 산란하여오는 수신 RF신호를 안테나 소자로 수신하여 송수신 절환 스위치로 보내는 장치이다. 안테나부는 위상 변환기, 안테나, 클러터 차폐막, 레이돔으로 구성된다.

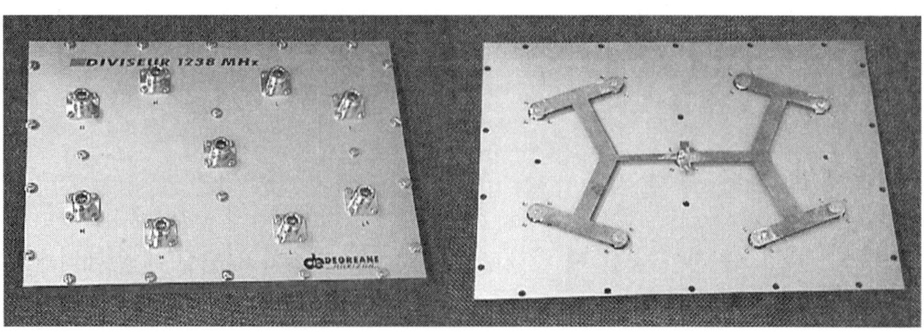

[그림 3.6] 윈드프로파일러 안테나부의 전력 분배 합성기 내부와 외부 모습

(1) 위상 변환기

위상 변환기는 전력 분배 합성기, 위상기, XY 절환기로 구성되며, 안테나 소자의 XY 축을 절환하고 위상을 제어하여 전파 빔을 특정한 방향으로 방사시킨다. 송신 때는 송수신 절환 스위치에서 보내온 송신 RF신호를 전력 분배 합성기에서 여러 개로 분배하고 위상기에서 위상을 변환하여 XY 절환기로 보낸다. XY 절환기에서는 핀 다이오드 스위치를 이용하여 송신 RF신호를 안테나의 X축과 Y축으로 절환하여 각 안테나 소자로 출력한다. 수신 때는 각 안테나 소자에서 수신한 수신 RF신호를 위상기에서 위상을 변환하고 전력 분배 합성기에서 합성하여 주파수 변환부로 보낸다.

(2) 안테나

위상 변환기를 통하여 안테나로 공급된 송신 RF신호는 각 안테나 소자로 분배되어 대기로 방사되고 다시 수신된다. 윈드프로파일러는 최소한 세 방향으로 전파를 방사하고 수신하여 3차원 바람 벡터를 관측한다. 지금까지 개발된 윈드프로파일러의 안테나는 전파를 방사하는 방식에 따라 5가지 정도로 분류가 된다. 여기에는 1개의 포물면 접시 안테나를 3방향으로 회전시키는 방식, 3개의 포물면 접시 안테나를 3개 방향으로 고정시키는 방식, 3개의 구면 원통 안테나를 3개 방향으로 고정시키는 방식, 3개 이상의 평면 안테나를 3개 이상의 방향으로 고정시키는 방식, 그리고 많은 수의 안테나 소자를 수평면으로 배치하고 각 안테나 소자에 위상차를 주어 3개 이상의 방향으로 방사하는 위상 배열 안테나 방식이 있다. 위상 배열 안테나 방식의 안테나 소자로는 동축 선상 안테나, 야기 안테나, 전자결합 동축 쌍극자 안테나, 그리고 마이크로 패치 안테나가 이용된다. [그림 3.7]은 윈드프로파일러가 사용하고 있는 5가지의 안테나 종류를 보여준다.

동축 케이블은 금속 외관의 외부 도체와 구리 봉으로 된 내부 도체의 사이에 폴리스테롤 또는 폴리에틸렌의 절연체를 끼우고 폴리비닐로 외부 피복을 두른 도선이다. 내부 도체와 외부 도체의 중심축이 일치되고 단면이 동심원 모양이기 때문에 "동축"이라는 이름이 붙었다. 이 케이블은 UHF나 VHF와 같은 고주파에서 차폐성이 강해 도선에 흐르는 전파가 외부로 새나가거나 외부 전파로부터 간섭받지 않는다. 동축 선상 안테나는 1956년에 휠러(Wheeler)가 개발하였고, 수십 년 동안 좁은 대역의 단일 파장을 사용하는 대기 레이더와 이온권 레이더에 적용되어 왔다. 이 안테나는 [그림 3.8(a)]와 같이 반파장의 동축 케이블이 단위 안테나 소자로 구성되며, 전파 빔은 이 소자가 선형으로 배열된 축에 수직인 면으로 방사된다.

야기 안테나는 [그림 3.8(b)]와 같이 쌍극 소자로 된 방사기와 단순한 도체봉으로 된 반사기와 도파기를 배열하여 만든 지향성 안테나이다. 반사기는 방사기보다 약 5% 더 길고, 도파기는 방사기보다 약 5% 짧다. 방사기에서 전파가 방사되면 반사기는 방사기에서 오는 전파를 되반사하고 도파기는 전파를 도파기 방향으로 유도하여 방향성을 갖도록 한다.

(a) 1개의 포물면 접시 안테나를 3방향으로 회전시키는 방식

(b) 3개의 포물면 접시 안테나를 3개 방향으로 고정시키는 방식

(c) 3개의 구면 원통 안테나를 3개 방향으로 고정시키는 방식

(d) 3개 이상의 평면 안테나를 3개 이상의 방향으로 고정시키는 방식

(e) 동축 선상 안테나 소자의 위상 배열 안테나

(f) 야기 안테나 소자의 위상 배열 안테나

(g) 마이크로 패치 안테나 소자의 위상 배열 안테나

(h) 전자결합 동축 쌍극 소자의 위상 배열 안테나

[그림 3.7] 윈드프로파일러에서 사용하는 안테나 종류

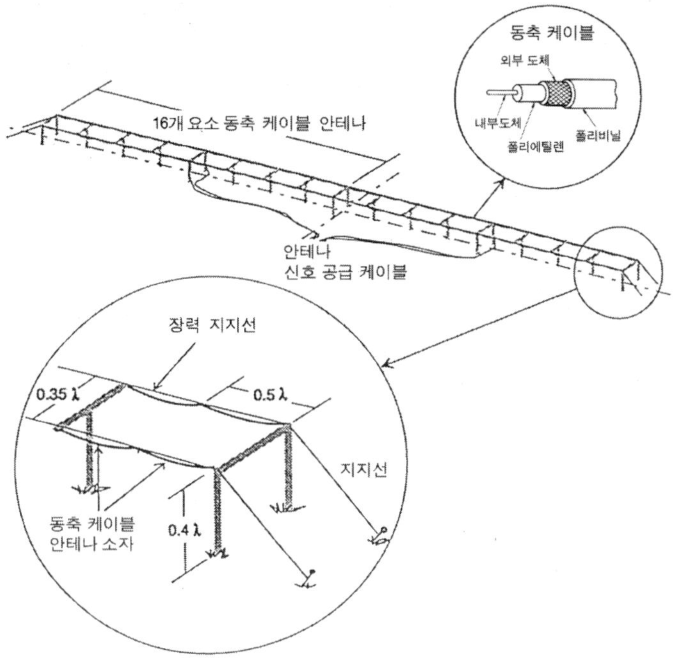

(a) 동축 선상 안테나

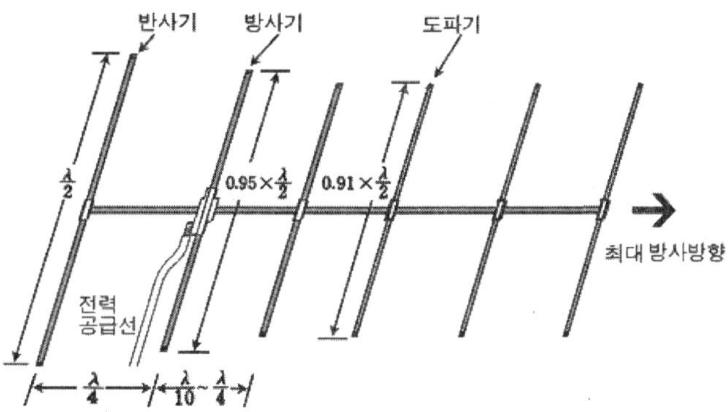

(b) 야기 안테나

[그림 3.8] 윈드프로파일러에서 주로 사용하고 있는 위상 배열 안테나 방식

도파기의 수가 많을수록 전파 방향성이 강해져서 전파가 특정한 방향으로 강하게 방사되고 수신된다. 이 안테나는 일본의 과학자 야기(Yagi)와 우다(Uda)가 개발하여 야기-우다 안테나라고 하며, 일반적으로 야기 안테나로 많이 불린다. 이 안테나는 단순히 쌍극 소자로 된 안테나와 비교해서 안테나의 지향성이 크고 안테나 이득도 매우 높다.

위상 배열 안테나는 평면에 많은 수의 안테나 소자로 구성되며, 여기에서 점원 형태로 전파가 방사된다. 그리고 위상기로 안테나 소자의 간격을 조절하여 위상이 다른 전력을 안테나 소자에 공급함으로써 특정한 방향으로 전파를 방사시킨다. [그림 3.9(a)]와 같이 전파의 방향이 천정각 θ일 때 인접한 안테나 소자 간의 위상차 $\delta\phi$는 다음과 같다.

$$\delta\phi = \frac{2\pi}{\lambda} d\sin\theta \tag{3.1}$$

여기서 λ는 파장, d는 안테나 소자의 간격이다. 각 위상기는 각 안테나 소자에서 위상이 $\delta\phi$만큼 달라지도록 위상차를 부여한다. 따라서 n번째 안테나 소자에 부여되는 위상은 $\phi_n = -n\delta\phi$이며, 이 전파를 합성하여 천정각 방향으로 방사한다. 이와 같은 방법으로 빔 방향을 변화시키면서 3개 혹은 5개 방향으로 빔을 방사한다. 송신과 수신 때 빔은 천정 방향의 연직빔과 천정에서 15° 정도 기울어진 경사빔을 형성하며, 경사빔은 방위각 90° 마다 2개 혹은 4개의 경사빔으로 구성된다. [그림 3.9(b)]와 같이 송신부의 제어 신호에 따라 핀 다이오드 스위치를 절환하면서 송신 신호를 안테나의 X축과 Y축으로 절환하여 출력한다. 안테나로 신호를 수신할 때도 안테나의 핀 다이오드 스위치를 절환하면서 수신 신호를 안테나의 X축과 Y축으로 절환하여 수신한다. 이렇게 얻은 안테나 소자의 수신 신호는 위상 변환기에서 위상차를 부여하고 합성하여 수신부로 보낸다.

위상 배열 안테나는 신호 증폭과 위상 변환의 선후에 따라 수동형 방식과 능동형 방식으로 구분할 수 있다. 수동형 방식은 송신 RF신호를 증폭한 후에 위상 변환하여 안테나 소자로 분배하고 방사한다. 능동형 방식은 송신 RF신호를 위상 변환하여 안테나 소자로 분배한 후에 증폭하여 방사한다. 수동형 방식의 경우에 증폭기가 1대만 있으면 되는 장점이 있다. 그러나 송신 전력이 증폭된 고출력 상태에서 위상을 제어하면 위상 변환기에서 신호 전력의 손실이 커져 위상 변환기의 크기가 커지고 장치 전체가 무거워진다. 능동형 방식의 경우에 위상 변환기의 뒷 단계에 각 안테나 소자에 맞추어 여러 개의 증폭기가 필요하다는 단점이 있다. 그러나 위상 제어나 신호 전력 분배가 낮은 출력 상태에서 이루어져서 장치 전체를 소형화할 수 있다. 이 밖에도 증폭기 1대당의 증폭 전력이 작기 때문에 작동비를 최대로 얻고 일부 증폭기가 고장이 나도 출력만 떨어질 뿐 큰 지장 없이 작동한다는 장점이 있다.

어떤 윈드프로파일러는 위상 변환기를 사용하지 않고 송신 장치에서 안테나 소자로 신호 전력을 공급하는 도파관의 길이를 다르게 하여 특정한 방향으로 빔을 만든다. 식 (3.1)에 따르면 위상차는 전기 경로 길이 $d\sin\theta$에 좌우된다. 따라서 안테나 소자별로 도파관의 길이를 달리하면 각 안테나 소자별로 다른 위상으로 전파를 방사할 수 있다. [그림 3.10]은 도파관 길이를 다르게 하여 연직빔과 경사빔을 생성시키는 원리를 보여준다. [그림 3.10(a)]와 같이 송신 장치에서 안테나 소자까지의 도파관 길이가 같으면 모든 안테나 소자에서 전파가 동시에 방사되어 천정각이 0°인 연직빔이 생성된다. 그러나 [그림 3.10(b)]와 같이 왼쪽 도파관보다 오른쪽 도파관의 길이가 길면 전파가 왼쪽 안테나 소자에서 먼저 방사되고 오른쪽 안테나 소자에서 나중에 방사되어 천정 방향에서 경사진 전파 빔이 생성된다.

각 안테나 소자에 위상 변환기를 적용하여 위상차를 조절하는 경우에는 경사빔의 천정각을 30° 이내에서 섬세하게 조절할 수 있지만 안테나 소자마다 송신 전력을 공급하기 위한 수십 개의 증폭기가 필요하여 장치 전체가 크고 무거워질 수 있다. 전기 경로 길이차를 주어 위상차를 조절하는 경우에는 1개의 증폭기만 필요하여 장치 전체를 작고 가볍게 제작할 수 있으나 경사빔의 천정각이 일정하게 고정되는 단점이 있다.

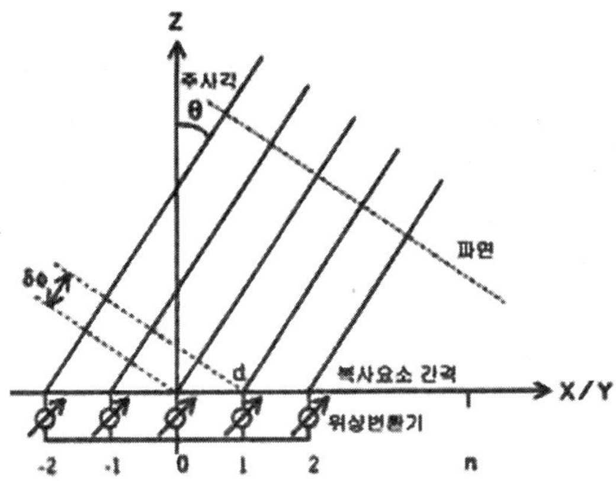

(a) 안테나 소자의 위상차를 부여한 전파 빔의 방사

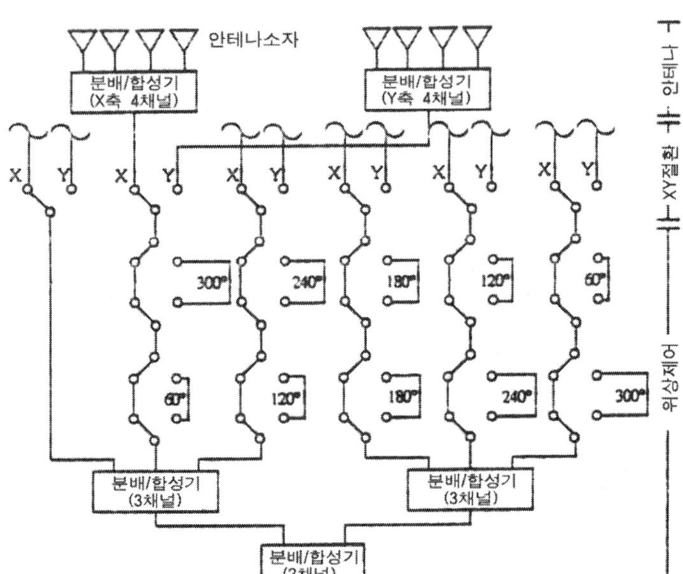

(b) 안테나 소자의 계통 절체를 통한 전파 빔의 방사

[그림 3.9] 위상 배열 안테나에서 특정한 방향으로 전파 빔을 방사하는 원리

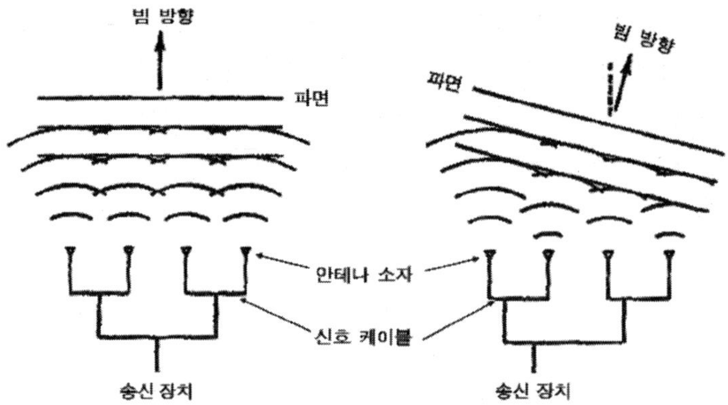

(a) 연직빔 (b) 경사빔

[그림 3.10] 송신 장치에서 안테나 소자까지의 도파관의 길이를 다르게 하여 연직빔과 경사빔을 생성하는 원리

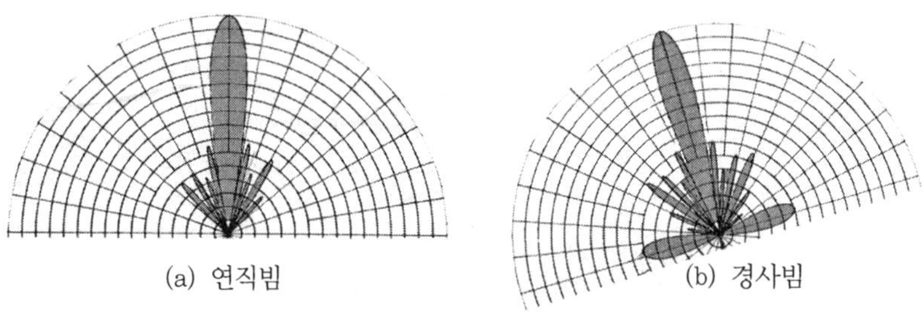

(a) 연직빔 (b) 경사빔

[그림 3.11] 윈드프로파일러의 안테나 빔 패턴

(3) 클러터 차폐막과 레이돔

클러터 차폐막은 안테나부의 주위에 설치되어 고도각 20° 이내에서 오는 지형 클러터나 파랑 클러터를 억제한다. 차폐막의 높이는 약 2 m 정도이며, 전파의 회절을 방지하도록 차폐막의 끝이 바깥 방향으로 굽혀져 있다. 클러터 차폐막에 대한 자세한 사항은 제 6.2절에서 설명한다. 평면 안테나 위에 매끄러운 곡면을 가지는 유리섬유제의 레이돔은 안테나의 표면 위에 비나 눈이 쌓이는 것을 방지한다.

3.6 수신부

안테나부의 수신 RF신호는 송수신 절환 스위치, 신호 증폭부, 그리고 주파수 변환부를 거쳐 수신 IF신호로 변환되어 수신부에 도달한다. 수신부는 수신 IF신호를 증폭한 후에 여기서 진폭과 위상 정보를 얻는 장치이며, 입력 스위치, 필터, 증폭기, 이득조정회로, 그리고 위상 검출기로 구성된다.

수신 IF신호는 입력 스위치를 거쳐 대역 통과 필터로 입력된다. 입력 스위치는 수신할 때만 회로를 열기 때문에 송신 신호가 누출되어 수신부가 손실되는 것을 방지한다. 대역 통과 필터는 신호대잡음비를 최대로 높인다. 이 신호는 증폭기에서 증폭되고 이득조정회로에 보내진다. 이득조정회로에서는 위상을 검출한 후의 출력 수준이 아날로그-디지털 변환기의 포화 수준을 넘지 않도록 수신 IF신호의 이득을 조정한다. 이득조정회로에서 출력된 수신 IF신호는 위상 검출기로 보내져 정위상(Inphase; I) 채널 신호와 직교위상(Quadrature; Q) 채널 신호를 검출한다.

위상 검출은 목표물이 윈드프로파일러의 빔 방향에서 멀어지고 가까워지는 도플러 주파수를 얻기 위한 것이다. 이론적으로 도플러 주파수는 송신 주파수와 수신 주파수의 위상차이다. 그러나 윈드프로파일러는 전파를 간헐적인 펄스로 방사하기 때문에 송신 주파수와 수신 주파수를 직접 산출하여 위상차를 얻을 수 없다. 실제로는 [그림 3.12]와 같이 송신 기준 신호와 수신 신호의 위상차(ϕ_1, ϕ_2, ϕ_3, …)를 얻고, 위상차 신호를 고속 푸리에 변환으로 탁월한 주파수를 검출하여 도플러 주파수를 얻는다. 이 도플러 주파수에 전파 속도와 주파수의 관계식(전파 속도=주파수×파장)을 적용하면 시선속도를 얻을 수 있다. 여기서 송신 기준 신호로는 간섭 발진기에서 공급된 송신 IF신호가 사용되고, 수신 신호로는 이득조정회로에서 출력된 수신 IF신호가 사용된다.

지금까지의 위상 검출로 얻은 도플러 속도는 목표물이 윈드프로파일러의 빔 방향에서 움직이는 속도만을 알려주며, 목표물이 멀어지고 가까워지는지는 알려 주지 않는다. 윈드프로파일러 빔 방향에서 목표물의 이동 방향을 알기 위하여 송신 기준 신호의 위상에 90° 위상을 합성하여 위상 검출하는 과정을 실시한다. 송신 기준 신호와 수신 신호의 위상차 신호를 I채널 신호, 송신 기준 신호의 위상보다 90° 앞선 신호와 수신 신호의 위상차 신호를 Q채널 신호라고 한다. I채널 신호와 Q채널 신호에서 입력되는 I와 Q 벡터의 크기에서 신호강도를 구하고, 벡터의 원점을 기준으로 회전 방향과 속도에서 정(+)과 부(−)의 시선속도를 얻는다. 일반적으로 목표물이 윈드프로파일러에서 멀어지는 방향을 정(+)으로, 가까워지는 방향을 부(−)로 정한다.

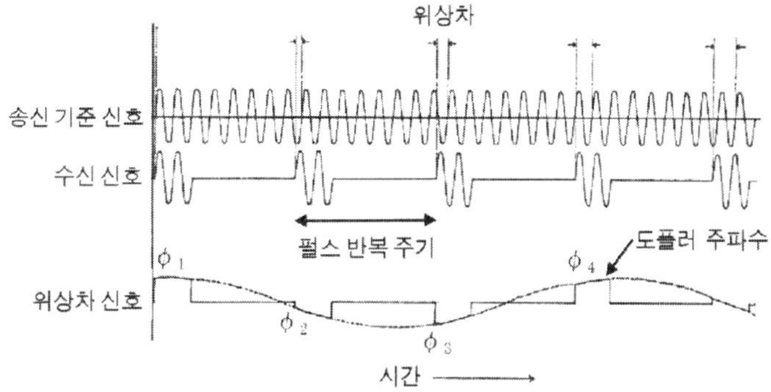

[그림 3.12] 송신 기준 신호(연속파)와 수신 신호(간헐파)의 위상차로 위상차 신호를 얻는 위상 검출 과정

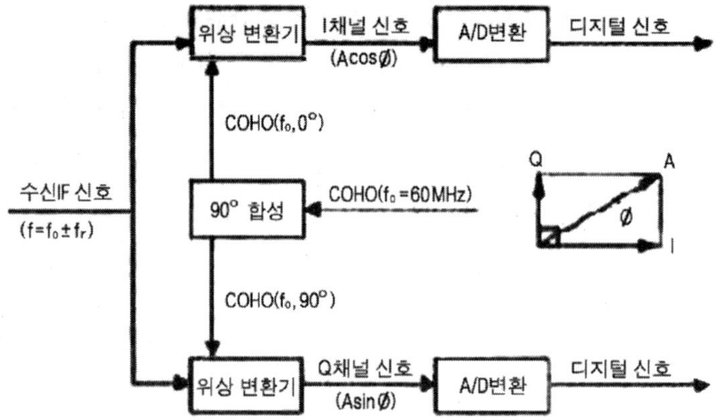

[그림 3.13] 위상 검출기에서 정위상(I) 채널 신호와 직교위상(Q) 채널 신호에서 정(+)과 부(−)의 도플러 속도를 얻는 과정

3.7 인터페이스부

수신부에서 보내온 I채널과 Q채널의 아날로그 신호는 각 채널별 아날로그-디지털 변환기에서 I채널과 Q채널의 디지털 신호로 변환하여 레이더 컴퓨터로 보낸다. 최신 윈드프로파일러는 12~14 비트의 아날로그-디지털 변환기를 장착하고 있다. 아날로그-디지털 변환기의 비트 수가 클수록 신호처리의 다이내믹 레인지(dynamic range)가 커진다. 다이내믹 레인지는 처리할 수 있는 최소 신호 전력과 최대 신호 전력의 비로 정의한다. 이 값이 크다는 것은 유효하게 처리하는 신호 전력의 범위가 크다는 것을 의미한다. 비트 수가 각각 12와 14인 경우에 다이내믹 레인지는 각각 $20\log 2^{12}$=72 dB와 $20\log 2^{14}$=84 dB가 된다. 이 밖에도 인터페이스부는 레이더 컴퓨터의 레이더 제어 보드와 연결되어 여러 장치에 펄스 길이, 빔 방향, 신호 증폭부 공급 전류량 등의 제어 신호를 보내고 감시한다. 그리고 신호 증폭부를 포함하는 레이더 컴퓨터의 모든 장치에 전원을 공급한다.

3.8 레이더 컴퓨터

레이더 컴퓨터는 자료처리부와 시스템제어부로 구성된다. 자료처리부는 인터페이스부에서 I채널과 Q채널의 디지털 신호를 신호처리기에서 신호처리하여 스펙트럼 자료를 산출한다. 신호처리과정은 제5장에서 자세히 설명한다. 신호처리에서 얻은 스펙트럼 자료에서 수신 전력, 시선속도, 스펙트럼 폭 그리고 스펙트럼 비대칭도과 같은 모멘트 자료를 산출한다. 그리고 품질검사를 거쳐 최종 산출물이 만들어지고 디지털 자료로 저장되거나 영상으로 표출된다. 스펙트럼 자료와 모멘트 자료는 [그림 3.14]의 예와 같이 여러 가지 형태로 표출된다. [그림 3.14(a)]의 고도별 도플러 스펙트럼에서 가로축은 시선속도를,

세로축은 고도를 나타낸다. 그리고 대표적인 시선속도를 추출하는데 사용된 스펙트럼 첨두에 "+"를 표시하고 수평 막대로 표준편차도 함께 표시한다. 고도별 도플러 스펙트럼 [그림 3.14(b)]와 같이 등치선 형태로 표시되기도 한다. 각 빔에서 얻은 시선속도를 이용하여 산출한 관측 자료는 [그림 3.14(c)]와 같이 바람깃의 시계열 형태로 표시한다. 시스템 제어부는 펄스 반복 주기, 펄스 시간, 필터 종류 등과 같은 변수를 조절하여 고도 분해능, 최저 관측 고도, 최고 관측 고도, 빔 방향의 관측 시간, 평균 시간, 빔 수, 관측 방식 등과 같은 관측 방법을 제어한다. 그리고 네트워크의 송신과 감시를 제어한다.

레이더 컴퓨터를 시스템 통제와 자료 처리를 위한 전자보드로 구분하기도 한다. 전자보드로는 레이더 제어 보드, 적분 보드, 레이더 신호처리 보드, ISA(Industry Standard Architecture) 네트워크 보드가 있다. 레이더 제어 보드는 윈드프로파일러의 모든 구성 장치를 동작시키는데 필요한 제어 펄스 신호를 발생한다. 적분 보드는 신호처리기의 일부 기능으로 인터페이스부에서 보내온 I채널과 Q채널 디지털 신호를 간섭 적분하여 레이더 신호처리 보드로 보낸다. 레이더 신호처리 보드에서는 적분 보드에서 보내온 디지털 신호로 스펙트럼 자료와 모멘트 자료를 산출하는 신호처리를 실시한다. ISA 네트워크 보드는 레이더 컴퓨터와 각 전자보드를 연결하여 각종 정보를 전달한다.

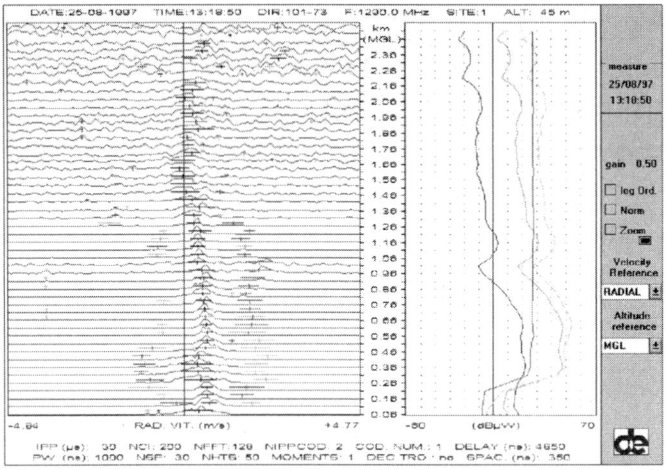

(a) 도플러 스펙트럼의 연직 분포

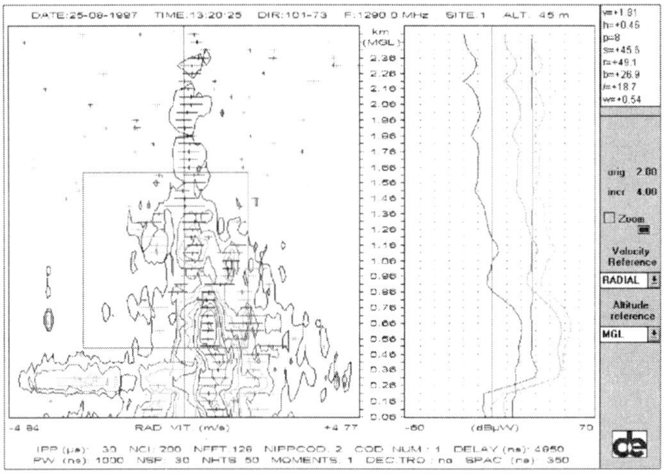

(b) 등치선 형태의 도플러 스펙트럼

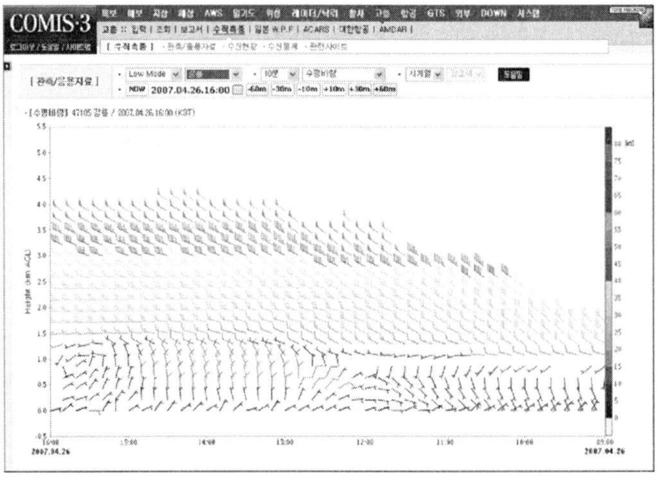

(c) 바람 자료의 시간-고도 분포

[그림 3.14] 윈드프로파일러 관측 자료를 표출하는 사례

Chapter

04 관측 방법

윈드프로파일러는 펄스 전파를 송·수신하고, 송신 신호와 수신 신호의 위상차를 검출하여 목표물의 시선속도를 측정한다. 따라서 전파의 펄스 특성, 펄스 압축 방식, 파장, 그리고 주파수에 따라 전파거리 분해능, 최저 관측 고도, 최고 관측 고도, 유효 시선속도 등과 같은 관측 성능이 달라진다. 여기서는 관측성능에 영향을 주는 여러 특성에 대해 알아본다.

4.1 펄스 전파의 송수신

윈드프로파일러에서 전파는 일정한 강도로 송신되다가 중지되는 펄스 형태로 방사된다. 그리고 송신과 중지를 일정한 시간 간격으로 반복하면서 연속으로 방사된다. 펄스 송신이 끝나면 일정한 시간이 지난 후에 안테나가 수신부와 연결되어 신호를 연속하여 수신한다. 이때 수신된 연속 신호는 모두 수집되지 않고 일정한 시간 간격의 이산 신호로 추출된다. 그리고 수신이 끝나면 다시 또 다른 펄스가 송신된다.

전파 송신이 일정한 강도로 지속되는 시간을 펄스 지속 시간 혹은 펄스 폭이라고 한다. 펄스 지속 시간에 광속을 곱한 것이 펄스 길이이다. 펄스와 다음 펄스의 시간 간격이 펄스 반복 주기(IPP) 혹은 펄스 반복 시간(PRT)이고, 1초 동안 송신되는 펄스 개수가 펄스 반복 주파수(PRF)이다. 송신이 끝나서 안테나를 변조부와 연결을 끊고 안테나를 수신부와 연결하여 수집을 시작할 때까지 걸린 시간이 수집 지연 시간이다. 펄스 반복 시간에 대한 펄스 지속 시간의 비가 작동비이다. 송신 펄스는 산란체에 의해 산란하여 낮은 고도에서 높은 고도까지 고르게 수신된다. 연속해서 수신되는 신호에서 일정한 시간 간격으로 신호를 수집하고 일정한 고도 간격의 수신 신호로 전환된다. 이처럼 일정한 시간 간격으로 신호를 수신하는 점 또는 위치를 전파거리 표본점라고 한다.

윈드프로파일러에서 펄스 전파는 시간 흐름에 따라 송신되고 대기에서 산란되어오는 전파는 수신한다. 따라서 펄스 전파의 송수신은 [그림 4.2]와 같이 시간에 따른 송신 펄스의 방사와 에코의 수신으로 표현하는 것이 이해하기 쉽다. 송신 펄스 1이 일정한 펄스 폭으로 방사되면, 수집 지연 시간이 지난 후부터 에코 1이 수신되고 전파거리 표본점에서 추출된다. 에코 1에서 시간이 흐를수록 수신 신호는 높은 고도에서 산란하여 오는 신호이기 때문에 수신 전력이 약해진다. 펄스 반복 시간이 지나도 에코 1은 산란하여 오지만 수신부가 끊기고 송신부로 연결되면서 수신 신호의 수집이 중지된다. 송신 펄스 2와 송신 펄스 3도 같은 과정으로 이루어진다.

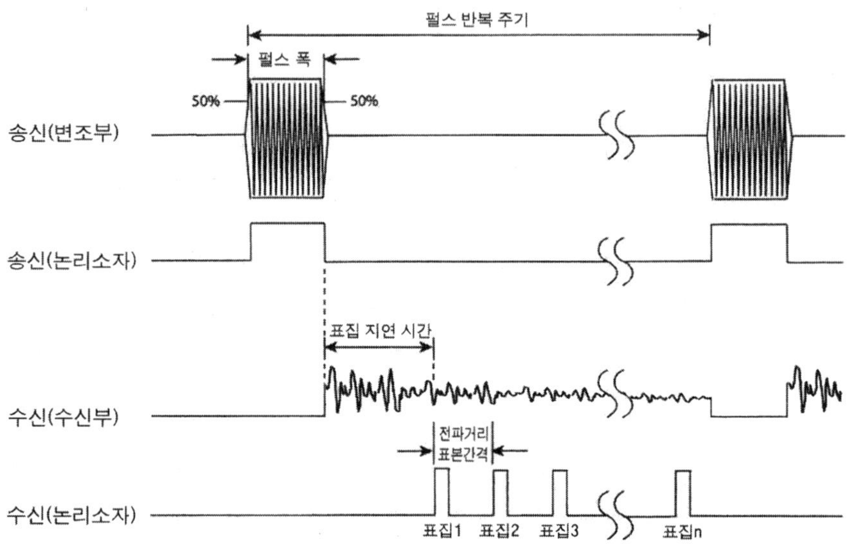

[그림 4.1] 펄스 전파의 송수신에서 펄스와 관련된 관측 변수

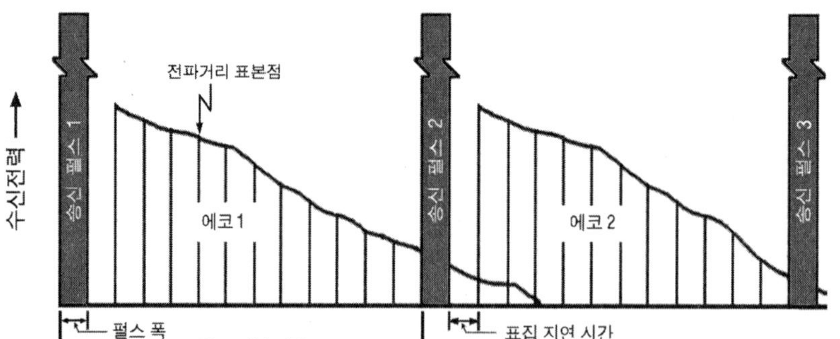

[그림 4.2] 시간에 따른 펄스 전파의 송신과 에코의 수신

4.2 전파거리와 전파거리 분해능

윈드프로파일러에서 펄스 전파를 산란시키는 목표물까지의 전파거리는 펄스를 송신하여 수신하기까지 걸린 시간에 의해 결정된다. 따라서 전파거리 r은 다음 식으로 계산된다.

$$r = \frac{ct}{2} \tag{4.1}$$

여기서 t는 전파를 송신하고 수신하기까지 걸린 시간이고, c는 빛의 속도이다. 윈드프로파일러의 연직빔에서 전파거리는 고도에 상응한다.

펄스 전파는 유한한 펄스 폭을 가지고 있고 전파거리가 멀어지면서 확산된다. 따라서 어떤 전파거리에서 수신된 에코는 한 점의 전파거리에서 에코라기보다는 일정한 체적 내에 있는 산란체에서 발생한 에코를 평균한 것이다. 펄스 폭이 τ인 펄스 전파의 송신으로 전파거리 r에서 수신되는 에코는 펄스의 가장 앞부분에 해당하는 전파거리 $r+(c\tau)/2$와 펄스의 가장 끝 부분에 해당하는 전파거리 $r-(c\tau)/2$의 체적 내에서 오는 에코이다. 따라서 전파거리에서 서로 다른 목표물로 구별될 수 있는 전파거리 분해능 Δr은 다음과 같이 펄스 폭에 의해 결정된다.

$$\Delta r = \frac{c\tau}{2} \tag{4.2}$$

어떤 전파거리에서 목표물 길이는 실제보다 1/2 펄스 폭만큼 더 길어진다. 이러한 목표물 길이의 퍼짐을 전파거리 편이라고 한다. 전파거리 표본간격을 전파거리 분해능과 같게 하여 표본 수집점이 서로 독립되게 한다. 대부분 윈드프로파일러의 전파거리 분해능은 100~500 m 정도이다. 예를 들어, 송신 펄스의 펄스 폭이 1.33 μs이고 최대 70 μs까지

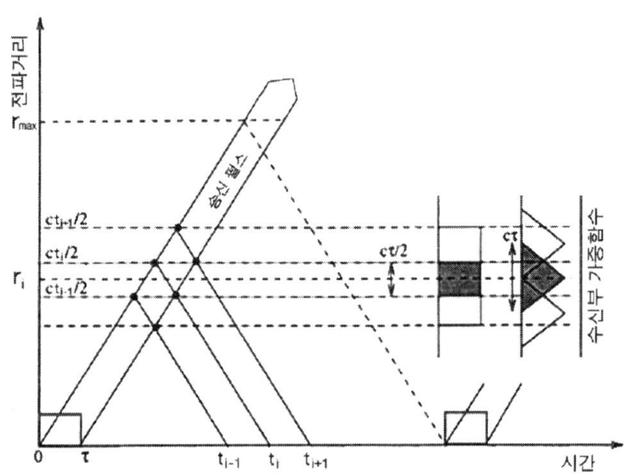

[그림 4.3] 전파거리 분해능($c\tau/2$)과 펄스 폭(τ)의 관계

신호를 수신하면 전파거리 분해능은 약 200 m이고 전파거리 표본점은 1.33 μs와 70 μs 사이에서 1.33 μs 시간 간격으로 최대 50개까지 만들 수 있다. 이 펄스가 윈드프로파일러의 연직빔일 경우에 고도 분해능은 200 m가 된다. 경사빔은 천정에서 약 7~15° 기울어진 방향으로 방사되기 때문에 같은 펄스 폭이라도 연직빔에 비해 체적과 전파거리 분해능이 달라지고 관측 고도도 달라진다. 따라서 고도 분해능을 동일하게 일치시키기 위해서 [그림 4.4]와 같이 경사빔의 펄스 폭을 연직빔의 펄스 폭보다 0.7~3.5% 정도 길게 송신한다. 송신빔을 가로지르는 방향의 분해능은 빔 폭이 약 4°인 경우에 고도 3 km에서 210 m 정도이다.

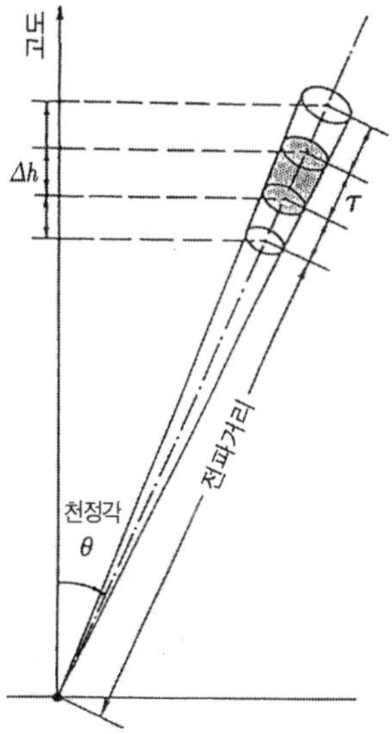

[그림 4.4] 경사빔 펄스 폭(τ)과 고도 분해능(Δh)의 관계

기상 현상을 세밀하게 관측하기 위해서는 전파거리 분해능을 가능한 작게 해야 한다. 펄스 폭을 짧게 하면 전파거리 분해능이 향상된다. 그러나 펄스 폭을 짧게 할 경우에 여러 가지 제약점이 따른다. 첫째는 펄스로 송신되는 에너지양이다. 펄스 폭이 짧을수록 송신 에너지가 작아져 신호를 탐지할 수 있는 최대 고도가 낮아진다. 둘째로 윈드프로파일러를 운영할 수 있는 주파수 대역 폭이다. 송신 주파수의 대역 폭은 대략 펄스 폭에 반비례한다. 따라서 짧은 펄스는 긴 펄스보다 넓은 대역 폭의 주파수가 필요하다. 예를 들어, 1 μs 펄스 폭은 대략 1 MHz의 대역 폭이 필요하다. 그러나 50 MHz에서 1 MHz 이상의 대역 폭을 할당받기는 매우 어렵다. 셋째, 펄스 폭이 짧은 펄스일수록 전기적으로 만들기 어렵고 작은 오차가 심각한 영향을 줄 수 있다. 예를 들어, 50 MHz에서 0.5 μs 펄스(전파거리 분해능 75 m)는 단지 25사이클을 가진다. 펄스의 상승과 하강 시간은 여러 사이클이 필요하기 때문에 작은 사이클의 오차가 송신 에너지의 큰 차이를 만들 수 있다. 마지막으로 수신부의 필터는 송신 펄스의 대역 폭에 따라 결정된다. 따라서 짧은 펄스일수록 넓은 대역 폭이 되고 그럴수록 더욱 많은 배경 잡음이 수신된다.

4.3 최저 관측 고도

송신 펄스로 인한 과도한 전류가 수신부로 유입되지 않도록 펄스를 송신하기 직전에 수신부를 안테나와 끊고 펄스를 모두 송신한 후에 다시 안테나와 연결한다. 따라서 지표면 근처의 대기에서 산란되어오는 에코는 안테나와 수신부가 끊어져서 에코를 수신하지 못한다. 최저 관측 고도 $h_{\min}$은 전파거리 분해능 Δr으로 전파가 왕복할 수 있는 고도로 다음과 같다.

$$h_{\min} = \frac{\Delta r}{2} \tag{4.3}$$

이 식으로 계산하면 전파거리 분해능이 150 m이면 최저 관측 고도는 75 m이다. 그러나 실제로 운영되는 유효 최저 관측 고도는 식 (4.3)으로 계산된 고도보다 약간 높다. 이것은 수신부를 더욱 안전하게 보호하도록 수신부와 안테나의 단절 시간을 길게 하고 지형 에코로부터 영향이 적도록 수집 지연 시간을 늘리기 때문이다.

윈드프로파일러의 최저 관측 고도를 결정하는데 영향을 주는 또 다른 요소가 전파 빔에서 거리이다. 이상적인 안테나는 방향성을 가지고 단면이 원형이며 전파 경로가 평행인 빔을 방사해야 한다. 그러나 실제로는 안테나에 가까운 영역에서 이상적인 빔이 형성되지 못하고 안테나에서 어느 정도 떨어져야 비로소 이상적인 빔을 형성한다. 이러한 특성에 따라 빔의 영역을 원거리장과 근거리장으로 구분한다.

원거리장은 빔이 특정한 방향으로 평행하게 방사되고 원형의 빔 단면을 가지는 영역이다. 그리고 산란체에서 안테나가 한 점으로 여겨지는 영역이다. 따라서 원거리장에서는 안정하게 정량적인 측정을 할 수 있다. 근거리장은 안테나 근처에서 빔의 방사 방향이 일정하지 않고 평면파의 원주형 빔을 가지는 영역이다. 따라서 같은 시선거리의 산란체에서 오는 후방산란이 크게 혼란되고 시선속도에서 큰 값으로 오류가 발생하기 쉽다.

빔의 근거리장과 원거리장을 구분하는 기준은 약간 임의적이다. 근거리장 영역은 [그림 4.5]와 같이 안테나에서 시선 방향의 전파거리가 D^2/λ까지인 영역이다. 여기서 D는 안테나의 기하학적인 크기이고 λ는 전파의 파장이다. 근거리장 안에서는 주방사부에서 두 전파의 경로차(r_1, r_2)가 $\lambda/8$ 미만이고 직경 D인 원통이 빔의 원뿔과 교차하는 거리이다. 원거리장의 전파거리 R_f은 다음 부등식으로 정의된다.

$$R_f > \frac{cD^2}{\lambda} \tag{4.4}$$

여기서 D는 안테나의 기하학적인 크기이고, c는 상수로 1 또는 2이다. c=1인 경우에 안테나 직경이 100 m인 50 MHz의 윈드프로파일러에서 원거리장의 전파거리는 1667 m 이상이고, 안테나 직경이 12 m인 50 MHz의 윈드프로파일러에서 원거리장의 전파거리는 24 m 이상이다. 안테나 직경이 3 m인 1300 MHz의 윈드프로파일러에서 원거리장의 전파거리는 39 m 이상이다.

지금까지 설명한 이유로 윈드프로파일러의 근거리장에서 오는 에코는 적절하게 해석하기 어려워서 원거리장의 에코만을 이용한다. 그리고 보통 원거리장의 전파거리보다 먼 전파거리의 고도를 1번째 전파거리 표본점으로 정한다. 따라서 최저 관측 고도는 원거리장의 전파거리에 영향을 받는다.

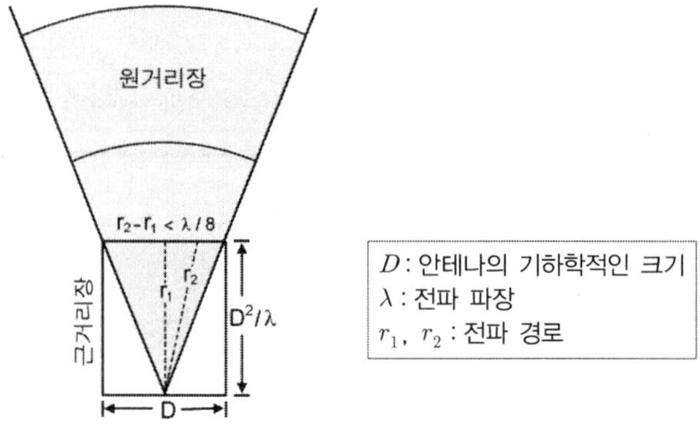

[그림 4.5] 근거리장과 원거리장의 구분

4.4 최고 관측 고도

신호와 잡음이 구별되어 전파 산란을 검출할 수 있는 고도가 최고 관측 고도이다. 이 고도는 송신 전력, 안테나 크기, 송신 파장과 같은 윈드프로파일러 시스템, 난류 강도와 같은 대기 상태, 그리고 펄스 반복 시간, 전파거리 표본점 개수와 같은 신호처리에 의해 좌우된다.

송신 전력이나 안테나 크기와 같은 윈드프로파일러 시스템만을 고려할 경우에 최고 관측 고도는 수신부에서 신호와 잡음이 구분될 수 있는 최저 수신 전력이 수신되는 고도로 정의할 수 있다. 고도가 낮을 때는 신호 전력이 강해서 잡음 전력과 뚜렷하게 구별되나 고도가 높아지면서 신호 전력이 점차 약해지고 결국에는 잡음 전력과 비슷하게 되어 신호와 잡음의 구별이 어려워진다. 이때의 고도가 최고 관측 고도 $h_{\max}$이며, 다음 식으로 계산한다.

$$h_{\max} = \sqrt[4]{\frac{P_t\, g^2 \lambda^2 \sigma}{64\pi^3 P_{r\min}}} \tag{4.5}$$

여기서 P_t와 $P_{r\min}$은 각각 송신 전력과 최저 수신 전력이다. g는 안테나 이득으로

$g = (4\pi A_e)/\lambda^2$으로 주어지며 안테나 유효 면적 A_e에 비례한다. λ과 σ는 각각 파장과 산란체의 후방산란 단면적이다. 이 식에 따르면, 송신 전력이 크거나 안테나 유효 면적이 클수록 최고 관측 고도가 높아진다.

송신 전력과 안테나 크기가 일정하다면 최대 관측 고도는 송신 파장에 크게 영향을 받는다. 브래그 산란을 일으키는 관성 소영역의 난류는 낮은 고도에서 cm 크기로 작지만 고도가 높아질수록 수백 m로 커진다. 따라서 브래그 산란 조건을 만족시키기 위한 송신 파장은 고도가 높아질수록 길어야 한다. 이 때문에 짧은 파장의 윈드프로파일러에서는 낮은 고도에서 후방산란이 강하나 고도가 높아질수록 후방산란이 점차 약해져서 최고 관측 고도가 낮아진다. 반면에, 긴 파장의 윈드프로파일러에서는 낮은 고도뿐만 아니라 높은 고도에서도 후방산란이 강해 최고 관측 고도가 높아진다. [그림 4.6]은 주어진 난류 강도와 송신 파장에서 브래그 산란으로 쓸 만한 신호를 얻을 수 있는 최고 고도를 나타낸 것이다. 예를 들어, 난류가 거의 없을 때 파장이 23 cm인 1300 MHz의 윈드프로파일러는 약 10 km 고도 이상에서 브래그 산란을 발생시킬만한 난류가 없어서 신호를 검출하기 어렵다.

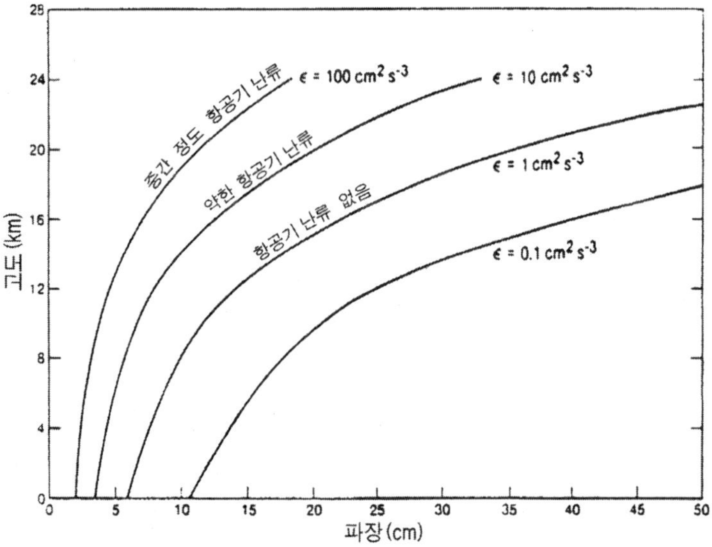

[그림 4.6] 주어진 난류 강도와 송신 파장에서 브래그 산란으로 적절한 신호를 얻을 수 있는 최고 고도. 여기서 ϵ는 난류 에너지 소멸률로 그 값이 클수록 난류가 강하며, 항공기 난류는 항공기가 비행하면서 겪는 난류 강도를 의미한다.

최고 관측 고도는 펄스 반복 시간에 의해서도 제약받는다. 수신부는 펄스를 송신한 후에 다음 펄스를 송신하기 전까지만 수신된 신호만을 수신한다. 따라서 펄스 반복 시간 동안에 펄스가 왕복할 수 있는 고도보다 아래에 있는 산란체에서 오는 신호만을 본래 송신된 펄스의 수신 시간에 수신한다. 그 보다 높은 고도에 있는 산란체의 신호는 다음으로 송신된 펄스의 수신 시간에 수신된다. 따라서 이때 수신한 산란체는 실제 고도에서 펄스 반복 시간에 상응하는 전파거리를 뺀 고도에 있는 아주 낮은 산란체로 검출된다. 이러한 현상이 전파거리 접힘이며, 전파거리 접힘이 없이 관측되는 최고 관측 고도가 유효 관측 고도이다. 유효 관측 고도 $h_{e\max}$는 다음 식과 같이 펄스 반복 시간 PRT나 펄스 반복 주파수 PRF에 좌우된다.

$$h_{e\max} = \frac{c\,PRT}{2} = \frac{c}{2\,PRF} \tag{4.6}$$

전파거리 접힘은 펄스 반복 시간을 길게 하여 유효 관측 고도를 크게 하면 해결된다. 그러나 이런 경우에 단위 시간당 수신되는 펄스 개수인 펄스 반복 주파수가 작아져서 신호대잡음비와 시간 분해능이 떨어진다. 예를 들어, 윈드프로파일러의 저고도 방식에서 펄스 반복 시간을 29 μs로 주면 유효 관측 고도가 4.3 km이지만, 펄스 반복 시간을 100 μs로 늘리면 유효 관측 고도가 15 km로 높아진다.

최고 관측 고도는 전파거리 표본점의 개수에 의해서도 좌우된다. 보통 전파거리 표본점의 개수는 36개 정도로 설정한다. 이 정도면 최고 관측 고도는 저고도 방식의 경우에 9 km 정도, 고고도 방식의 경우에 16 km 정도이다.

4.5 펄스 압축

윈드프로파일러의 시스템을 향상하여 최고 관측 고도를 높이기 위한 방법으로는 송신 전력 증대, 안테나 유효 면적 확대, 수신 감도 증대 등이 있다. 이 중에서 수신 감도는 수신 신호의 간섭 적분을 통하여 이미 크게 향상시켰다. 그리고 송신 전력은 송신기의 증폭도를 향상시켜 증가시킬 수는 있으나 그 한계가 뚜렷하고 큰 안테나에 따른 막대한 설치비에 제약이 있다.

윈드프로파일러 시스템의 변경 없이 송신 펄스 폭을 넓게 송신하면 송신 전력이 증가하여 최고 관측 고도가 증가할 수 있다. 그러나 송신 펄스 폭이 넓어지면 고도 분해능이 떨어져 정밀한 관측이 어렵게 된다. 이런 점을 극복하기 위하여 개발된 기술이 펄스 압축이다. 펄스 압축은 긴 펄스를 여러 방법으로 변조시켜 송신하고 다시 복조하여 짧은 펄스 간격의 신호로 수신하는 기술이다. 따라서 펄스 폭이 길어 송신 전력은 증가하지만 고도 분해능의 손실 없이 신호를 수신한다.

펄스 압축을 위한 변조 방식에는 주파수 변조 방식과 위상 변조 방식(부호 변조 방식)이 있다. 주파수 변조 방식은 송신 펄스에 주파수가 일정하게 변하는 주파수 변조를 걸어 방사한 후에 산란하여 오는 펄스를 수신하고 복조하는 방식이다. 여기서 주파수 변조는 [그림 4.7]과 같이 송신 펄스의 시작에서 끝까지 주파수 변화식에 따라 주파수를 변화시키는 것이다. 주파수 변조 방식은 넓은 주파수 대역 폭이 필요하여 주파수를 확보하기가 어렵다. 이런 이유 때문에 주파수 변조 방식보다는 위상 변조 방식이 널리 사용된다.

위상 변조 방식은 [그림 4.7]의 4비트 펄스 압축으로 설명할 수 있다. 보통 펄스 폭(τ)의 4배에 해당하는 펄스(4τ)를 생성하여 안테나로 방사한다. 이 때 펄스를 4개의 펄스 조각으로 나누고 각각에 색인을 붙인다. 펄스의 시작점부터 끝점까지 연속적인 사인파의 펄스에 대해 각 영역의 시작점에서 위상이 0° 혹은 180° 위상 변조시키고, 0° 위상 변조에 +1 부호를, 180° 위상 변조에 -1 부호를 위상 변조 코드로 부여한다. 따라서 각 펄스 조각의 접속 부분에서는 불연속적인 사인파로 된 펄스가 된다. 이렇게 암호화된 펄스는 안테나로 방사되어 대기로 산란하여 다시 안테나로 수신된다.

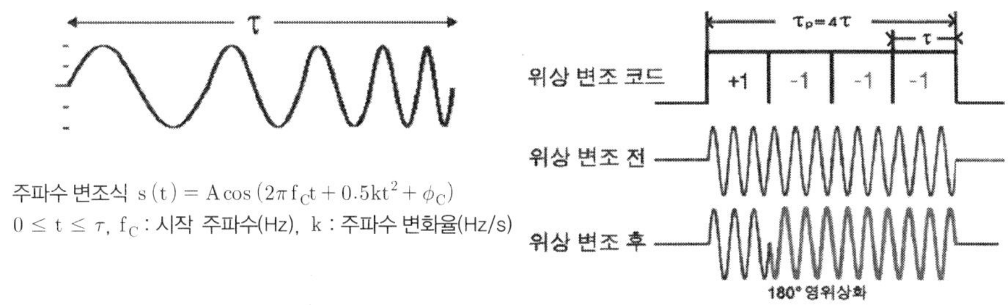

(a) 주파수 변조 방식　　　　(b) 위상 변조 방식

[그림 4.7] 펄스 압축을 위한 변조 방식

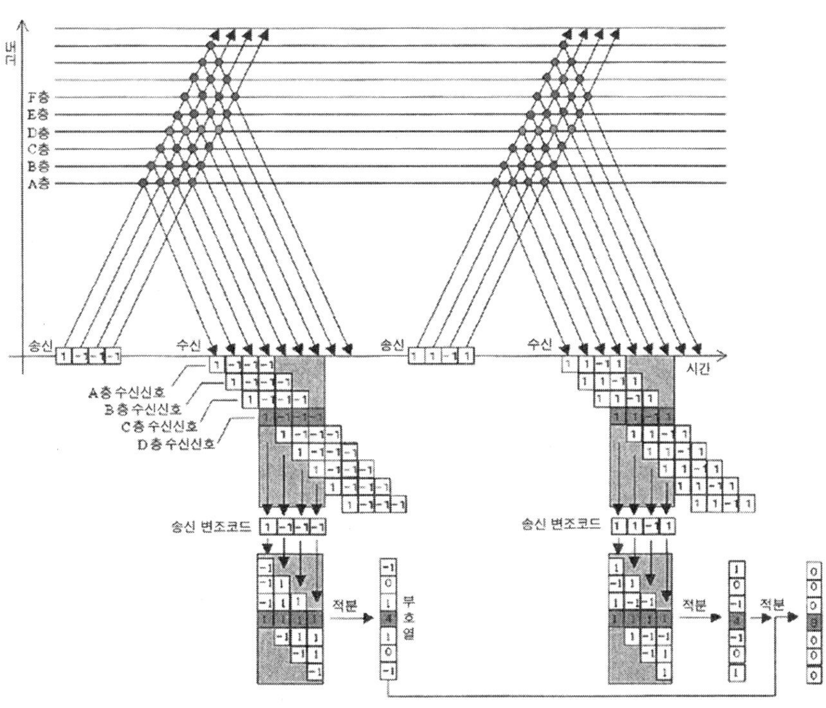

[그림 4.8] 4비트 펄스 압축에서 펄스 신호의 수신과 해독 방법

각 전파거리 표본점에서 수신 신호는 보통 펄스 폭에 4배의 펄스 반복 주기로 추출되고, 4개 층의 펄스 조각 신호를 1조로 구성하여 여기에 송신할 때의 변조 코드를 곱한다. 4개의 펄스 조각끼리 변조 코드를 적분하여 7개 펄스 조각에 해당하는 부호열을 생성한다. 이 부호열에서 특정 층의 펄스 조각에서 신호강도는 4배가 증가하고 그 주변에서는 변화가 없다. 이러한 과정을 마친 부호열끼리 적분하면 적분한 배수만큼 수신 강도는 증가하고 주변 잡음은 0으로 제거된다.

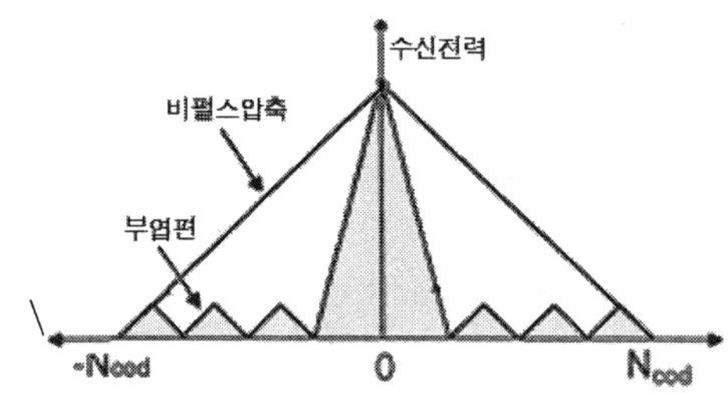

[그림 4.9] 4비트 펄스 압축에 따른 수신 전력의 증가

4.6 도플러 효과와 시선속도

파동원과 관측자가 서로 가까워지면 파동의 주파수가 본래보다 높게 관측되며 서로 멀어지면 파동의 주파수가 본래보다 낮게 관측된다. 이처럼 파동원과 관측자의 상대운동으로 파동의 주파수가 달라지는 현상이 도플러 효과이다. 이러한 현상은 사이렌 소리를 내는 구급차나 소방차가 다가오거나 멀어질 때 느낄 수 있다. [그림 4.10]과 같이 관측자에 대해 음원이 정지되어 있으면 음정이 차이 없이 들린다. 그러나 음원이 관측자를 향해 접근해오면 관측자에게 단위 시간당 파동수가 높아져 음정이 높게 들린다.

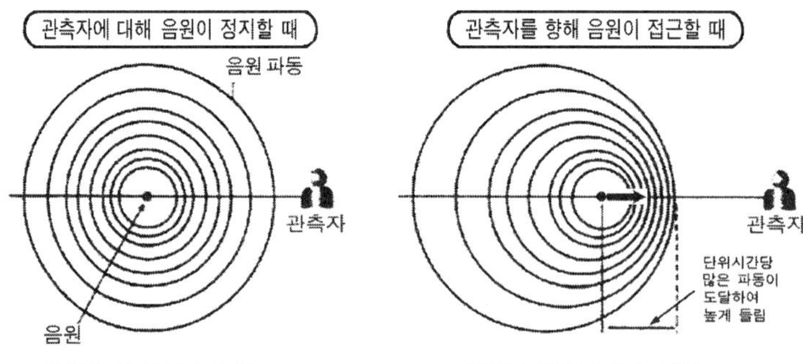

[그림 4.10] 음원과 관측자의 상대운동으로 발생하는 도플러 효과

윈드프로파일러는 어떤 속도로 이동하는 산란체에 전파를 방사한 후에 도플러 효과로 인한 도플러 편이를 검출하여 대기의 이동속도를 측정한다. 윈드프로파일러에서 도플러

편이는 다음과 같이 유도된다. 파장 λ와 위상 ψ_0인 전파를 방사하는 윈드프로파일러에서 전파거리 r에 있는 산란체까지 전파가 왕복하는 전파거리는 $2r$이다. 이 왕복 전파거리는 파수로 $2r/\lambda$이고 라디안으로는 $4\pi r/\lambda$이다. 거리 r에 있는 산란체에서 산란되는 전파가 윈드프로파일러에 도달할 때의 위상 ψ는 다음과 같이 주어진다.

$$\psi = \psi_0 + \frac{4\pi r}{\lambda} \tag{4.7}$$

산란체가 윈드프로파일러에 대해 이동하면 위상 ψ는 시간에 따라 변한다. 펄스와 펄스 간의 시간에 따른 위상 변화량은 다음과 같이 위상 ψ을 시간 t로 미분하여 얻는다.

$$\frac{d\psi}{dt} = \frac{4\pi}{\lambda}\frac{dr}{dt} \tag{4.8}$$

여기서 전파의 위상 변화량은 $d\psi/dt = 2\pi f_d$에 따라 도플러 편이 주파수 f_d에 비례한다. 예를 들어, $f_d = 1$ Hz이면 위상이 1초마다 2π만큼 변한다. 달리 말하면, 전파가 윈드프로파일러와 산란체를 왕복하는 시간에 산란체가 $\lambda/2$의 거리를 이동하여 1 Hz의 도플러 편이가 발생한다. dr/dt는 산란체의 시선속도 v_r이다. 이동하는 산란체로 생긴 전파의 도플러 편이 주파수 f_d는 다음과 같다.

$$f_d = \frac{2v_r}{\lambda} \tag{4.9}$$

이 식에 따라 도플러 편이 주파수는 시선속도에 비례하고 파장에 반비례한다. 따라서 윈드프로파일러의 파장이 일정한 경우에 도플러 편이 주파수는 산란체의 시선속도에만 좌우된다.

송신 주파수가 1,300 MHz이고 파장이 23 cm인 윈드프로파일러에서 도플러 편이 주파수를 계산해보자. 이 윈드프로파일러에서 시선속도가 10 ms^{-1}이면 도플러 편이 주파수는 f_d =2×10/0.23=87.0 Hz이고, 시선속도가 1 ms^{-1}이면 도플러 편이 주파수는 f_d = 2×1/0.23 = 8.7 Hz이다. 송신 주파수가 각각 400 MHz와 50 MHz인 윈드프로파일러에 대해서 동일하게 도플러 편이 주파수를 계산하면 [표 4.1]과 같다. 이러한 도플러 편이 주파수를 송신 주파수와 비교하면 송신 주파수의 0.00000066 ~ 0.00000735%에 해당하는 아주 작은 값이다.

[표 4.1] 시선속도 10 ms^{-1}과 1 ms^{-1}에 대한 송신 주파수별 도플러 편이 주파수

주파수 (MHz)	파장 (cm)	도플러 편이 주파수(Hz) / 송신 주파수 대비 비율(%)	
		시선속도 10 ms^{-1}에 대해	시선속도 1 ms^{-1}에 대해
1,300	23	87.0 / 0.00000669	8.7 / 0.00000067
400	68	29.4 / 0.00000735	2.9 / 0.00000074
50	600	03.3 / 0.00000660	0.3 / 0.00000066

4.7 유효 시선속도와 속도 접힘

위상차는 최대 180°이기 때문에 윈드프로파일러가 검출할 수 있는 최대 시선속도는 위상차 π에 해당하는 시선속도값이다. 이 시선속도를 유효 시선속도라고 한다. 유효 시선속도 V_N은 식 (4.9)에 따라 다음과 같이 주어진다.

$$V_N = \frac{f_{\max}\lambda}{2} \tag{4.10}$$

여기서 $f_{\max}$는 표본시간 간격 Δt에 의해 분해될 수 있는 최대 주파수로 다음과 같다.

$$f_{\max} = \frac{1}{2\Delta t} = \frac{1}{2}f_s = \frac{1}{2}PRF \tag{4.11}$$

여기서 f_s는 단위 시간당 표본회수로 펄스 반복 주파수(PRF)에 해당한다. 식 (4.10)의 유효 시선속도는 다음과 같다.

$$V_N = \frac{PRF\ \lambda}{4} \tag{4.12}$$

이 식에 따라 큰 시선속도를 측정하고자 할 경우에는 긴 파장과 큰 펄스 반복 주파수를 사용해야 한다.

윈드프로파일러로 관측하는 산란체의 실제 시선속도 V의 크기가 유효 시선속도 V_N을 초과할 경우에 관측된 시선속도에서 속도 접힘이 발생한다. 실제 시선속도가 $V = 1.5\,V_N$인 경우에 [그림 4.11(a)]와 같이 시선속도는 $V = 0$에서 시계 방향으로 $V = 1.5\,V_N$까지 회전한다. 회전이 멈춘 지점에서 속도값을 읽으면 시선속도는 $-V_N/2$가 측정되어 속도 접힘이 발생한다. 실제 시선속도가 $V = -1.5\,V_N$인 경우에도 [그림 4.11(b)]와 같이 시선속도는 $+V_N/2$로 측정되어 속도 접힘이 발생한다. 예를 들어, 실제 시선속도가 $V = 15\,\mathrm{ms}^{-1}$이고 유효 시선속도가 $V_N = 10\,\mathrm{ms}^{-1}$인 경우에 접힌 시선속도는 $-5\,\mathrm{ms}^{-1}$이다. 윈드프로파일러에서 측정된 시선속도는 $v = V \pm n\,V_N$ ($n = 2, 4, 6, ..$)의 관계식에 따라 측정된 시선속도는 $-V_N \sim +V_N$ 범위의 값이 된다.

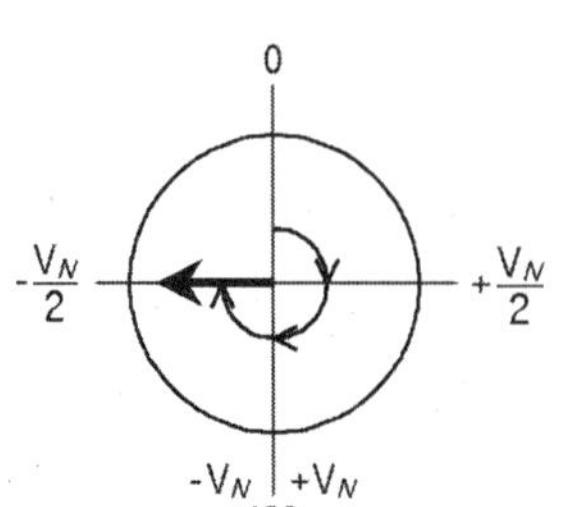

(a) 실제 시선속도

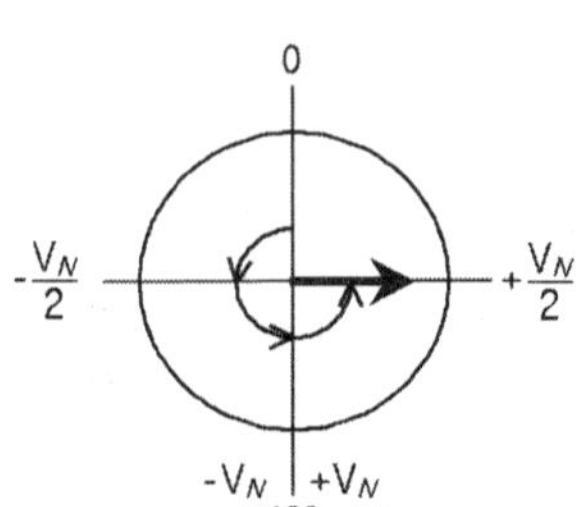

(b) 접힌 시선속도

[그림 4.11] 속도 접힘에 따른 실제 시선속도와 접힌 시선속도의 관계

Chapter

05 신호처리

윈드프로파일러가 수신하는 신호는 매우 미약할 뿐만 아니라 그 신호에는 대기 신호와 함께 각종 잡음도 포함되어 있다. 따라서 수신 신호에서 원하는 기상 정보를 얻기 위해서는 섬세하고 복잡한 신호처리를 거쳐야 한다. 여기서는 수신 신호에서 스펙트럼 모멘트 자료를 얻기까지 이루어지는 신호처리를 설명한다.

5.1 신호처리 흐름

윈드프로파일러의 안테나로 수신된 아날로그 신호는 아날로그-디지털 변환기를 거쳐 시계열의 디지털 신호로 변환된다. 이 신호는 레이더 컴퓨터부의 신호처리기에서 시간 영역과 주파수 영역의 신호처리를 거쳐 수신 전력, 시선속도, 스펙트럼 폭 그리고 스펙트럼 비대칭도로 산출된다.

안테나로 수신된 시계열의 수신 신호에는 대기 신호와 함께 시스템 전기 잡음, 배경 잡음 등과 같은 무작위 잡음이 포함되어 있다. 이러한 무작위 잡음이 많으면 잡음과 신호를 구별하기가 어렵고 대기 신호를 산출하기가 어렵다. 따라서 무작위 잡음을 최대한 줄여서 신호와 잡음이 뚜렷하게 구별되도록 해야 한다. 신호와 잡음이 섞여있는 비율이 신호대잡음비(SNR)이며, 다음과 같이 정의된다.

$$SNR = 10\log_{10}\left(\frac{S}{N}\right) \tag{5.1}$$

여기서 S는 신호 전력을, N은 잡음 전력을 나타낸다. 신호대잡음비를 향상하기 위하여 여러 개의 시계열 자료를 간섭 적분·평균하는 과정을 거친다. 간섭 적분·평균을 거친 시계열 신호에는 그 평균값이 0 진폭선에서 어떤 값으로 치우치는 직류 치우침이 나타난다. 이 시계열 신호에서 직류 치우침을 제거하고 고속 푸리에 변환(FFT)을 거치면 주파수 영역의 도플러 스펙트럼으로 변환된다.

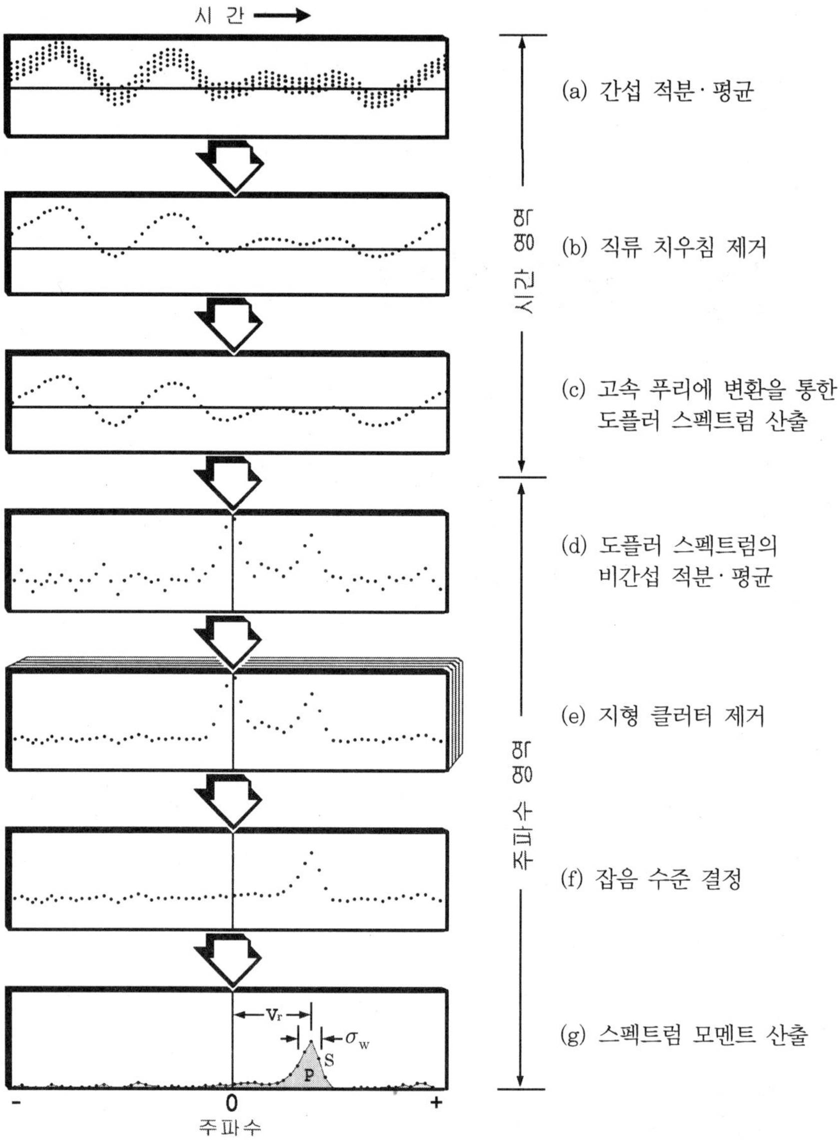

[그림 5.1] 윈드프로파일러의 신호처리 흐름

연속된 시간 영역의 신호처리로 얻은 여러 개의 도플러 스펙트럼은 비간섭 적분·평균을 거쳐 하나의 도플러 스펙트럼으로 만들어진다. 이 과정은 도플러 스펙트럼의 평활을 통하여 스펙트럼 첨두와 시선속도를 쉽게 찾아내기 위한 것이다. 다음으로 전파 빔의 부방사부에서 방사된 전파가 산이나 건물과 같은 지상 목표물에 의해 반사되어 수신된 지형 클러터를 제거한다. 간섭 적분·평균으로 수신 신호에 포함된 잡음의 일부가 제거되긴 하지만 완전히 제거되지는 않는다. 따라서 도플러 스펙트럼에서 모멘트를 추정하기 전에 잡음 수준을 결정한다. 잡음 수준이 결정되면 도플러 스펙트럼에서 잡음 수준 이상의 첨두 면적에 해당하는 수신 전력(P), 시선속도(Vr), 스펙트럼 폭(σ_W), 그리고 스펙트럼 비대칭도(S)의 4가지 스펙트럼 모멘트 자료를 산출한다.

5.2 간섭 적분 · 평균

하나의 펄스가 방사될 경우 어떤 고도에서 N개의 표본점($n = 0, 1, 2, \ldots, N-1$)으로 이루어진 시계열 신호가 수신된다. 여기에 일정한 펄스 반복 시간(PRT)으로 연속해서 M개의 펄스($m = 0, 1, 2, \ldots, M-1$)를 방사할 경우 어떤 고도에서 $M \times PRT$ 시간 동안 $N \times M$개의 표본점으로 된 [그림 5.2(a)]와 같은 시계열 신호로 수신된다. m번째 펄스에서 n번째 시계열 신호의 수신 신호 S_{mn}은 다음과 같이 진폭 A_{mn}과 위상 Φ_{mn}의 파동으로 나타낸다.

$$S_{mn} = A_{mn}\cos(\Phi_{mn}) + i\,A_{mn}\sin(\Phi_{mn}) = I_{mn} + i\,Q_{mn} \tag{5.2}$$

여기서 I_{mn}은 정위상 채널 성분이고, Q_{mn}은 직교위상 채널 성분이다. 그리고 위상 Φ_{mn}은 고도 h_{mn}과 전파 파장 λ로 다음과 같다.

$$\Phi_{mn} = \frac{4\pi h_{mn}}{\lambda} \tag{5.3}$$

M개의 펄스에서 펄스 사이의 시간 간격이 상관시간에 비해 충분히 짧을 경우에 다음 식과 같이 M개의 펄스에서 n번째 시계열 신호를 연속으로 적분하고 평균하여 얻은 수신 신호 S_n의 위상은 거의 같다.

$$S_n = \frac{1}{M}\sum_{m=0}^{m-1} S_{mn} \tag{5.4}$$

여기서 M은 간섭 적분과 간섭 평균의 회수이며, 위 과정으로 적분하고 평균하는 것이 간섭 적분 · 평균이다. [그림 5.2(a)]의 시계열 신호를 식 (5.4)와 같이 간섭 적분 · 평균하여 얻은 결과가 [그림 5.2(b)]이다.

간섭 적분 · 평균의 신호처리는 크게 2가지 목적으로 실시한다. 첫째는 매우 약한 수신 신호의 여러 개를 적분하고 평균함으로써 신호대잡음비를 향상하여 높은 정확도의 신호를 얻기 위한 것이다. 일정한 시간 동안 수신 신호의 위상이 변하지 않을 경우, 방사된 M개 펄스의 수신 신호를 적분하면 신호 전력은 M^2배로 증가하지만 수신 신호 간에 상관이 거의 없는 잡음 전력은 M배만 증가한다. 따라서 신호대잡음비는 $10\log_{10}(M^2/M)$이 되어 M dB가 증가한다. 특히, 수신 신호가 매우 약해지는 높은 고도에서 그 정확도는 크게 향상된다. 다만, 간섭 적분 · 평균은 M개의 펄스에서 그 위상이 크게 변하지 않는 시간에서 이루어져야 한다. 윈드프로파일러로 청천대기를 관측하는 경우에 간섭 적분 시간은 0.1초 정도이다. 둘째는 펄스와 펄스 평균 과정으로 시계열 신호에 포함된 고주파 성분을 제거함으로써 고속 푸리에 변환의 연산 횟수를 줄이기 위한 것이다.

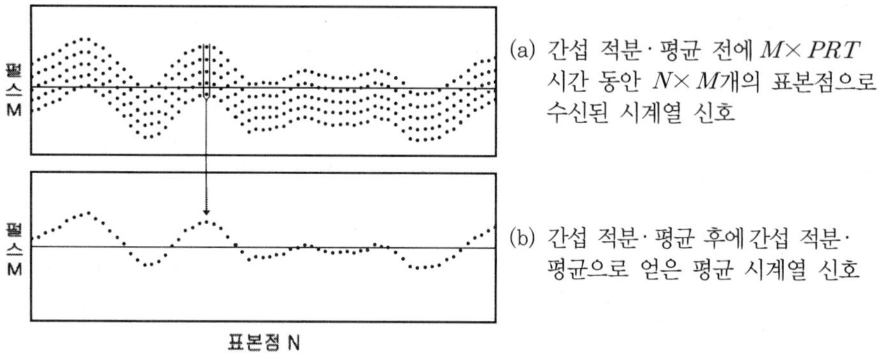

[그림 5.2] $M \times PRT$ 시간 동안 수신된 $N \times M$개의 시계열 신호의 간섭 적분·평균의 전과 후

5.3 직류 치우침 제거

수신된 시계열 신호를 간섭 적분·평균하고 그대로 고속 푸리에 변환을 적용하여 도플러 스펙트럼을 얻으면 시선속도 0 근처에 대못 모양의 첨두가 나타난다. 이것이 아날로그-디지털 변환 과정이나 정위상 채널과 직교위상 채널의 이득 차이에 의해 발생하는 직류 치우침이다. 직류 성분은 주파수가 0인 신호로 시선속도가 0인 신호를 의미한다. 직류 치우침은 수신된 시계열 신호의 평균값이 0 진폭선에서 일정한 값을 가지고 치우쳐 나타나는 현상이다. 이러한 직류 성분은 시계열 신호를 주파수 영역의 도플러 스펙트럼으로 변환하기 전에 제거해야 한다. 직류 성분은 시계열 신호에서 그 신호의 평균 진폭을 구하고 그 값을 시계열 신호에서 빼서 신호의 중심이 0 진폭선에 위치하도록 하여 제거한다. [그림 5.1(b)]의 시계열 신호에서 직류 치우침을 제거한 결과가 [그림 5.1(c)]이다.

5.4 창처리와 도플러 스펙트럼 산출

간섭 적분·평균과 직류 치우침 제거를 거친 하나의 시계열 신호는 고속 푸리에 변환을 거쳐 도플러 스펙트럼으로 산출된다. 이때 입력되는 시계열 신호가 무한 개의 시계열 신호이면 산출된 스펙트럼은 특정한 주파수에 집중된 첨두로 나타난다. 그러나 이런 경우에 엄청난 자료 처리 용량과 긴 처리 시간이 필요하다. 이러한 이유에서 무한 개의 시계열 신호에서 유한 개의 시계열 신호를 추출하여 고속 푸리에 변환에 적용시킨다. 물론, 고속 푸리에 변환에 적용되는 시계열 신호의 차이로 인하여 도플러 스펙트럼에서 차이가 발생한다.

[그림 5.3]은 무한 개와 유한 개의 시계열 신호를 창처리하여 얻은 도플러 스펙트럼의 차이를 보여주는 그림이다. [그림 5.3(a)]와 같이 무한 개의 시계열 신호를 적용하여 도플러 스펙트럼을 산출하는 경우에 스펙트럼 밀도가 특정한 주파수에 집중되고 그 이외의 주파수에서는 나타나지 않는다. 그러나 [그림 5.3(b)]와 같이 어떤 함수를 써서 유한 개의 시계열 신호를 추출하여 도플러 스펙트럼을 산출하는 경우에 스펙트럼 밀도가 하나의 주파수에 집중되지 않고 인접한 주파수 영역으로 분산되어 나타난다. 유한 개의 시계열 신호를 추출하는 과정에서 특정 주파수의 스펙트럼 밀도가 주변 주파수 영역으로 누출된 것이다. 이러한 현상을 신호 누출이라고 한다. 도플러 스펙트럼에서 신호 누출을 최소한으로 줄이고 이상적인 주파수에서 스펙트럼 밀도가 두드러지게 나타나도록 무한개의 시계열 신호에 가중치를 곱하는 과정이 창처리이다.

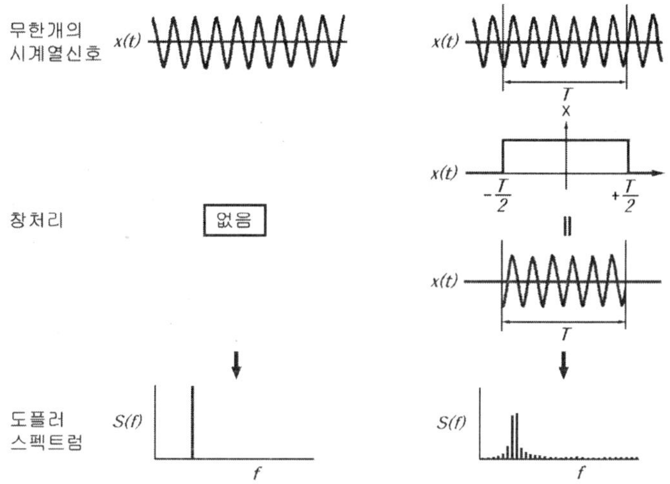

(a) 무한 개의 시계열 신호 (b) 유한 개의 시계열 신호

[그림 5.3] 무한 개와 유한 개의 시계열 신호를 고속 푸리에 변환하여 얻은 도플러 스펙트럼의 차이

도플러 스펙트럼을 산출하기 위한 유한 개의 시계열 신호는 수신된 시계열 신호에 창함수를 곱셈 처리하여 추출한다. 창함수는 연속 신호에서 일정 구간의 신호를 추출하도록 시간축에서 일정한 구간의 길이를 갖는 함수이다. 신호처리에서 사용하는 창함수로는 사각창, 코사인창, 삼각 창, 해닝 창, 해밍창, 카이저-베셀 창 그리고 블랙맨 창이 있다.

창처리를 통해 시계열 신호에서 2^M(M = 1, 2, 3.... 정수)에 해당하는 N개의 신호를 취한다. 예를 들어, 연속 신호 Z_n에 사각형 창함수 $w(n)$를 곱한 시계열 신호 X_n는 다음과 같다.

$$X_n = Z_n w(n) \tag{5.5}$$

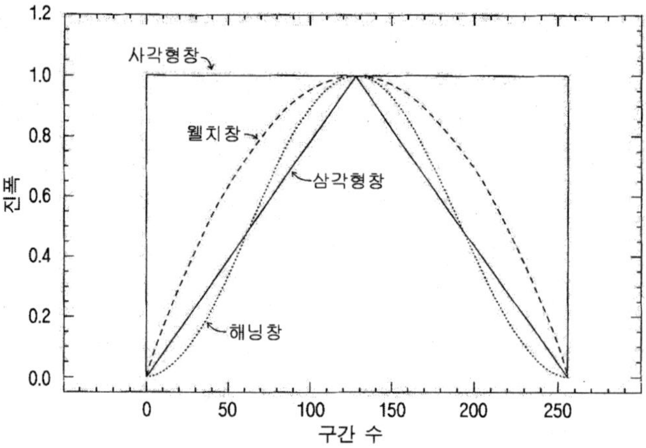

[그림 5.4] 유한 시간의 신호를 추출하는데 활용되는 창함수의 종류

여기서 사각형 창함수는 $0 \le n \le N-1$ 영역에서 $w(n)=1$이고 그 외의 영역에서는 $w(n)=0$으로 정의되는 함수이다.

창처리로 추출된 N개의 시계열 신호는 고속 푸리에 변환을 거쳐 도플러 스펙트럼으로 변환된다. 고속 푸리에 변환은 이산 시계열 신호를 주파수 스펙트럼으로 변환시키는 수학적 기법이다. N개의 시계열 신호는 다음과 같이 이산 푸리에 변환을 적용하여 시간 영역에서 주파수 영역으로 변환된다. N은 컴퓨터에서 운영할 수 있는 수로 보통 2^n(n은 정수)이다.

$$x(k) = \frac{1}{N}\sum_{n=0}^{N-1} X_n e^{-j2\pi nk/N} \tag{5.6}$$

여기서 $x(k)$는 k번째 주파수 구간과 관련된 복소 진폭을 표시한다. 여기서 정수 k의 범위는 $0 \le k \le N-1$이다. 위 식의 적분 결과는 다음과 같이 진폭 A_k과 위상 ϕ_k로 나타낸다.

$$x(k) = A_k e^{j\phi_k} = A_k(\cos\phi_k + j\sin\phi_k) = I_k + jQ_k \tag{5.7}$$

여기서 I_k와 Q_k는 각각 정위상 채널 성분과 직교위상 채널 성분이다. 고속 푸리에 변환의 결과는 각 구간에서 실수 $Re(k)$와 허수 $Im(k)$의 쌍으로 출력된다. 도플러 스펙트럼의 구간은 $-N/2+1$과 $N/2$ 사이의 값을 가지며, 각 구간에 해당하는 각 주파수 ω와 스펙트럼 밀도 $S(k)$는 다음과 같다.

$$\omega = 2\pi \frac{k}{N \times M \times PRT} \tag{5.8}$$

$$S(k) = [Re(k)]^2 + [Im(k)]^2 \tag{5.9}$$

주파수 구간을 x축으로, 각 구간에서 얻은 스펙트럼 밀도 $S(k)$를 y축으로 그린 것이 도플러 스펙트럼이다. 이 스펙트럼은 일정한 공간에 있는 산란체가 반사한 수신 전력에 가중치를 매긴 시선속도 분포이다.

5.5 비간섭 적분 · 평균

고속 푸리에 변환을 통해 얻어진 여러 개의 도플러 스펙트럼은 각 주파수 구간에 따라 적분하고 평균하는 비간섭 혹은 스펙트럼 적분·평균 과정을 거친다. 시간 영역에서 식 (5.9)로 얻은 L개의 도플러 스펙트럼을 다음과 같이 적분과 평균하는 것이다.

$$S_k = \frac{1}{L}\sum_{l=0}^{L-1} S_{lk} \tag{5.10}$$

여기서 S_{lk}는 비간섭 적분과 평균 후에 계산된 도플러 스펙트럼의 구간 k에 대한 스펙트럼 밀도를 나타낸다.

L개의 도플러 스펙트럼이 비간섭 적분과 평균한 도플러 스펙트럼에서 각 구간에 해당하는 각 주파수 ω와 스펙트럼 밀도 $S(k)$는 각각 다음과 같다.

$$\omega = 2\pi\frac{k}{N \cdot M \cdot L \cdot PRT} \tag{5.11}$$

$$S(k) = \frac{1}{L}\sum_{l=0}^{L-1} S(l,\ k) \tag{5.12}$$

도플러 스펙트럼을 비간섭 적분·평균하면 신호 전력과 잡음 전력은 크게 변하지 않아 신호대잡음비가 크게 개선되지 않는다. 그러나 [그림 5.6]과 같이 스펙트럼 첨두 주변에서 스펙트럼 변동이 작아져 스펙트럼 잡음 마루는 편평해지고 스펙트럼 첨두는 더욱 뚜렷해진다. 이 때문에 다음 식으로 정의되는 시선속도 검출 가능성 DD는 크게 향상되고 최고 관측 고도도 높아진다.

$$DD = \frac{P_s}{\sigma_N} \tag{5.13}$$

여기서 P_s는 첨두 전력이며, σ_N은 잡음 전력의 표준편차이다. L개의 도플러 스펙트럼을 비간섭 적분·평균하면 잡음 전력의 표준편차는 $\sigma_N / \sqrt{L}$으로 감소하고 검출 가능성은 $DD\sqrt{L}$로 향상된다. 다만, 비간섭 적분과 평균하는 도플러 스펙트럼의 개수가 많아지면 관측 자료의 시간 분해능이 떨어지는 단점이 있다. 비간섭 적분·평균으로 시간 분해능이 떨어지는 것을 막기 위해 비간섭 적분과 평균하는 도플러 스펙트럼의 개수 L은 대략 10개 정도로 제한되며, 이 경우에 검출 가능성은 5 dB의 이득을 가진다.

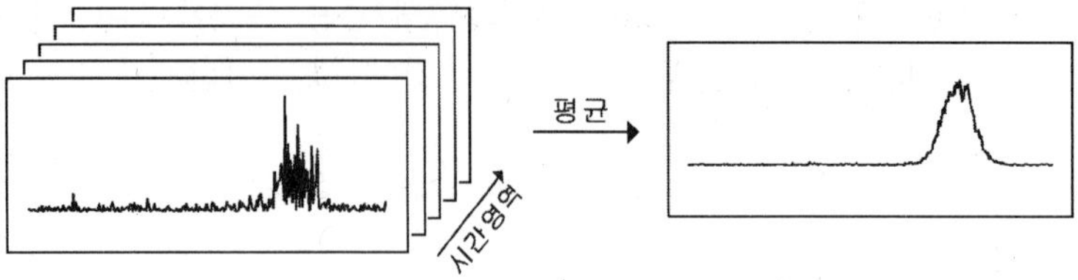

[그림 5.5] 여러 개의 도플러 스펙트럼을 비간섭 적분·평균하여 얻은 도플러 스펙트럼

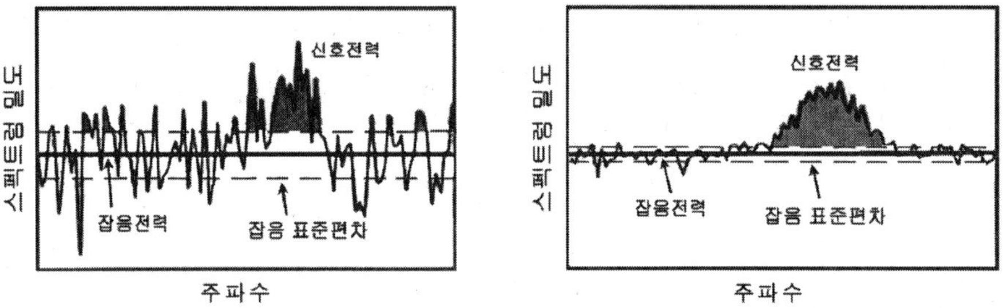

(a) 비간섭 적분·평균 전 (b) 20개 비간섭 적분·평균 후

[그림 5.6] 비간섭 적분·평균이 도플러 스펙트럼의 잡음 전력과 잡음 표준편차에 미치는 영향

5.6 지형 클러터 제거

안테나 빔의 부방사부에서 방사된 전파가 산이나 건물과 같이 고정된 물체에 반사되어 수신되는 에코를 지형 클러터라고 한다. 이러한 지형 클러터는 안테나의 부방사부를 줄이거나 안테나 주위에 클러터 차폐막을 설치하여 줄일 수 있다. [그림 5.7]은 클러터 차폐막을 설치하기 전과 후의 도플러 스펙트럼으로 클러터 차폐막을 설치하기 전에는 시선속도가 0 ms^{-1}인 스펙트럼 중심 가까이에 상당히 좁은 폭을 가진 지형 클러터가 나타난다. 그러나 클러터 차폐막을 설치하면 지형 클러터가 거의 나타나지 않는다.

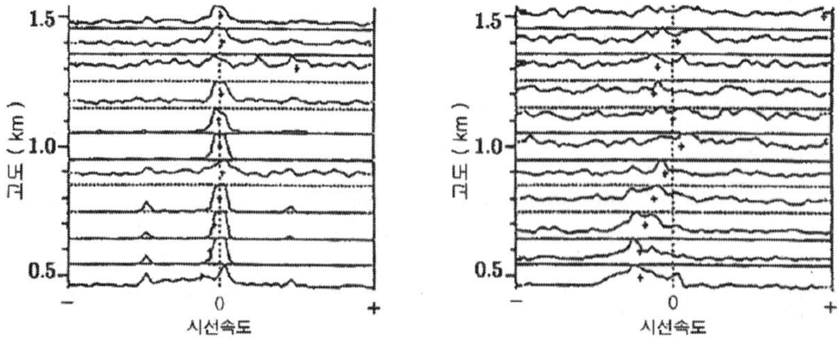

(a) 클러터 차폐막의 설치 전 (b) 클러터 차폐막의 설치 후

[그림 5.7] 클러터 차폐막의 설치에 따른 지형 클러터 제거 효과

클러터 차폐막은 지형 클러터를 작게 할 수 있으나 완전히 없애기는 어렵다. 지형 클러터를 없애기 위해 다양한 방법이 동원된다. 가장 널리 이용되는 방법이 시선속도 영역의 수정 방법이다. 이 방법은 [그림 5.8(b)]와 같이 미리 설정한 스펙트럼 중심 부근의 시선속도 구간에서 가우스 함수로 지형 클러터를 판단하고 제거한다. 제거된 구간의 스펙트럼 밀도는 직선 또는 지수 함수로 보간한다. 최근에는 도플러 스펙트럼을 분석하기 전에 시계열 신호에 IIR(Infinite Impulse Response) 필터나 FIR(Finite Impulse Response) 필터를 적용하여 지형 클러터를 제거하는 방법이 활용되고 있다.

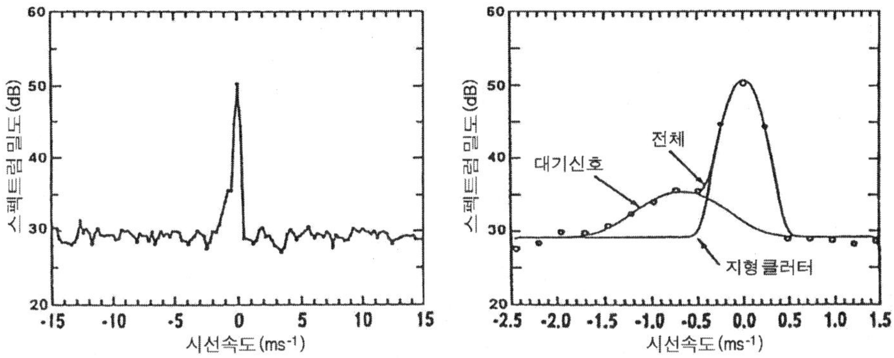

(a) 지형 클러터와 대기 신호가 혼합된 도플러 스펙트럼 (b) 가우스 함수를 이용한 지형 클러터 제거

[그림 5.8] 지형 클러터가 포함된 도플러 스펙트럼과 지형 클러터 제거 방법. 오른쪽 도플러 스펙트럼은 시선속도 구간을 -2.5~1.5 ms^{-1}로 좁힌 것이다.

5.7 잡음 수준 결정

안테나에서 수신되는 신호에는 대기 신호와 함께, 시스템 전기 잡음, 배경 잡음 등과 같은 잡음도 포함되어 있다. 이들 잡음은 간섭 적분·평균으로 어느 정도 줄일 수는 있으나 완전히 제거하기는 어렵다. 따라서 도플러 스펙트럼에서 원하는 정보를 추정하기 위해서는 그 전에 다양한 잡음으로 만들어진 잡음 수준을 결정하고 그 수준만큼을 제거해 주어야 한다.

잡음 수준은 여러 가지 방법으로 결정된다. 가장 간단한 방법으로 잡음 스펙트럼 밀도를 산술 평균하는 것이다. 이 방법은 짧은 시간에 잡음 수준을 결정할 수 있는 반면에, 전파 간섭, 새, 항공기 등으로 발생하는 비정상적인 에코에 크게 영향 받아서 안정된 잡음 수준을 얻기 어렵다. 다음 방법으로 잡음 스펙트럼 밀도의 중앙값을 취하는 방법이 있다. 이 방법은 단순한 산술 평균보다 비정상적인 에코에 민감하게 반응하지 않아 신뢰성 있는 잡음 수준을 얻을 수 있다. 그러나 잡음 수준을 결정할 때 많은 기억 용량과 긴 계산 시간이 필요하여 실시간 신호처리에 적용하기 어렵다. 마지막으로 백색 잡음을 가정하여 잡음 수준을 정하는 방법으로 최근에 가장 널리 사용된다. 우선 N개의 스펙트럼 밀도 S_n에서 가우스 분포인 대기 신호와 잡음을 가정하고 다음 과정으로 잡음 수준을 결정한다.

① 관측된 도플러 스펙트럼을 L개 표본점으로 이동 평균한 도플러 스펙트럼으로 만든다.

② 스펙트럼 첨두에서 일정한 값 이하인 스펙트럼 밀도의 수준을 정한다.

③ 정해진 수준보다 큰 스펙트럼 자료는 제외하고 그 보다 작은 스펙트럼 자료를 모아 새로운 도플러 스펙트럼을 만든다.

④ 새로운 도플러 스펙트럼에 대하여 다음의 R_1과 R_2의 비를 계산하여 백색 잡음인지를 판정한다.

$$R_1 = \frac{\sigma^2 N}{\sigma^2} \tag{5.14}$$

$$R_2 = \frac{P^2}{Qp} \tag{5.15}$$

여기서, $\sigma^2 = \frac{\sum f_n^2 S_n}{\sum S_n} - \left(\frac{\sum f_n^2 S_n}{\sum S_n}\right)^2$, $P = \frac{\sum S_n}{N}$, $Q = \sum \frac{S_n^2}{N} - P^2$, $f_n = \frac{n}{T}$이며, L은 이동 평균한 자료 수, N은 도플러 스펙트럼의 표본점 수, T는 자료 수이다. 도플러 스펙트럼의 최소 주파수와 최대 주파수가 각각 $f_{\min}$과 $f_{\max}$인 경우에 백색 잡음의 분산 σ_N은 다음과 같다.

$${\sigma_N}^2 = \frac{(f_{\max} - f_{\min})^2}{12} \tag{5.16}$$

백색 잡음을 가정하여 잡음 수준을 결정하는 과정을 보여주는 것이 [그림 5.9]이다. 잡음을 제거하기 전의 도플러 스펙트럼이 [그림 5.9(a)]이고, 여기서 대기 신호를 제거한 후에 남은 도플러 스펙트럼이 백색 잡음인지 아닌지를 판정한다. 스펙트럼 밀도가 [그림 5.9(a)]의 문턱값(실선)보다 큰 도플러 스펙트럼을 제거한 결과가 [그림 5.9(b)]이다. 다시 [그림 5.9(b)]의 문턱값(점선)보다 큰 것을 제거한 도플러 스펙트럼이 [그림 5.9(c)]이다. 남은 도플러 스펙트럼인 [그림 5.9(c)]가 백색 잡음이면 이것을 잡음 수준으로 결정한다.

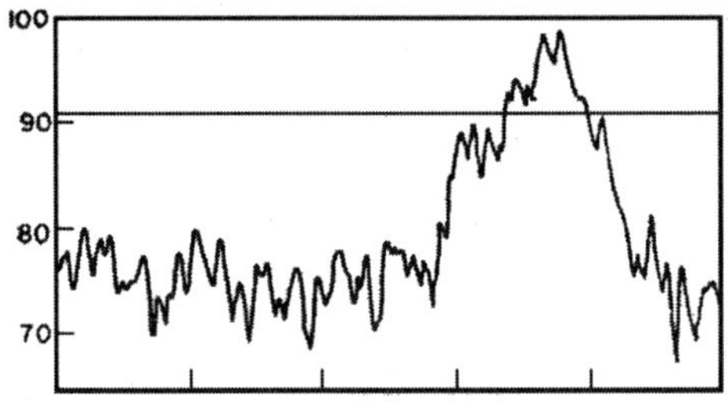

(a) 관측 도플러 스펙트럼

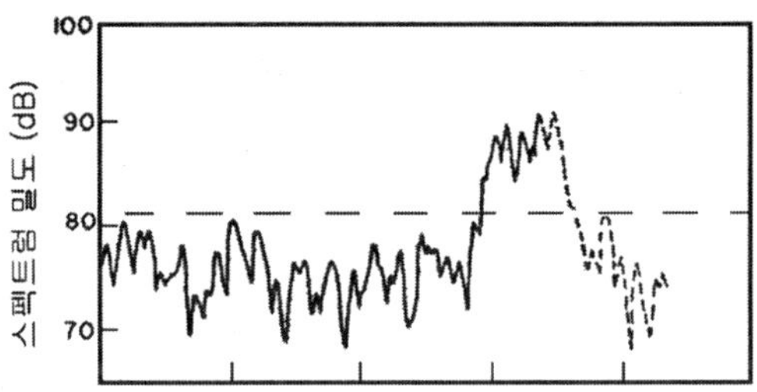

(b) 임의 문턱값(실선)보다 강한 도플러 스펙트럼은 제거하고 새로 구성한 도플러 스펙트럼

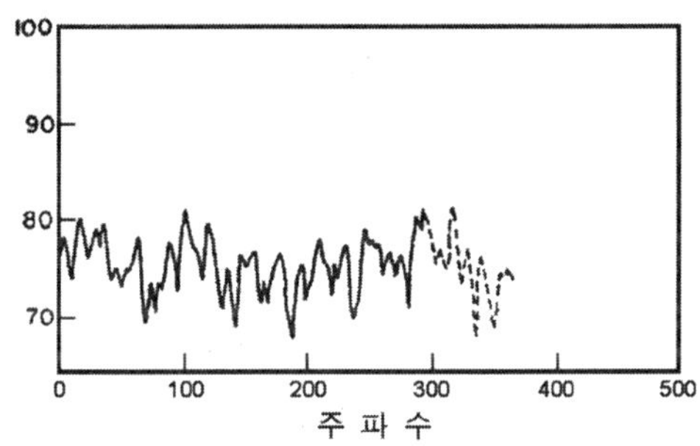

(c) (b)에서 새로 설정한 문턱값(점선)보다 강한 도플러 스펙트럼을 제거하고 새로 구성한 도플러 스펙트럼

[그림 5.9] 백색 잡음을 가정한 잡음 수준의 결정과정

5.8 스펙트럼 모멘트 산출

도플러 스펙트럼은 도플러 편이 주파수나 시선속도에 스펙트럼 밀도를 나타낸 것이다. 도플러 스펙트럼의 중앙 주파수는 송신 주파수에 해당하며, 양(+)의 도플러 편이 주파수는 윈드프로파일러에 가까워지는 운동을, 음(−)의 도플러 편이 주파수는 윈드프로파일러에서 멀어지는 운동을 말한다. 도플러 스펙트럼의 특징은 잡음 수준보다 높은 첨두 면적에 해당하는 수신 전력, 첨두 신호에 상응하는 시선속도, 첨두 신호의 폭(스펙트럼 폭), 그리고 첨두 신호의 비대칭도의 4가지 모멘트로 표현된다.

긴 주파수를 사용하는 윈드프로파일러는 같은 대기 산란체일지라도 태양복사에 따라 다른 수신 전력으로 측정되기 때문에 수신 전력으로 산란체의 산란 강도로 표현하기 어렵다. 이러한 이유 때문에 신호대잡음비로 산란체의 산란 강도를 표현한다.

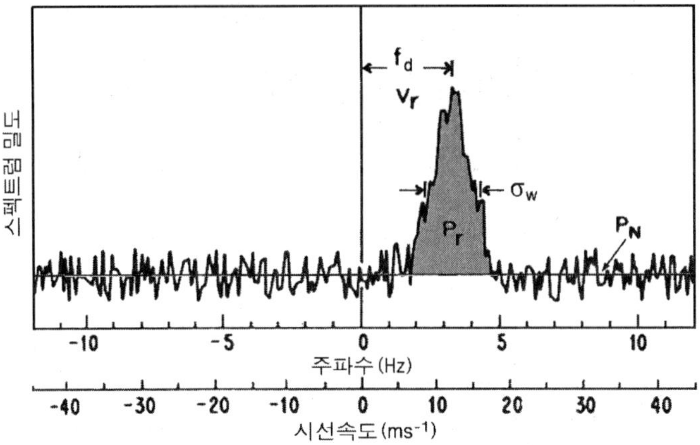

[그림 5.10] 도플러 스펙트럼에서 수신 전력(P_r), 잡음 전력(P_N), 시선속도(f_d), 스펙트럼 폭(σ_w) 그리고 비대칭도(S)의 개념

(1) 수신 전력과 시선속도

도플러 스펙트럼에서 최대 강도를 가지는 첨두를 결정한 후에 이 첨두에서 시선속도를 산출한다. 도플러 스펙트럼의 첨두에서 수신 전력과 시선속도를 산출하는 방법으로 모멘트법, 가우스 함수 적합법 그리고 최대 엔트로피법이 있다.

모멘트법에서는 다음 식과 같이 도플러 스펙트럼 $S(v)$의 첨두에 대하여 다음과 같이 적분하여 수신 전력 P_0을 얻는다.

$$P_0 = \int S(v)\,dv \tag{5.17}$$

그리고 각 구간의 도플러 스펙트럼을 평균 수신 전력으로 나누어 다음과 같이 정규 스펙트럼 밀도를 얻는다.

$$S_n(v) = \frac{S(v)}{P_0} \tag{5.18}$$

모멘트법에서는 다음 식과 같이 도플러 스펙트럼에 시선속도 v의 가중치를 부여하고 적분하여 시선속도 P_1를 얻는다.

$$P_1 = \int v S_n(v)\,dv \tag{5.19}$$

가우스 함수 적합법은 첨두를 가진 도플러 스펙트럼을 가우스 함수 분포로 가정하고 이것을 최소제곱으로 첨두에 적합시키는 방법이다. 윈드프로파일러에서 대기 신호의 도플러 스펙트럼은 다음과 같은 가우스 함수로서 나타낸다.

$$S(v) = \frac{P}{\sqrt{2\pi\sigma^2}} exp\left[\frac{-(v-v_0)^2}{2\sigma^2}\right] \tag{5.20}$$

여기서 P, v_0 그리고 σ는 각각 수신 전력, 시선속도 그리고 스펙트럼 폭이다. 위의 식에 P, v_0 그리고 σ를 대입하여 새로운 도플러 스펙트럼 $S(P, v_i, \sigma)$을 구하고, 이것을 관측된 도플러 스펙트럼 $S(v_i)$과 비교하여 차를 구한다. 이 과정을 반복하며, 차의 제곱합 (ϵ^2)이 최소가 될 때 P, v_0 그리고 σ를 수신 전력, 시선속도, 그리고 스펙트럼 폭으로 결정한다.

$$\epsilon^2 = \sum_{i=1}^{N} [S'(v_i) - S(v_i, P, v_0, \sigma)]^2 \tag{5.21}$$

고속 푸리에 변환으로 도플러 스펙트럼을 산출하지 않고 엔트로피가 최대로 되도록 도플러 스펙트럼을 추정하는 최대 엔트로피법이 있다. 정보이론의 엔트로피 아날로지에 따르면 엔트로피(H)와 시계열 자료 $x(k\Delta t)$의 도플러 스펙트럼(S) 관계는 다음과 같다.

$$H = \int_{-f_N}^{+f_N} \log S(2\pi f \Delta t) df \tag{5.22}$$

여기서 $f_N = (2\Delta t)^{-1}$은 유효 주파수이고, k와 Δt는 N개 시계열 자료의 표본번호 $(0 \le k < N)$와 표본 수집 시간 간격이다. 이 식에 따라 엔트로피가 최대가 되도록 예측 오차 필터를 이용하여 도플러 스펙트럼 $S(f)$을 추정한다.

도플러 스펙트럼의 추정에서 최대 엔트로피법과 고속 푸리에 변환법을 비교해보면, 최대 엔트로피법에서 예측 오차 필터에 의해 시계열 자료에 포함되는 백색 잡음이 작아지고 잡음에 따른 주파수 성분이 줄어들어 스펙트럼 분해능이 좋아진다. 또한 신호대잡음비가 좋지 않을 경우에 최대 엔트로피법으로 도플러 편이 주파수를 추정하면 정확도가 높다.

스펙트럼 모멘트의 추정에서 모멘트법과 가우스 함수 적합법은 각각의 장단점이 있다. 도플러 스펙트럼의 신호대잡음비가 높은 경우에는 모멘트법이 가우스 함수 적합법보다 높은 정확도로 추정한다. 이것은 신호대잡음비가 높아서 스펙트럼 밀도가 크고 잡음의 변동폭도 큰 경우에 가우스 함수 적합법은 첨두 신호 부근에 있는 스펙트럼 표본점만 적합시켜 모멘트를 추정하기 때문이다. 도플러 스펙트럼의 신호대잡음비가 낮고 첨두 신호의 스펙트럼 폭이 좁은 경우에는 가우스 함수 적합법이 높은 정확도로 추정한다. 이런 경우에 모멘트법으로 스펙트럼 폭을 산출하면 실제보다 크게 추정한다. 적합하기 좋은 첨두 신호인 경우에 가우스 함수 적합법은 3개 스펙트럼 모멘트를 한 번에 산출할 수 있는 장점이 있다. 그러나 실제 대기 신호는 가우스 함수 분포의 첨두 모양이 아니라 다른 원인에서 생긴 첨두가 섞일 수 있다. 이 경우에 대기 신호를 가우스 함수 분포로 가정하여 적합하기가 어렵고 가우스 함수의 초기값을 설정하기 어렵다.

(2) 스펙트럼 폭

모멘트법에서는 다음 식과 같이 도플러 스펙트럼에 시선속도 v와 평균 시선속도 v_0의 차를 제곱한 가중치로 부여하고 적분하여 스펙트럼 폭 P_2를 얻는다.

$$P_2 = \int [v - v_0]^2 S_n(v)\, dv \tag{5.23}$$

그리고 가우스 함수 적합법에서는 관측한 도플러 스펙트럼에 식 (5.20)을 적합시켜 스펙트럼 폭을 추정한다.

스펙트럼 폭은 빔 폭, 대역 폭, 펄스 폭 등과 같은 시스템 변수와 산란체의 밀도나 속도와 같은 기상 변수에 의해 좌우된다. 예를 들어, 난류나 바람시어로 발생하는 산란체의 무작위 운동, 강수 입자 크기 분포에 따른 낙하 속도, 스펙트럼에 빔 방향의 상대적인 속도 분포에 따른 확대 등이 스펙트럼 폭을 좌우한다. 따라서 스펙트럼 폭 σ_w는 다음과 같이 각 성분의 합으로 쓸 수 있다.

$$\sigma_w^2 = \sigma_s^2 + \sigma_a^2 + \sigma_d^2 + \sigma_o^2 + \sigma_t^2 \tag{5.24}$$

여기서 σ_s는 바람시어 성분, σ_a는 안테나 동작 성분, σ_d는 산란체의 크기 분포에 따른 속도차 성분, σ_o는 산란체의 진동이나 방위의 변화 성분, 그리고 σ_t는 난류 성분이다.

(3) 스펙트럼 비대칭도

모멘트법에서는 다음 식과 같이 도플러 스펙트럼에 시선속도 v와 평균 시선속도 v_0의 차를 세제곱한 가중치를 부여하고 적분하여 스펙트럼 비대칭도 P_3를 얻는다.

$$P_3 = \int [v - v_o]^3 S_{n(v)\, dv} \tag{5.25}$$

스펙트럼 비대칭도는 양(+)과 음(−)의 값을 가지며, 양일 때는 시선속도의 우측 영역에, 음일 때는 좌측 영역에 스펙트럼의 가중이 치우쳐 있는 것을 의미한다. 그리고 "0"은 시선속도에 대하여 스펙트럼 양측의 가중이 같다는 것을 의미한다. 비대칭도는 대기 신호에 지형 클러터가 섞여 있는 정도를 나타내는 척도로 쓰여 지형 클러터를 제거하거나 관측 자료의 품질을 개선하는데 이용된다.

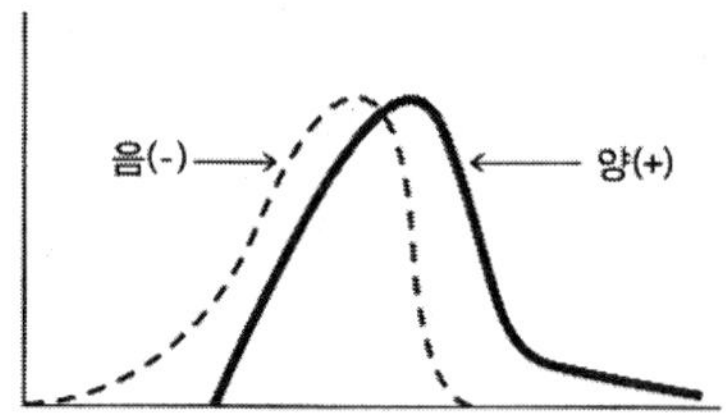

[그림 5.11] 도플러 스펙트럼에서 양(+)과 음(−)의 스펙트럼 비대칭도

(4) 신호대잡음비

신호대잡음비는 신호 전력과 잡음 전력의 비로서 신호 첨두의 수신 전력이 P_s이고 표준편차가 σ_s일 때 다음과 같다.

$$SNR = \frac{\sqrt{2\pi}\,\sigma_s P_s}{P_N B_D} \tag{5.26}$$

여기서 P_N은 잡음 전력이고 B_D는 도플러 스펙트럼의 대역 폭이다.

5.9 신호처리 조건에 따른 관측 성능의 변화

윈드프로파일러는 일정한 펄스 반복 시간으로 펄스 빔을 방사하고 수신한 후에 일련의 신호처리를 거쳐 하나의 도플러 스펙트럼을 산출한다. 이렇게 얻은 도플러 스펙트럼은 그 특성에 따라 분석 성능에 영향을 준다.

도플러 스펙트럼의 분석 성능을 나타내는 요소로는 하나의 도플러 스펙트럼을 얻기까지 걸린 시간(T), 유효 주파수($f_{\max}$), 유효 시선속도($v_{\max}$), 주파수 분해능(Δf) 그리고 시선속도 분해능(Δv)이 있다.

$$T = N_{coh} N_{incoh} N_{FFT} PRT \tag{5.27}$$

$$f_{\max} = \frac{1}{2 N_{coh} N_{incoh} PRT} \tag{5.28}$$

$$v_{\max} = \frac{\lambda}{4 N_{coh} N_{incoh} PRT} \tag{5.29}$$

$$\Delta f = \frac{1}{N_{coh} N_{incoh} N_{FFT} PRT} \tag{5.30}$$

$$\Delta v = \frac{\lambda}{2 N_{coh} N_{incoh} N_{FFT} PRT} \tag{5.31}$$

여기서 N_{coh}는 간섭 적분·평균의 회수, N_{FFT}는 고속 푸리에 변환의 표본점 수, PRT는 펄스 반복 시간, 그리고 N_{incoh}는 비간섭 적분·평균에 사용된 도플러 스펙트럼의 개수를 나타낸다. 위의 식에서 $v_{\max}$와 Δv는 한계를 나타내므로 음의 부호는 사용하지 않는다.

미국 해양대기청의 404 MHz($\lambda = 75$cm) 윈드프로파일러는 $N_{coh} = 50$, $N_{FFT} = 256$, $PRT = 125\ \mu s$로 운영된다. 이러한 조건과 비간섭 적분·평균이 없는 조건($N_{incoh} = 1$)을 적용하여 유효 주파수, 유효 시선속도, 주파수 분해능 그리고 속도 분해능을 계산하면 다음과 같다.

$$f_{\max} = \frac{1}{2 \times 50 \times 125 \times 10^{-6}} = 80\,\text{Hz}$$

$$v_{\max} = \frac{0.75}{4 \times 50 \times 125 \times 10^{-6}} = 30\,\text{ms}^{-1}$$

$$\Delta f = \frac{1}{50 \times 256 \times 125 \times 10^{-6}} = 0.625\,\text{Hz}$$

$$\Delta v = \frac{0.75}{2 \times 50 \times 256 \times 125 \times 10^{-6}} = 0.23\ \text{ms}^{-1}$$

윈드프로파일러에서는 N_{FFT}는 보통 하나의 값으로 고정되나, N_{coh}, N_{incoh} 그리고 PRT는 원하는 관측 조건에 따라 변경하면서 운영한다. 예를 들어, 파장이 22 cm이고 펄스 반복 주파수(PRF)가 10,000 Hz이면, 펄스 반복 주기 PRT는 $100\mu s$이고 유효 시선속도 $v_{\max}$는 550 ms^{-1}이다. 이 값은 자연 상태에서 나타나지 않는다. 따라서 $N_{coh} = 32$을 조정하면 유효 시선속도는 $v_{\max} = 550/32 = 17.2$ ms^{-1}가 된다. 그러나 실제 시선속도가 20 ms^{-1}이면 속도 접힘이 발생하여 시선속도가 $20 - (2 \times 17.3) = -14.6$ ms^{-1}로 측정된다. 이런 경우에는 속도 접힘이 발생하지 않도록 N_{coh}, N_{incoh}, 그리고 PRT를 조정하여 한다.

Chapter

06 오류 관측 자료의 발생과 처리

윈드프로파일러가 훌륭하게 설계되고 적절하게 운영되더라도 측정 불확실성, 비정상인 관측, 혹은 낮은 관측 대표성으로 오류 관측 자료가 발생한다. 여기서는 오류 관측 자료가 발생하는 요인과 관측 자료의 오류를 처리하는 방법에 대해 알아본다.

6.1 오류 관측 자료의 발생 요인

모든 관측 시스템은 목표로 하는 기상 현상에 대해 의미 있는 정보를 얻을 수 있도록 적절한 가정을 두고 측정한다. 윈드프로파일러는 다음과 같은 3가지를 가정하고 측정한다. 첫째, 윈드프로파일러는 대기나 강수 입자의 운동만을 측정하고 새, 항공기, 위성 등과 같이 비기상 목표물의 운동은 측정하지 않는다. 둘째, 어떤 고도에서 대기 운동은 균질하고 1~5분 정도의 표본 수집 시간 동안에는 크게 변하지 않는다. 셋째, 전파를 강하게 산란시키는 강수 현상은 표본 수집 시간 동안 그 강도와 형태가 일정하게 유지되고 연직빔과 경사빔에서 모두 균일한 속도로 내린다. 이러한 가정을 충족하지 못하는 경우에 오류 관측 자료가 발생한다. 그 외에도 여러 가지 윈드프로파일러 시스템의 내·외부 요인이 있다. 외부 요인으로는 클러터 오염, 전파 간섭, 대표성이 낮은 스펙트럼 첨두의 추출 등이 있으며, 내부 요인으로는 송수신 절환 스위치의 때맞춤 잡음, 펄스 압축 기술 결함, 고도 접힘, 속도 접힘 등이 있다.

6.2 클러터 오염

윈드프로파일러는 안테나에서 원뿔 모양의 전파 빔을 특정한 방향으로 방사한다. 그러나 특정 방향으로 전파를 집중시켜 방사하는 과정에서 주변으로도 약한 전파가 방사된다. 특정 방향으로 방사되는 빔을 주방사부라고 하고 그 주변으로 방사되는 빔을 부방사부라고 한다. 윈드프로파일러에서 방사되는 경사빔의 전형적인 안테나 빔 패턴은 [그림 6.2(a)]와 같다. 천정각 15°에 강한 주방사부가 있고 그 주변에 여러 개의 약한 부방사부가 나타난다. 특히, 천정을 중심으로 주방사부 방향보다도 그 반대 방향에서 부방사부가 많이 발생한다. 전파를 방사할 때의 안테나 빔 패턴에서 나타나는 방향 특성은 전파를 수신할 때도 동일하게 나타난다. 달리 말해서 전파 빔이 강하게 방사되는 방향에서 산란 신호도 강하게 수신된다. 천정을 기준으로 경사빔의 주방사부 방향에서는 주방사부에 의해 산란하여오는 신호의 강도가 부방사부에 의해 산란하여오는 신호의 강도가 훨씬 강하여 클러터가 신호로 추출되지 않는다. 그러나 반대 방향에서 부방사부가 자동차, 건물, 산, 파도 등과 같은 물체에 부딪혀 산란하여오는 신호의 강도는 상대적으로 강하여 클러터로 수신된다.

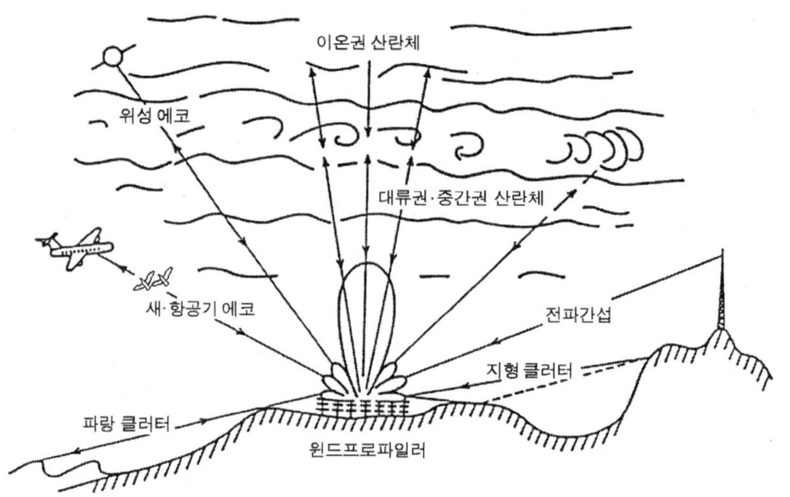

[그림 6.1] 윈드프로파일러의 산란체와 오류 관측 자료를 발생시키는 외부 요인

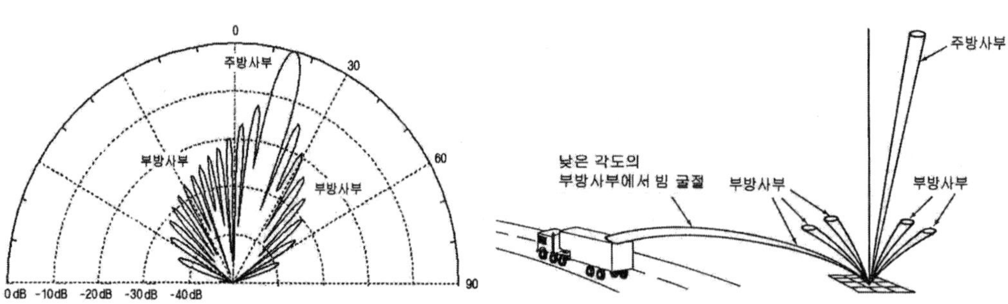

(a) 15° 경사빔의 안테나 빔 패턴

(b) 부방사부에 의한 지형 클러터

[그림 6.2] 윈드프로파일러 경사빔의 안테나 빔 패턴과 부방사부로 의한 지형 클러터의 발생

윈드프로파일러에서 관측 고도는 전파를 방사하고 다시 수신되기까지 걸린 시간으로 결정된다. 따라서 지상에 위치한 물체도 윈드프로파일러와 거리를 두고 있으면 그 거리에 상응하는 고도의 신호로 관측된다. 부방사부가 지상 부근의 자동차, 건물, 산, 파도 등과 같

은 물체에 산란하여온 신호가 지형 혹은 파랑 클러터이다. 이 클러터는 대기굴절률 변동이 매우 약하여 주방사부 신호가 매우 약하고 부방사부 신호에 묻혀버릴 때 자주 발생한다. [그림 6.3]은 낮은 고도에서 발생한 지형 클러터가 도플러 스펙트럼의 첨두 신호로 나타나는 사례이다. 이 도플러 스펙트럼의 고도 339 m와 519 m 사이에서 시선속도 0 ms^{-1} 근처에 첨두 신호가 보인다. 이 첨두 신호의 시선속도로 고도별 바람을 산출하면 잘못된 바람으로 관측된다. [그림 6.4]의 시계열 바람 자료를 보면 1999년 11월 30일 21 UTC부터 12월 1일 10 UTC까지 고도 1,500 m와 2,000 m 부근에서 지형 클러터로 인한 오류 바람 자료가 지속해서 나타난다.

지형 클러터의 영향을 줄이기 위해 오래전부터 하드웨어 처리 방법이 개발되어왔고, 최근에는 컴퓨터의 성능이 발달하면서 소프트웨어 처리 방법이 개발되고 있다. 하드웨어 처리 방법으로는 안테나 방향의 조정, 클러터 차폐막의 설치, 테이퍼 방식의 안테나 설계 등이 있다. 소프트웨어 처리 방법으로는 시선속도가 0 ms^{-1} 부근에 있는 도플러 스펙트럼 첨두를 제거하는 알고리즘이 있으며, 이것은 제5.6절에서 설명하였다.

윈드프로파일러는 천정 방향의 연직빔과 2 혹은 4개 방향의 경사빔으로 전파를 방사하고 수신한다. 그리고 윈드프로파일러에서 바람을 산출할 때 경사빔이 반드시 동, 서, 남, 혹은 북쪽을 향할 필요는 없고 서로 90°만 이루면 충분하다. 따라서 경사빔이 향하는

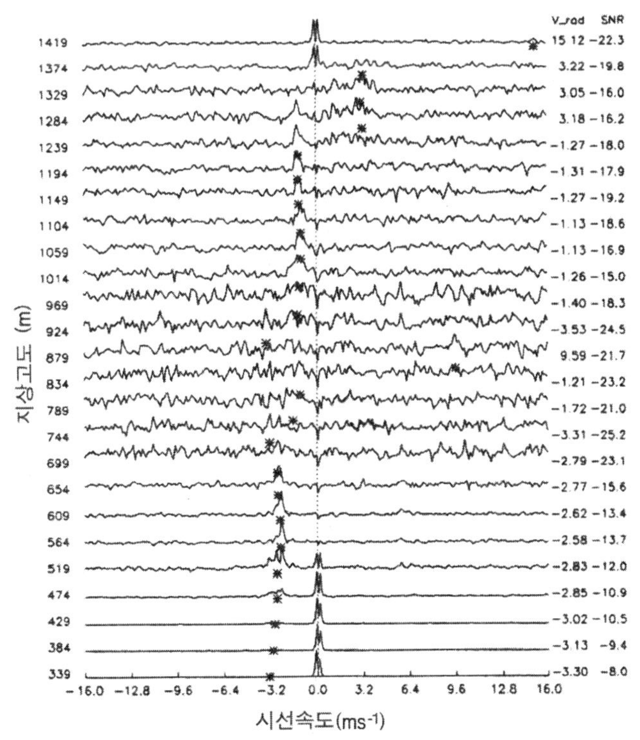

[그림 6.3] 독일 린덴베르그에 위치한 1,290 MHz 윈드프로파일러에서 관측된 도플러 스펙트럼 자료

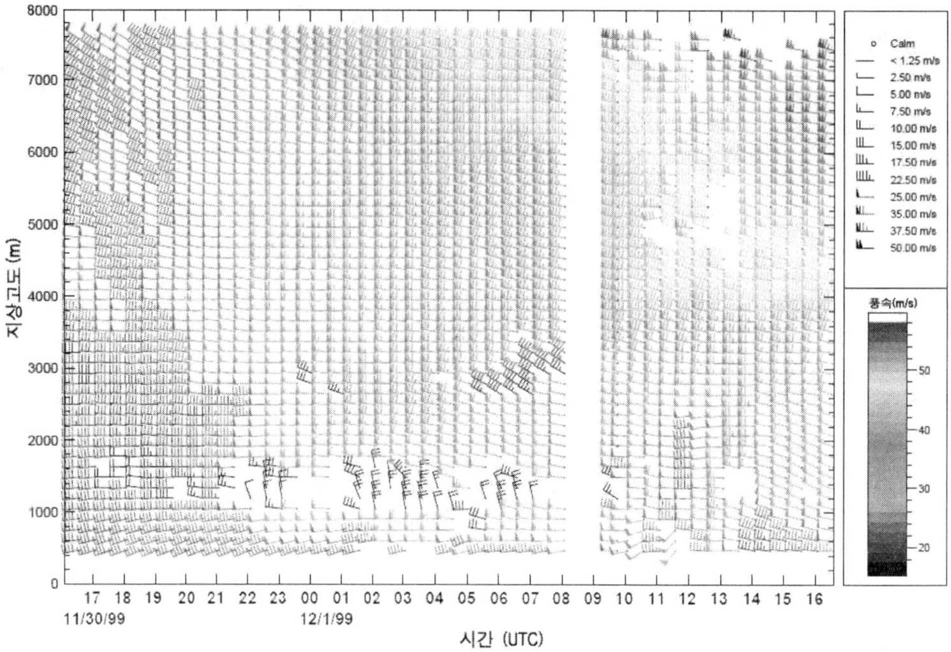

[그림 6.4] 독일 린덴베르그에 위치한 482 MHz 윈드프로파일러에서 관측된 시계열 바람 자료

방향이나 그 반대 방향에 건물, 산, 도로 등이 위치하지 않도록 경사빔의 방향을 조정하면 효과적으로 지형 클러터를 억제할 수 있다. 지형 클러터의 발생원이 수평으로 넓은 범위에 걸쳐 존재할 경우에는 안테나 방향을 조정하는 것만으로 지형 클러터를 줄이기 어렵다. 이런 경우에는 일본 교토대학교의 MU 레이더 사례와 같이 안테나 지반을 절구 모양으로 깊게 파고 안테나를 설치하여 지형 클러터를 완전히 없앨 수 있다. 그러나 이 방법은 막대한 토목공사가 필요하며 모든 장소에 적용하기도 어렵다. 이러한 이유에서 안테나 주위에 클러터 차폐막을 설치하여 지형 클러터의 영향을 최소화하는 방법이 널리 이용된다.

클러터 차폐막은 빔의 부방사부를 상공으로 반사시키고 그 일부를 표면 전류로 변환시키고 열로 소멸시켜 지형 클러터의 영향을 줄이는 것이다. 이 차폐막의 차폐 효과는 차폐막의 소재, 그물 모양 그리고 외형에 따라 달라진다. 차폐막의 소재는 유전율이 높은 소재일수록 좋다. 유전율이 가장 높은 금속은 금, 은 그리고 동이지만 이들 금속은 가격이 비싸서 알루미늄이 그 대용으로 널리 사용된다. 철이나 스테인리스의 유전율은 금, 은, 동에 비해 10~100분의 1 정도로 매우 작아서 클러터 차폐막으로 적당하지 않다.

[표 6.1] 20℃에서 금속 재질별 유전율

재질	알루미늄	순동	동	순금	순철	니켈	순은	텅스텐	아연
유전율 ($10^7\ sm^{-1}$)	3.54	5.80	1.72	4.10	1.0	1.28	6.14	1.81	1.74

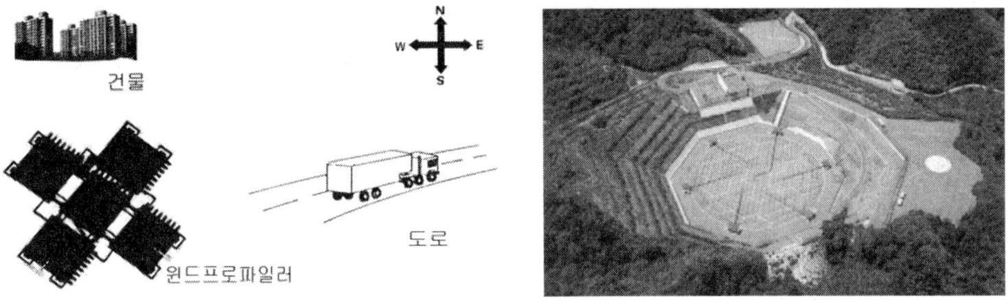

(a) 안테나 방향 조정

(b) 절구 모양의 안테나 지반 조성
(일본 교토대학교 MU 레이더)

[그림 6.5] 지형 클러터의 영향을 최소화하기 위한 방법

(a) 기상청 창원기상대

(b) 일본 기상청

(c) 국립기상연구소

(d) 프랑스 대기과학연구소

[그림 6.6] 윈드프로파일러 클러터 차폐막의 다양한 형태

클러터 차폐막은 금속 철사로 짠 그물 모양이나 금속판 모양으로 만들며, 차폐막의 그물 모양에 따라 차폐 효과가 좌우된다. 파장이 그물코 크기의 반파장보다 작은 고주파수의 전파는 차폐막을 빠져나가고 그보다 큰 저주파수 전파는 차폐막에 걸려 차폐된다. 따라서 차폐막의 그물코가 작거나 없을수록 차폐 특성이 좋다. 차폐막의 철사 간격이 좁고 철사의 직경이 굵을수록 차폐 효과가 좋다. 윈드프로파일러에서 클러터 차폐막의 차폐 효과는 20~30 dB 정도가 필요하다. 이런 정도의 차폐 효과를 얻기 위해서는 파장이 75 cm인 404 MHz 윈드프로파일러에서는 차폐막의 그물 간격이 5 cm이고 철사 직경이 1.3 mm 정

도이고, 파장이 23 cm인 1.3 GHz 윈드프로파일러에서는 차폐막의 그물 간격이 2 cm이고 철사 직경이 5 mm 이상이어야 한다. 차폐 효과는 클러터 차폐막의 높이나 상단 모양에도 영향을 받는다. 클러터 차폐막의 기울기가 천정각과 20°를 이룰 때 클러터 차폐막의 끝 부분에 의한 회절 효과를 최소화할 수 있다. 클러터 차폐막를 설치한 경우와 그렇지 않은 경우에 도플러 스펙트럼이 어떻게 달라지는지를 보여주는 사례가 [그림 5.7]이다. 클러터 차폐막을 설치하지 않은 경우의 도플러 스펙트럼인 [그림 5.7(a)]에서는 1.5 km 고도 이하에서 시선속도 0 ms^{-1} 부근에 첨두가 나타난다. 그러나 클러터 차폐막을 설치한 경우의 도플러 스펙트럼인 [그림 5.7(b)]에서는 시선속도 0 ms^{-1} 부근에 첨두가 보이지 않는다.

지형 클러터를 줄이기 위한 또 다른 방법으로 미국 NOAA 윈드프로파일러 관측망에서 적용하고 있는 테이퍼(taper) 방식이다. 테이퍼는 서로 마주보고 있는 양쪽 측면이 그 중심선을 대칭으로 경사지게 배열하는 방식을 말한다. [그림 6.7]은 미국 NOAA 윈드프로파일러 관측망에서 운영되고 있는 404 MHz 윈드프로파일러의 안테나 배열 구성과 안테나 소자 배열이다. 안테나 소자는 상부와 하부로 배열되어 있다. 상부 안테나 배열을 보면, 1~5열과 16~20열은 2분할 소자 배열이 적용되었고, 6열부터 15열까지는 3분할 소자 배열이 적용되어 있다. 2분할 소자 배열은 한 쌍의 14소자 막대와 2:1의 전력 분배 합성기로 구성되어 있고 각 안테나 소자에서 균등한 송신 전력으로 방사된다. 3분할 배열은 2개의 12소자 막대, 1개의 14소자 막대, 그리고 3:1의 전력 분배 합성기로 구성되어 있고, 배열 중심에 있는 안테나 소자의 송신 전력량이 주변보다 높게 방사된다. 하부 안테나 배열도 상부 안테나 배열과 같은 패턴으로 구성된다. 3분할 소자 배열로 안테나의 중심 부근에서 송신 전력량을 주변보다 높이는 것이 테이퍼 방식이다.

배열 안테나에서 2분할 소자 배열과 같이 각 안테나 소자에 같은 송신 전력으로 방사하면 제1부방사부의 송신 전력이 주방사부보다 13 dB 정도 낮아진다. 그러나 3분할 소자 배열과 같이 테이퍼 방식을 적용하면 제1부방사부의 송신 전력이 주방사부보다 23 dB 정도까지 낮아진다. 다만, 테이퍼 방식으로 주방사부의 빔 폭이 넓어져 버리는 상충 효과가 있다. 윈드프로파일러의 바로 위 상공에는 강수 현상이 없지만 그 주변에 강수 현상이 있는 경우에 주방사부에는 청천 대기의 약한 에코가 수신되고 부방사부에는 강수로 인한 강한 에코가 수신되어 오류 관측 자료가 발생하는 경우가 있다. 이런 경우에 테이퍼 방식을 적용하면 부방사부의 송신 전력이 크게 줄어 강한 부방사부 에코로 발생하는 오류 관측 자료를 효과적으로 제거할 수 있다.

파랑 클러터는 지형 클러터와 비슷한 원리로 발생하며 대기 신호의 도플러 스펙트럼을 오염시키고 결국에는 오류 관측 자료를 만든다. 다만, 파랑 클러터는 일정한 시선속도를 가진다는 것이 지형 클러터와 다르다.

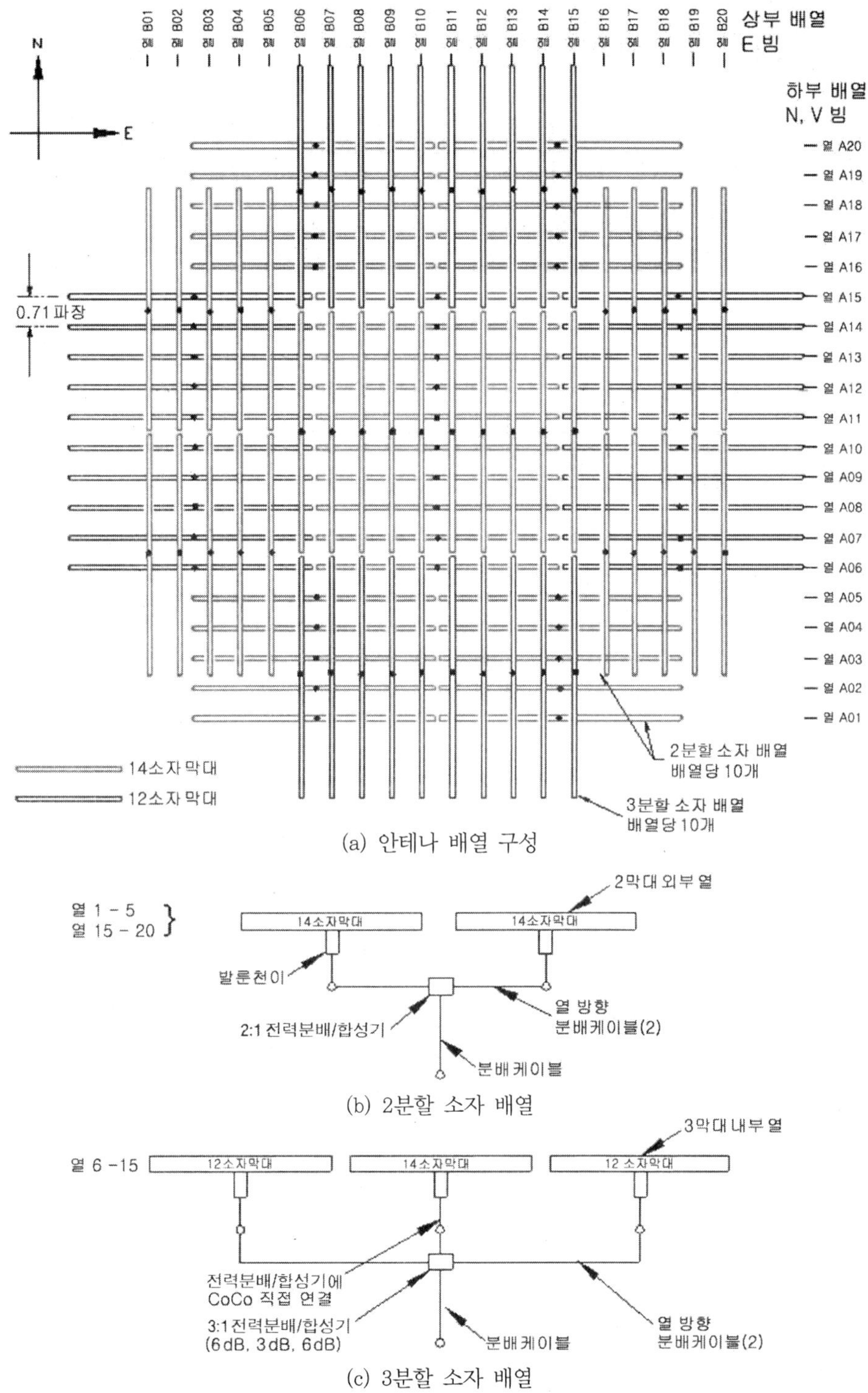

[그림 6.7] 미국 NOAA 404 MHz 윈드프로파일러의 안테나 배열 구성과 안테나 소자 배열

6.3 송수신 절환 스위치의 때맞춤 잡음

윈드프로파일러는 송수신 절환 스위치로 변조부나 수신부를 안테나와 절환하면서 전파를 방사하고 수신한다. 안테나에서 전파를 방사한 후에 안테나부가 수신부로 절환된다. 이 때 송신 전력이 약해지고 사라지면서 수 μs의 전기 잡음이 발생한다. 이 전기 잡음은 송수신 절환 스위치의 뒷단에 있는 고전력 리미터에 의해 차단된다. 그러나 송수신 절환 스위치의 때맞춤이 적절하지 않은 경우에 송신 전력이 충분히 차폐되지 않고 수신부로 섞여 들어가 대기 신호로 처리된다. 이렇게 만들어진 잡음이 송수신 절환 스위치의 때맞춤 잡음이다. 이 잡음으로 매우 짧은 시간 동안 수신 신호가 강해지고 아날로그-디지털 변환기가 포화되어 스펙트럼 폭이 5~7 ms^{-1}로 매우 큰 첨두가 나타난다.

송수신 절환 스위치의 때맞춤 잡음은 가장 낮은 고도의 관측 자료를 오류 관측 자료로 만든다. 특히, 이 특징은 송수신 절환 스위치의 회복 시간이 긴 VHF 윈드프로파일러에서 더욱 뚜렷하다. [그림 6.8]은 송수신 절환 스위치의 때맞춤 잡음으로 발생한 오류 관측 자료에 대한 사례이다. 07 UTC부터 10 UTC까지 약 3 km 고도에서 남서풍 15 kt의 바람이 관측되는데, 이것이 이 잡음으로 만들어진 것이다. 이러한 오류 관측 자료는 윈드프로파일러마다 특정한 풍향으로 나타나고 이때의 풍향이 경사빔이 가리키는 방위각이나 두 경사빔 사이에 해당하는 방위각으로 나타내는 것이 특징이다.

송수신 절환 스위치의 때맞춤 잡음은 때맞춤을 조정하여 방지할 수도 있고 여러 자료처리를 통해서 제거할 수도 있다. 자료처리를 통한 잡음 제거 기법은 적용하는 자료 수준에 따라 IQ채널 신호 자료 수준, 스펙트럼 자료 수준, 그리고 시선속도 자료 수준으로 구분할 수 있다. IQ채널 신호 자료 수준의 기법으로는 IQ채널 신호처리에서 사각형 필터에 저역 통과 필터를 부가하거나 블랙맨-해리스 필터를 적용하는 기법이 있다. 최근에는 웨이블릿 변환으로 오류 성분을 제거하고 IQ채널 신호를 재구성한 후에 고속 푸리에 변환으로 처리하는 알고리즘도 개발되었다. 스펙트럼 자료 수준의 기법으로는 IQ채널 신호를 고속 푸리에 변환시키고 비간섭 적분하기 직전까지 만든 도플러 스펙트럼에서 시간 변화가 큰 스펙트럼을 제거하여 비간섭 적분하는 기법이 있다. 이 기법은 원래 조류 에코를 처리하기 위하여 개발되었지만 지형 클러터, 전파 간섭 등으로 발생하는 오류 관측 자료를 처리하는데도 적용되고 있다. 시선속도 자료 수준의 기법으로는 내부 잡음의 영향을 받지 않는 높은 고도에 있는 관측 자료를 최하층에 있는 관측 자료와 비교하는 기법이다. 1분이나 1시간 동안 각 빔에서 얻은 시선속도에 대해 시간이나 고도 방향으로 정합성이 떨어지는 시선속도 자료를 제거하는 것이다.

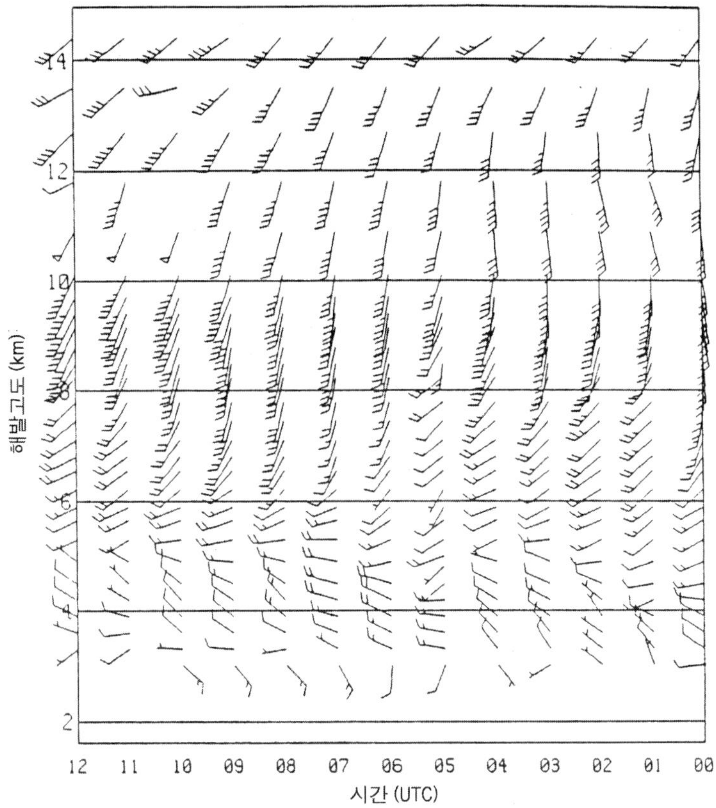

[그림 6.8] 미국 NOAA의 플레트빌 윈드프로파일러에서 송수신 절환 스위치의 때맞춤 잡음으로 발생한 오류 관측 자료 사례

6.4 전파 간섭

윈드프로파일러 시스템의 내·외부에서 송신 전파와 비슷한 주파수의 전파가 수신 신호에 섞여 들어와서 오류 관측 자료를 발생시킨다. 이러한 현상이 전파 간섭이다. 전파 간섭은 번개나 무선 전파 기기와 같은 외부 전파가 윈드프로파일러에 수신되는 외부 전파 간섭과 윈드프로파일러의 내부 기기에서 발생한 잡음이 수신되는 내부 전파 간섭으로 구분할 수 있다. 외부 전파 간섭인 경우에 낮은 고도보다는 중층 이상의 고도에서 대기의 연직 속도에 해당하는 시선속도를 가진 첨두 신호가 연속해서 나타난다. 이것은 낮은 고도에서는 윈드프로파일러의 송신 전파에 의한 수신 신호가 외부 전파원에 의한 수신 신호보다 강하여 첨두 신호로 나타나지 않지만, 고도가 높아질수록 윈드프로파일러의 송신 전파가 약해지고 외부 전파원에 의한 수신 신호가 비슷한 강도로 수신되어 첨두 신호로 나타나기 때문이다.

전기 현상인 번개가 치면 그 주변에는 VLF에서 VHF까지 넓은 대역의 전파를 발생한다. 이 전파가 윈드프로파일러에서 강한 첨두 신호로 수신되어 오류 관측 자료를 발생시킨다. [그림 6.9]는 VHF 윈드프로파일러에서 관측된 연직빔의 도플러 스펙트럼이다. 왼쪽의 도플러 스펙트럼에서는 첨두가 위아래로 일관성 있게 나타나지만, 오른쪽의 도플러 스펙트럼에서는 첨두가 아주 폭넓게 분포하고 위아래에서도 일관성이 보이지 않는다. 오른쪽의 도플러 스펙트럼이 번개에서 발생한 전파의 영향으로 나타나는 오류 관측 자료이다.

윈드프로파일러의 전원 필터가 충분히 조정되지 않아서 교류 전원의 잡음이 송신 IF신호나 수신 IF신호에 섞이면서 공급 전원의 주파수에 해당하는 주파수가 도플러 스펙트럼에 첨두 신호로 나타나기도 한다. 이것이 전원 잡음이다. 전원 잡음이 송신 IF신호와 섞이면 전원 잡음에 의한 첨두 신호가 하층에서 중층까지의 고도에서 나타나고, 전원 잡음이 수신 IF신호와 섞이면 전원 잡음에 의한 첨두 신호가 모든 고도에서 나타난다. [그림 6.10]은 독일 린덴베르그의 482 MHz 윈드프로파일러에서 관측된 전파 간섭에 대한 사례이다. 약 5 km 이상의 고도에서 시선속도 16 ms^{-1}(50 Hz) 부근에 첨두 신호가 발생하였다. 교류 전원의 전파 간섭은 전원 필터를 충분히 조정하여 걸러낼 수 있다. 최근에는 수신 과정을 디지털화하여 내부 전파 간섭에 영향 받지 않도록 하고 있다.

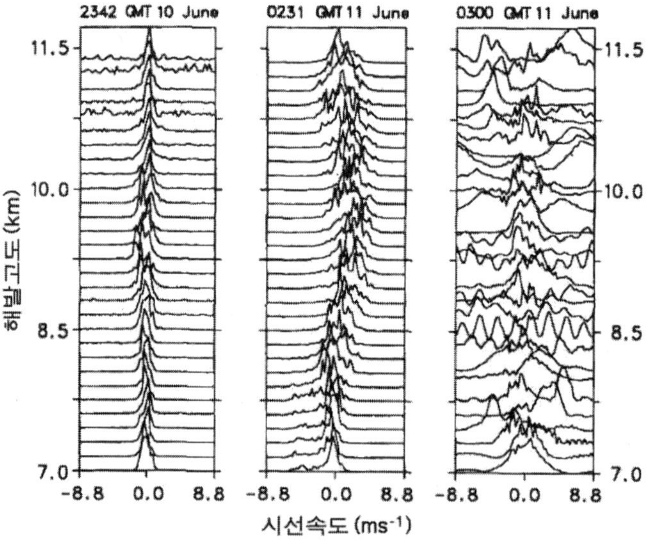

[그림 6.9] VHF 윈드프로파일러에서 번개의 전파 간섭으로 잘못 관측된 도플러 스펙트럼

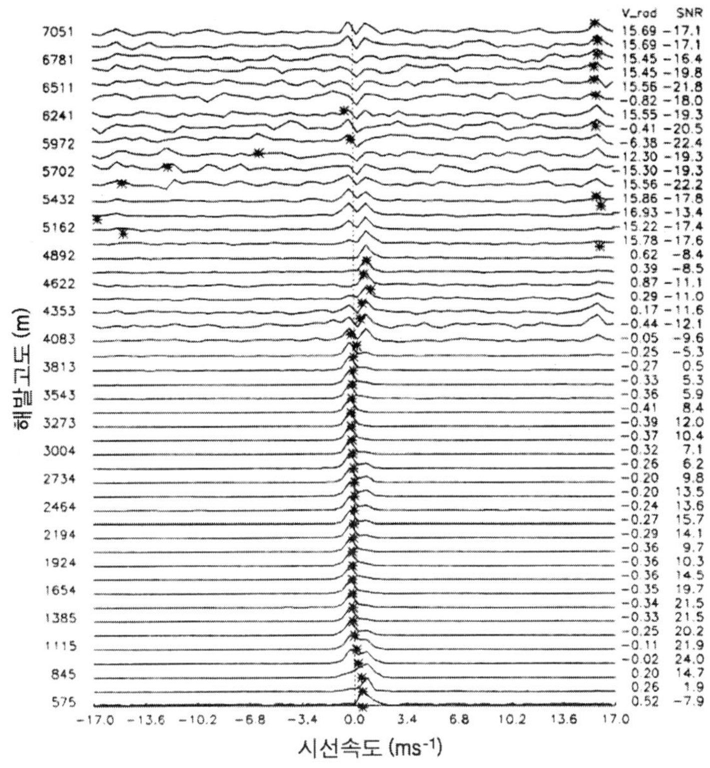

[그림 6.10] 독일 린덴베르그에 위치한 482 MHz 윈드프로파일러의 연직빔에서 관측된 도플러 스펙트럼

6.5 펄스 압축 기술 결합

윈드프로파일러는 시스템의 변경 없이 고도 분해능을 높이기 위해 긴 펄스를 여러 방법으로 변조시켜 송신하고 다시 복조하여 짧은 펄스 간격의 신호로 수신하는 펄스 압축 기술을 사용한다. 이러한 펄스 압축에서 안테나 이득이 일정하지 않은 고도에서 얻은 부호열의 부엽편에 잡음이 발생한다. 이 잡음으로 오류 관측 자료가 발생한다. [그림 6.11]은 부호열의 부엽편 오류를 보여주는 관측 사례이다. 02 UTC와 03 UTC 사이의 1번째 고도와 04 UTC와 06 UTC 사이의 6번째 고도에 있는 바람 자료가 오류 관측 자료이다. 이 관측 사례의 윈드프로파일러는 8비트 코드로 운영되고 있었다.

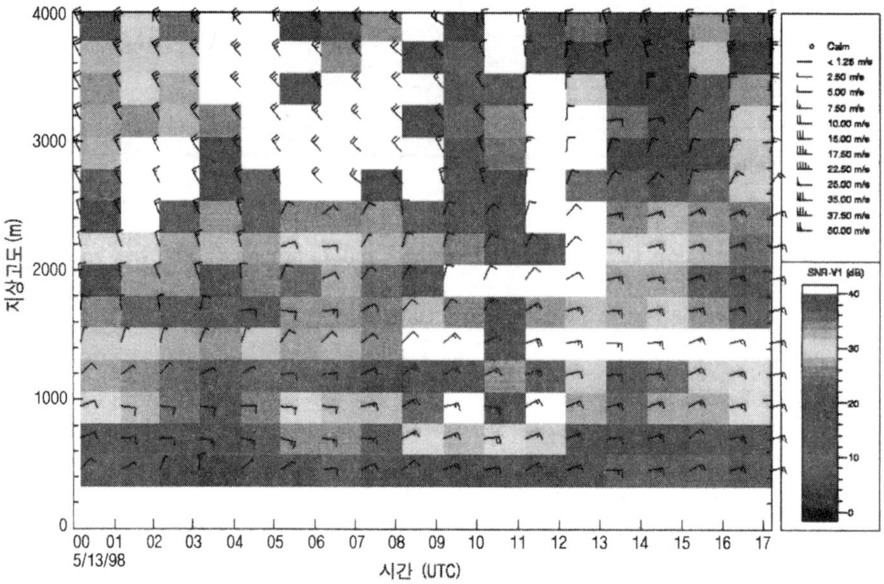

[그림 6.11] 독일 린덴베르그에 위치한 482 MHz 윈드프로파일러로 관측된 바람 자료

6.6 대표성이 낮은 첨두 신호의 추출

수신 전력이 매우 낮아 신호대잡음비가 매우 작으면 도플러 스펙트럼에서 첨두 신호가 명확하지 않는다. 이런 상태에서 하나의 첨두를 선택하고 시선속도 값을 추출하여 바람 자료를 산출하면 대표성이 크게 떨어진다. [그림 6.12]는 독일 인스부르크에 위치한 윈드프로파일러에서 운영 초기에 얻은 바람 자료이다. 가장 낮은 관측 고도인 약 700 m 고도에서 남서풍 45 kt의 바람이 나타난다. 이것은 대기 신호가 매우 약하여 잘못된 첨두를 신호로 추출하여 발생한 오류 관측 자료이다. 04 UTC와 05 UTC 사이에 상공에서 나타나는 이상한 바람 자료도 적절하지 않은 첨두를 신호로 추출하여 발생한 것이다. 이러한 오류를 피하기 위해서는 신호대잡음비가 일정한 값보다 큰 도플러 스펙트럼에서 얻은 시선속도만으로 바람을 산출해야 한다.

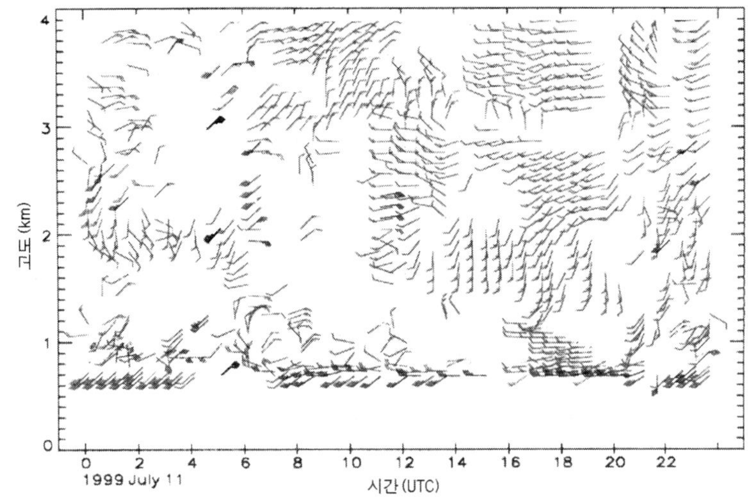

[그림 6.12] 독일 인스부르크에 위치한 윈드프로파일러로 관측된 바람 자료

6.7 대기 운동의 시공간 비균질성

윈드프로파일러는 대기 운동이 공간적으로 균질하고 표본 수집 시간 동안 변하지 않는다는 가정을 두고 3 혹은 5개의 빔으로 시선속도를 측정하여 바람 자료를 산출한다. 그러나 엄밀히 보면, 각 빔은 서로 다른 방향을 향하고 있고 서로 다른 산란체의 시선속도를 3~5분 동안 측정한다. 경사빔의 천정각이 15°인 윈드프로파일러의 경우에 어떤 고도(H)에서 경사빔과 연직빔의 수평 거리는 약 0.27 H이고 경사빔 사이의 수평 거리는 약 0.40 H이다. 예를 들어, 2 km 고도에서 경사빔과 연직빔은 수평으로 540 m 거리를, 경사빔 간에는 수평으로 800 m 거리를 가진다. 각 빔의 측정 시간이 30초에서 1분이고 빔이 5개이면 1번째 빔과 마지막 빔은 2분 30초에서 5분의 시간차를 가진다. 따라서 수 100 m와 수분 정도에서 시공간 균질성이 깨질 수 있는 경우가 많다. 대기 운동의 시공간 균질성을 깰 수 있는 기상 현상으로는 정체성 산악파나 중력파, 연직 운동이 강한 대류 현상, 연직이나 수평 방향에서 균질하지 않은 강수 현상 등이 있다.

큰 산맥의 풍하측이나 적란운 근처에서 자주 발생하는 정체성 산악파나 중력파가 있는 경우에 각 빔에서 연직 속도는 서로 다르게 관측된다. 특히, [그림 6.14]와 같이 산악파나 중력파의 파장이 연직빔과 경사빔 간 거리의 2배일 경우에 연직빔에서는 상승 연직 속도가, 동쪽 경사빔에서는 하강 연직 속도가 관측된다. 이렇게 얻은 연직 속도로 수평 바람을 산출하면 대표성이 크게 떨어진다. 특히, 연직 속도가 수 ms^{-1} 정도일 때 수평 바람의 오차가 아주 크게 발생한다.

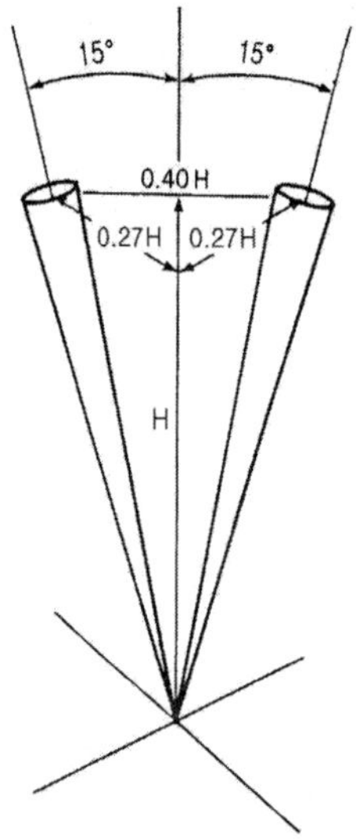

[그림 6.13] 경사빔의 천정각이 15°인 윈드프로파일러에서 연직빔과 경사빔 간의 수평 거리. 여기서 H는 고도를 의미한다.

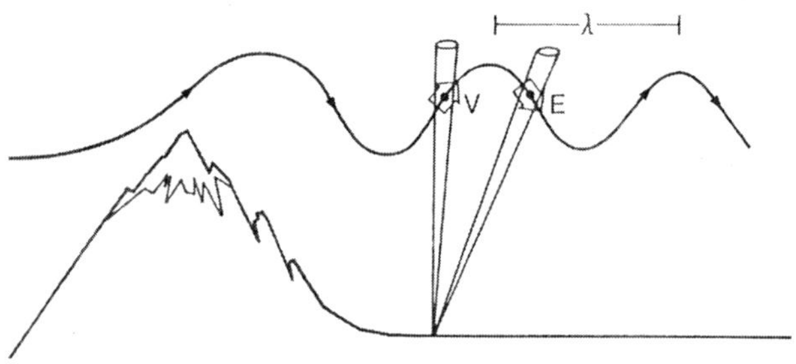

[그림 6.14] 산악파로 발생하는 연직빔과 경사빔에서 관측되는 연직 속도의 차이. 여기서 V는 연직빔을, E는 동쪽 경사빔을 의미한다.

어떤 고도에 있는 전파 빔에서 강수 영역과 비강수 영역이 동시에 존재할 수 있다. [그림 6.15(a)]와 같이 수평 바람은 균일하지만 어떤 빔은 강수 영역에, 다른 빔은 비강수 영역에 위치하는 경우이다. 이런 경우에 강수 영역의 빔은 빗방울의 낙하 속도를, 비강수 영역의 빔은 대기의 연직 속도를 연직 속도로 측정한다. 그리고 각 빔에서 측정하는 연직 속도가 서로 다르기 때문에 이 연직 속도로 산출하는 수평 바람은 오류 관측 자료가 된다. [그림 6.15(b)]의 경우와 같이 모든 빔이 강수 영역에서 위치한 경우라도 구름 속에서 빗방울의 낙하 속도가 빔마다 다르면 오류 관측 자료가 발생할 수 있다. 다만, 층상형 강수와 같이 어떤 고도에서 빗방울의 낙하 속도가 일정한 경우에는 정상적인 수평 바람으로 관측된다.

[그림 6.16]은 강수가 있는 상황에서 어떤 고도에 있는 전파 빔에서 강수 영역과 비강수 영역이 동시에 존재하여 발생한 오류 관측 자료에 대한 사례이다. 13 UTC와 17 UTC 사이 약 4 km 이하의 고도에서 나타나는 북동풍이 오류 관측 자료이다.

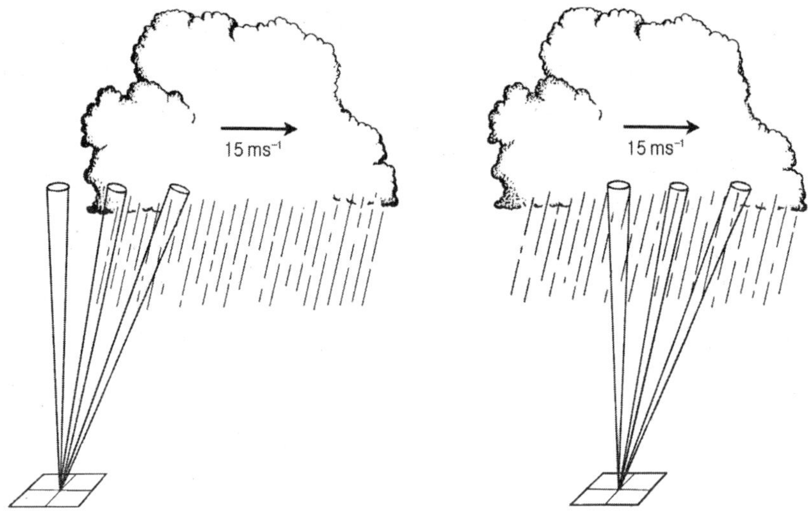

(a) 강수 영역의 빔과 비강수 영역의 빔이 동시에 존재하는 경우 (b) 모든 빔이 강수 영역을 관측하는 경우

[그림 6.15] 어떤 고도의 빔에서 강수 영역과 비강수 영역이 동시에 존재하여 오류 관측 자료가 발생하는 개념

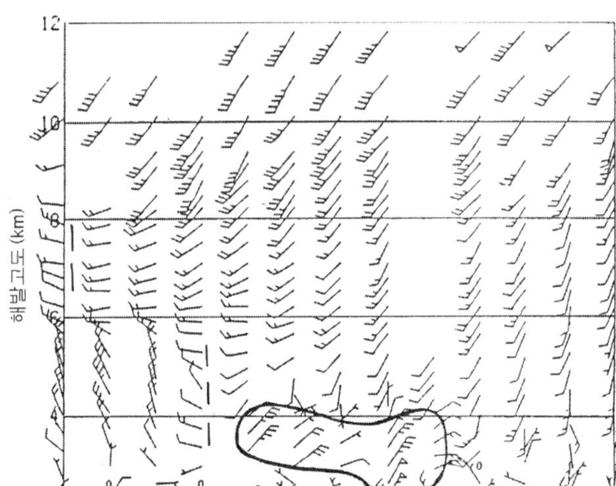

[그림 6.16] 어떤 고도의 빔에서 강수 영역과 비강수 영역이 동시에 존재하여 발생한 오류 관측 자료 사례

공간적으로 균질하게 비가 내려도 시간에 따라 강수 강도가 빠르게 변하는 경우가 있다. 미국 NOAA 윈드프로파일러 관측망의 404 MHz 윈드프로파일러 경우에 청천대기에서 바람 관측의 정확도가 1 ms^{-1}로 높지만 강수 강도가 변할 때 그 정확도는 크게 떨어진다. 강수 강도에 따라 바람 관측의 정확도가 낮아지는 문제점을 해결하기 위하여 4가지

방법이 개발되었다. 그 하나로 5개 빔에서 관측된 시선속도를 같은 시간의 관측 자료가 되도록 관측 시간을 보간 처리하는 방법이 있다. 이 방법으로 바람 관측의 정확도를 4 ms^{-1} 이내로 높일 수 있었다. 다른 방법으로 약 1초마다 빔 방향을 바꾸어서 각 빔의 관측 시간을 거의 같게 만드는 방법이 있다. 그러나 강수가 공간적으로 균질하지 않은 경우에는 이 방법도 바람 관측의 정확도가 떨어진다. 또 다른 방법으로 5개 빔으로 강수 강도를 관측하여 강수의 시공간 비균질성을 판단하고 균질하지 않은 경우에 품질꼬리표를 매기는 방법이다. 최근에는 강수 상황에서 관측된 스펙트럼의 비대칭도를 이용하여 산출된 수평 바람의 품질을 평가하는 방법이 개발되었다. 이 방법은 빗방울의 낙하 속도가 빗방울 크기가 커지면서 증가하다가 빗방울 크기가 더욱 커지고 포화되면서 도플러 스펙트럼에서 스펙트럼밀도 곡선이 오른쪽 끝으로 확장되고 그 대칭성을 잃어버리는 특성을 이용한 것이다.

강수가 있는 상황에서는 브래그 산란과 레일리 산란이 비슷한 강도를 발생하기 때문에 도플러 스펙트럼에 대기 신호로 인한 첨두와 강수 신호로 인한 첨두가 동시에 나타난다. 이러한 도플러 스펙트럼에 단 하나의 첨두만을 선택하는 단일 첨두 알고리즘을 적용하여 시선속도를 얻으면 두 첨두 사이의 시선속도를 대기 신호로 추정하여 오류 관측 자료가 발생한다. [그림 6.18]은 대류성 강수가 있는 상황에서 482 MHz 윈드프로파일러로 관측된 두 경사빔의 고도별 도플러 스펙트럼이다. 남쪽 경사빔의 고도별 도플러 스펙트럼을 보면, 강수층이 있는 2.5~3.1 km 고도와 3.9 km 이상의 고도에서는 약 3~8 ms^{-1}의 시선속도를 가진 첨두를 대기 신호로 추정하였고, 강수가 없는 2 km 이하의 고도에서는 0 ms^{-1} 부근의 시선속도를 가진 첨두를 대기 신호로 추정하였다. 그러나 1,789 m와 3,738 m 고도에서는 대기 신호 첨두와 강수 신호 첨두 사이에 있는 시선속도를 대기 신호로 잘못 추정하였다. 이렇게 잘못 추정된 시선속도로 바람 자료를 산출하면 오류 관측 자료가 발생한다. 그리고 1,939 m와 2,839 m 고도 사이와 4,038 m 고도 이상에서 추정된 시선속도는 강수 신호 첨두에서 추정된 것으로 강수 입자의 낙하 속도에 해당한다. 이 시선속도로 산출된 바람 자료는 잘못된 것이다. 동쪽 경사빔의 고도별 도플러 스펙트럼에서도 남쪽 경사빔의 고도별 도플러 스펙트럼과 비슷한 패턴의 오류가 보인다. 이와 같은 오류를 방지하기 위하여 하나의 도플러 스펙트럼에서 최소 2개 이상의 첨두를 추정하는 다중 첨두 알고리즘이 널리 사용되고 있다.

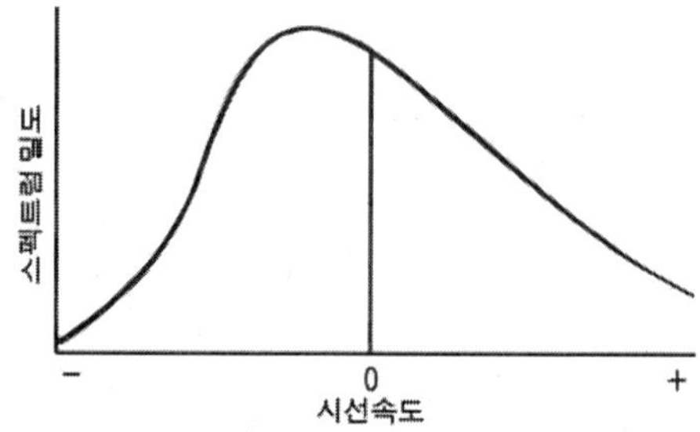

[그림 6.17] 큰 빗방울에 의한 도플러 스펙트럼의 비대칭성 변화

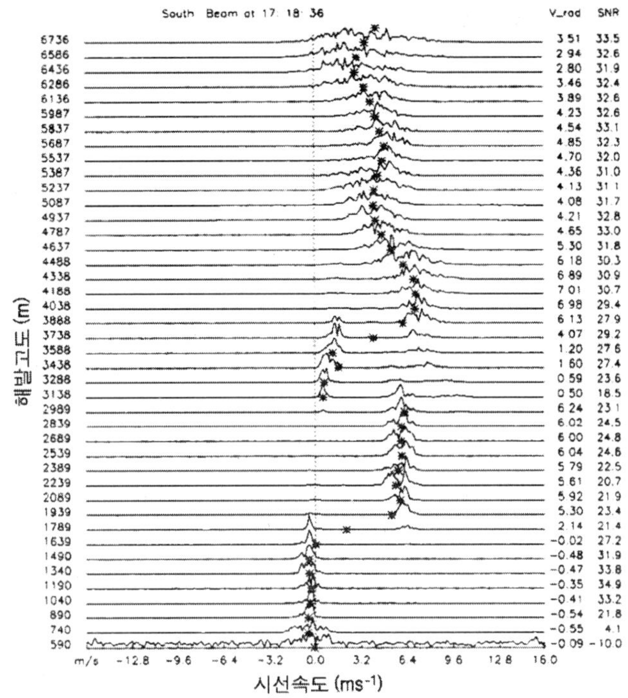

(a) 남쪽 경사빔

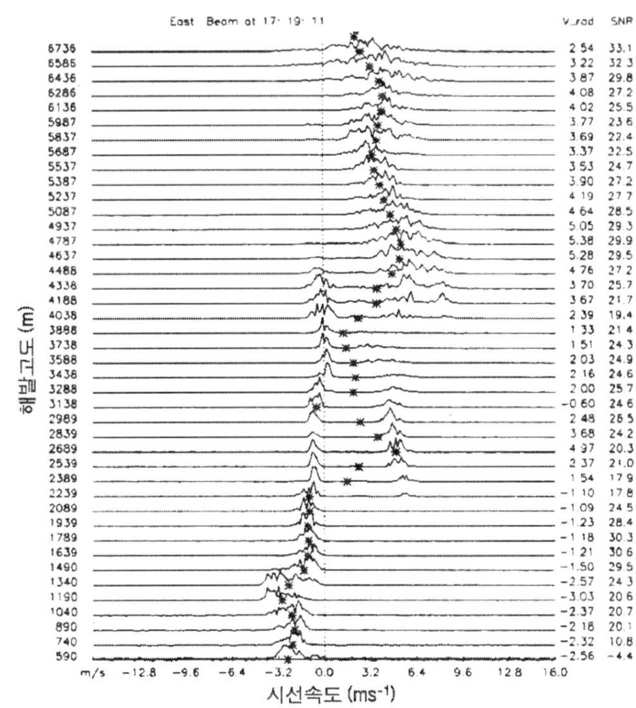

*: 단일첨두 알고리즘으로 결정한 첨두 신호

(b) 동쪽 경사빔

[그림 6.18] 독일 린덴베르그에 위치한 482 MHz 윈드프로파일러에서 강수가 있을 때 관측한 고도별 도플러 스펙트럼

6.8 새나 항공기의 산란체에 의한 오염

윈드프로파일러는 청천대기의 매우 약한 산란 신호를 수십 초에서 1분 정도 적분하여 대기 신호를 검출한다. 이동하는 새나 항공기에 의해서도 산란 신호가 수신된다. 이 신호는 몇 초에서 1분 정도로 아주 짧게 지속되지만 대기 신호에 비해 수신 전력이 매우 커서 도플러 스펙트럼에서 예리한 첨두로 나타난다. 그리고 이 첨두가 대기 신호로 잘못 추정되고 매우 큰 값의 시선속도를 가진 오류 관측 자료로 나타난다.

이동하는 새에 의한 산란 신호는 비교적 낮은 송신 주파수로 운영되는 50 MHz 윈드프로파일러에서는 큰 문제가 되지 않았다. 그러나 높은 송신 주파수로 운영되는 400 MHz 나 1 GHz의 윈드프로파일러에서는 심각한 문제로 대두되고 있다. 특히, 철새는 윈드프로파일러의 상공을 오랜 시간 동안 계속 날아가면서 심각한 오류 관측 자료를 발생시킨다. 미국 NOAA 윈드프로파일러 관측망의 경우에는 고도 3 km에서 1 km^3 당 22마리의 새만 존재하여도 도플러 스펙트럼에서 잡음으로 나타나는 것이 밝혀졌다. 윈드프로파일러는 큰 철새보다 오히려 흩어져 오랜 시간 동안 날아가는 작은 철새에게 영향을 많이 받는다. 이동하는 새로 발생한 오류 관측 자료는 이동하는 시간대에 새가 주위 공기에 상대적으로 이동하는 속도만큼 큰 값으로 나타난다.

철새는 보통 일출 후 2~3시간 동안이나 일몰 후 30분부터 2~3시간 동안 약 2~4 km 이하의 고도에서 뒷바람이 불거나 맞바람이 가장 작은 고도로 날아다닌다. 기온이 −2℃ 이하인 고도에서는 날지 않는다. 새가 날아가는 속도는 8~15 ms^{-1} 정도이다. 철새 이동은 봄과 가을에 하층바람의 풍향이 날아가기 좋은 방향이고 밤일 때 최대를 이룬다. 봄 철새의 경우에 밤에 남풍의 하층 제트류를 이용하여 낮은 고도로 북쪽을 향해 날아간다. 가을 철새의 경우에 두껍고 따뜻한 혼합층 내에서 상대적으로 높은 고도로 남쪽을 향해 날아간다.

[그림 6.19(a)]는 영국 봄철에 이동하는 철새에 의해 오염된 수평 바람 자료이다. 낮 동안 약 1.5 km 고도에서 풍속은 15 ms^{-1} 정도를 보이다가 일몰 이후에 오렌지색과 붉은색으로 표시된 25 ms^{-1} 이상의 바람이 나타난다. 일몰 후 같은 시간대의 신호대잡음비와 연직 풍속 자료인 [그림 6.19(b)(c)]를 보면, 18 UTC와 24 UTC 사이에서 신호대잡음비가 강하게 증가하지만 강한 신호대잡음비를 발생시킬만한 강한 상승 운동이 관측되지 않는다. 이런 점을 고려하면, [그림 6.19(a)]에서 일몰 후에 나타나는 25 ms^{-1} 이상의 바람은 새의 이동속도가 시선속도로 관측된 것이다. 이때 새는 주위 공기에 대해 10~15 ms^{-1}의 상대속도로 이동한 것으로 판단할 수 있다. [그림 6.20]은 항공기가 윈드프로파일러의 상공을 비행하여 지나갈 때 관측된 도플러 스펙트럼이다. 1415 LST의 도플러 스펙트럼은 시선속도의 폭도 좁고 첨두가 위아래로 연속성을 보인다. 그러나 1416 LST와 1417 LST의 2분 동안에 도플러 스펙트럼은 크게 흐트러지고 첨두가 아래층과 연속성이 크게 떨어진다.

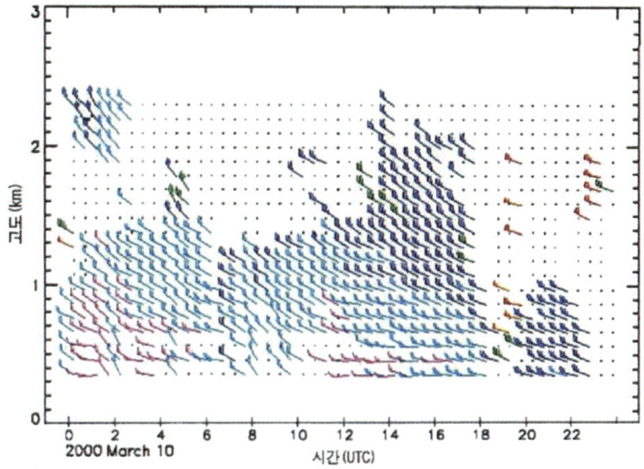

(a) 수평 바람

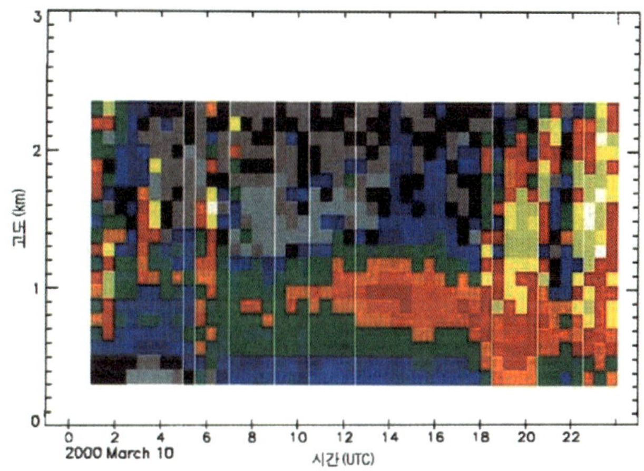

(b) 연직 풍속

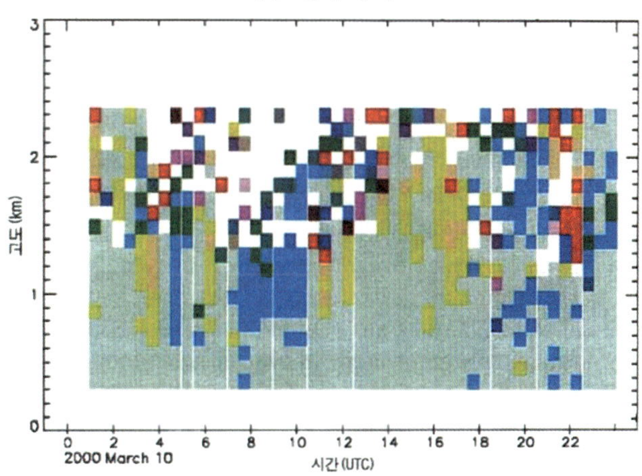

(c) 신호대잡음비

[그림 6.19] 철새가 이동할 때 영국 던키스웰 윈드프로파일러에서 얻은 관측 자료

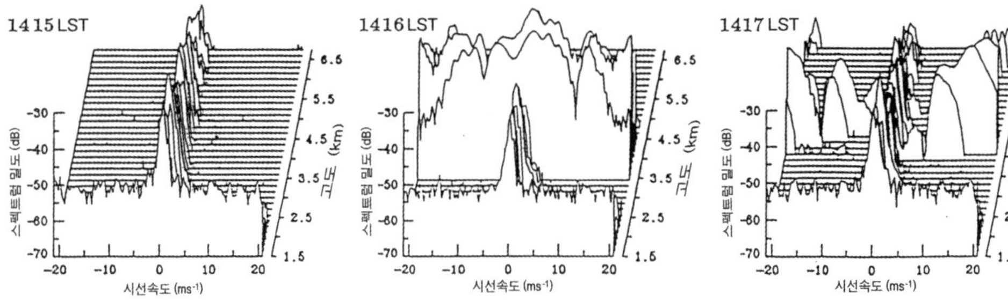

[그림 6.20] 정상적인 도플러 스펙트럼(1415 LST)과 이동하는 항공기로 오염된 도플러 스펙트럼(1416 LST, 1417 LST)의 비교

이것은 송신 전파가 항공기에 의해 강하게 산란되면서 도플러 스펙트럼에서 많은 첨두로 나타난다.

이동하는 새나 항공기로 생긴 관측 자료는 시공간적으로 연속적이지 못하여 주위 고도나 가까운 시간의 관측 자료와 시공간 연속성을 조사하면 쉽게 구별해낼 수 있다. 시공간 연속성으로 오류 관측 자료를 추출하는 방법에는 중앙값 검사, 연직 바람시어 검사, 정합 평균법 검사, 최적 보간법 검사 등이 있다. 또한 연속성과 패턴인식에 기초하여 만든 연속법과 잡음 수준 결정 알고리즘을 응용한 통계 평균법도 있다. 이들 방법은 제7장에 자세히 설명한다.

최근에는 도플러 스펙트럼에 새 잡음이 섞여 있어도 육안으로 대기 신호를 구별한다는 점을 응용하여 수학분석, 퍼지이론, 영상처리기술 등을 적용한 기법이 개발되고 있다. 그러나 새나 항공기에 의해 전파가 강하게 산란되면 이 잡음으로 스펙트럼 첨두가 모두 가려져 대기 신호를 추출할 수 없다. 이 경우에는 어떠한 알고리즘을 적용하여도 도플러 스펙트럼에서 대기 신호를 추출할 수 없다. 이것이 모멘트 자료를 대상으로 개발한 알고리즘의 한계이다. 이 한계를 극복하기 위하여 최근에는 고속 푸리에 변환을 처리하기 전인 IQ채널 신호 자료 수준의 품질관리기법이 개발되었다. IQ채널 신호의 시간 영역에서 저역 통과 필터나 최적 가중 필터를 적용한 방법이 개발되고 있으며, 최근에는 웨이블릿 변환을 이용하여 새나 항공기로 생긴 신호를 제거하고 대기 신호만을 추출하는 웨이블릿 변환법도 시도되고 있다.

6.9 고도 접힘

산란체가 윈드프로파일러의 유효 관측 고도보다 낮게 있는 경우에 본래 송신 펄스의 수신 시간에 신호가 수신된다. 그러나 그보다 높게 있는 경우에는 본래 송신 펄스의 수신 시간에 도달하지 못하고 다음 송신 펄스의 수신 시간에 뒤늦게 수신된다. 이때 산란체의 고도는 실제 고도에서 펄스 반복 시간에 상응하는 전파거리를 뺀 고도로 검출된다. 이와 같이 윈드프로파일러의 유효 관측 고도보다 높게 있는 산란체의 고도가 실제 고도보다 아주 낮은 고도로 검출되는 것이 고도 접힘이다.

5~10 cm의 파장과 200~300 km의 관측 반경으로 운영되는 기상 레이더에 비하면, 윈드프로파일러는 20~600 cm의 파장과 20~30 km의 관측 고도로 긴 파장과 아주 짧은 전파거리로 운영된다. 윈드프로파일러의 펄스 반복 시간은 약 150 μs로 유효 관측 고도가 22.5 km인 경우에 상부 성층권보다 높은 고도에서 산란하여오는 신호가 고도 접힘이 발생하여 하부 대류권에서 산란하여오는 신호와 동시에 수신된다. 그러나 상부 성층권에서 산란되어오는 신호의 강도는 대류권과 하부 성층권에서 산란하여오는 신호의 강도보다 훨씬 약하여 도플러 스펙트럼에서 첨두로 나타나지 않는다. 따라서 윈드프로파일러에서 고도 접힘은 중요한 문제로 대두되지는 않는다. 다만, 두 가지 경우에 고도 접힘이 발생한다. 하나는 약 80~100 km 고도의 운석이나 이온권 플라즈마에 의해 강한 산란이 있는 경우이다. 다른 하나는 고도 분해능을 높이기 위해 펄스 반복 시간을 아주 짧게 설정하여 유효 관측 고도보다 높은 고도에 있는 강수 현상에 의해 강한 산란이 있는 경우이다.

수신 신호의 고도 접힘은 위상으로 암호화한 펄스를 이용하여 식별할 수 있다. 펄스를 방사할 때마다 서로 다른 위상의 펄스를 방사하면 고도 접힘이 없는 수신 신호와 고도 접힘의 수신 신호 사이에 위상이 달라져 고도 접힘을 식별한다. 이렇게 식별된 고도 접힘의 수신 신호는 특별한 잡음으로 나타나도록 조정하거나 도플러 스펙트럼의 한쪽 부분으로 치우치게 하여 제거한다.

6.10 속도 접힘

윈드프로파일러의 연직빔과 경사빔에서 시선속도는 [그림 6.21(a)]와 같이 수평 풍속의 사인(sine) 성분에 해당한다. 천정각이 θ인 경사빔에서 시선속도가 V_r일 때 시선속도 접힘 없이 측정할 수 있는 수평 풍속 V_H는 $V_H = V_r / \sin\theta$이다. 천정각이 7~15° 정도인 경사빔에서 시선속도가 15~25 ms^{-1} 정도일 때 속도 접힘 없이 측정할 수 있는 수평 풍속은 58~205 ms^{-1}이고 연직 풍속은 수 ms^{-1}이다. 이 정도의 수평 풍속값과 연직 풍속값이면 일반적인 기상 환경에서 속도 접힘이 발생할 확률은 매우 작다. 그러나 드물게 강한 강수가 있는 경우에 시선속도와 강수 입자의 낙하 속도가 더해져서 속도 접힘이 발생하기도 한다. 예를 들어, [그림 6.21(b)]와 같이 수평 풍속이 80 ms^{-1}인 강풍이 불고 낙하 속도가 20 ms^{-1}인 비나 우박이 내릴 경우에 천정각이 15°인 경사빔에서 시선속도는 각각 $80 \times \sin 15 = 20.7\ ms^{-1}$과 $20 \times \cos 15 = 19.3\ ms^{-1}$의 합인 40 ms^{-1}로 나타나고 결국에는 속도 접힘이 일어난다. 경사빔의 천정각이 클수록 측정할 수 있는 수평 풍속이 작아져서 속도 접힘은 더욱 쉽게 발생한다.

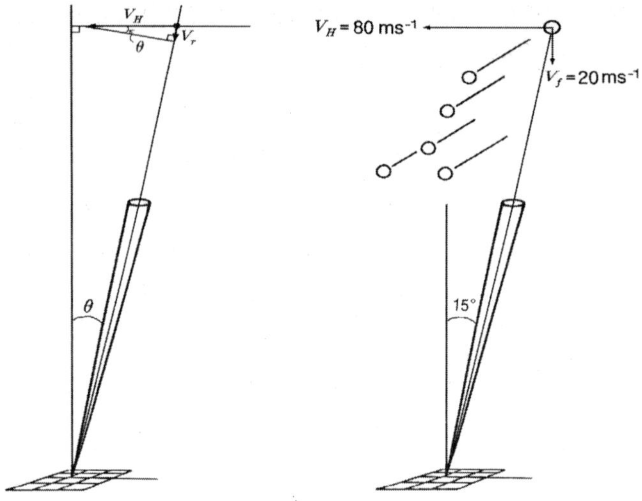

(a) $V_H = \dfrac{V_r}{\sin\theta}$　　(b) $V_H = 80\,\mathrm{ms}^{-1}$, $V_f = 20\,\mathrm{ms}^{-1}$, $\theta = 15°$, $v_r = 205\,\mathrm{ms}^{-1}$

[그림 6.21] 윈드프로파일러의 경사빔에서 시선속도와 수평 풍속의 관계. 여기서 V_H는 수평 속도, V_r는 시선속도, v_f는 낙하 속도, θ는 천정각을 의미한다.

속도 접힘이 발생하면 수평 풍속을 산출하기 전에 속도 접힘을 펴야 한다. 보통 낮은 고도에서는 풍속이 약하여 속도 접힘이 자주 나타나지 않는다. 그러나 높은 고도로 올라가면 속도 접힘이 시작하는 고도에서 시선속도의 불연속이 나타난다. 이 불연속을 고려하면 속도 접힘을 펼 수가 있다. 관측하는 풍속의 시선 성분이 유효 시선속도를 초과하면 시선속도의 부호가 갑자기 바뀌고 그 크기가 감소하는 시선속도 접힘이 발생한다. 속도 접힘이 발생할 때의 참 시선속도는 다음과 같이 나타낸다.

$$V_t = V_m + 2n\,V_N \tag{6.1}$$

여기서 V_t, V_m, V_N은 각각 속도 접힘을 반영한 참 시선속도, 윈드프로파일러에서 얻은 측정 시선속도, 그리고 유효 시선속도이다. 정수 n은 유효 시선속도의 접힘 횟수로서 다음 식으로 결정된다.

$$\hat{n} = \frac{(V_{median} - V_m)}{2\,V_N} \tag{6.2}$$

여기서 V_{median}은 측정 고도를 기준으로 아래에 있는 여러 개의 관측 고도에서 얻은 측정 시선속도의 중앙값이다. 위 식에서 $\hat{n} > 0.5$이면 $n=1$이고, $\hat{n} \le 0.5$이면 $n=-1$, 그 외에는 $n=0$이다. 이것은 아래에 있는 여러 개의 관측 고도에서 측정된 시선속도의 중앙값 V_{median}을 V_m, $V_m + 2V_a$, $V_m - 2V_N$의 3개 값과 비교하여 측정 시선속도가 중앙값에 근접하면 측정 시선속도가 참 시선속도가 되고, 두 유효 시선속도가 중앙값에 근접하면 측정 시선속도에서 2배의 유효 시선속도를 더하거나 빼는 원리이다. 예를 들어, 유효 시선속도가 20 ms^{-1}이고 참 시선속도가 25 ms^{-1}인 경우에 측정 시선속도는 25−2×20 m^{-1} = −15 m^{-1}이 된다. 윈드프로파일러의 유효 시선속도는 15~25 ms^{-1}일 때 경사빔에서 속도 접힘 없이 측정할 수 있는 수평 풍속이 58~205 ms^{-1}이기 때문에 속도 접힘은 1회 이상 나타나지 않는다.

[그림 6.22]는 속도 접힘으로 발생한 오류 관측 자료를 보여주는 사례이다. 21 UTC에서 다음날 07 UTC까지 7~11 km 고도에서 붉은색으로 표시된 60 ms^{-1} 이상의 바람이 불고 있다. 그러나 23 UTC와 다음날 03 UTC 사이 8~11 km에서 갑자기 푸른색의 5 ms^{-1}의 약한 바람이 나타난다. 이것이 속도 접힘으로 아주 작게 관측된 바람이다.

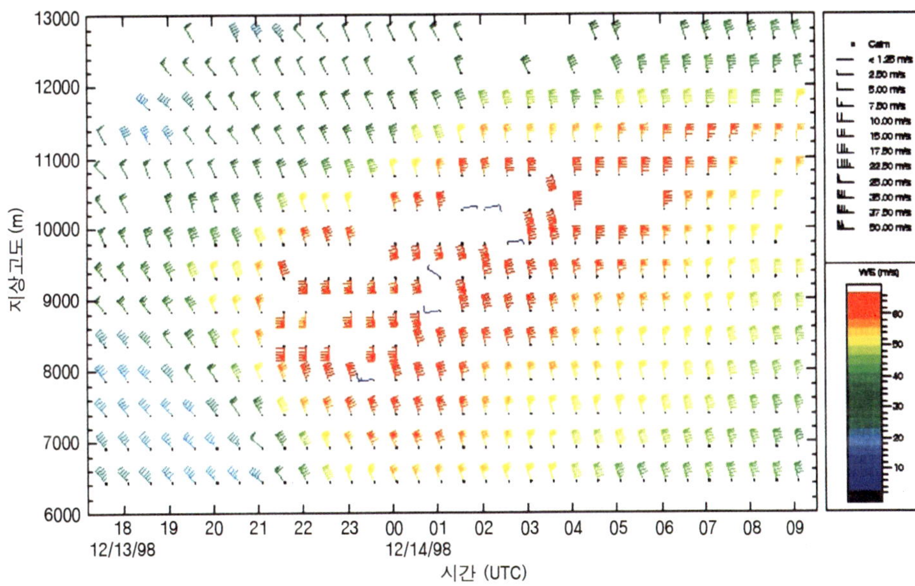

[그림 6.22] 윈드프로파일러에서 속도 접힘으로 발생한 오류 바람 관측 자료

[그림 6.23(a)]는 속도 접힘으로 바람이 비정상적으로 관측된 사례이다. 지면에서 약 6.5 km까지는 북서풍이 불지만 그 이상의 고도에서는 100 kt 이상의 동풍이 관측된다. 이 자료가 속도 접힘으로 잘못된 관측 자료이다. 속도 접힘은 위의 식 (6.1)과 (6.2)를 사용하여 펼 수 있으며, [그림 6.23(b)]가 속도 접힘을 편 결과이다. 속도 접힘을 펴기 전에 약 6.5 km 이상에서 나타나던 100 kt 이상의 동풍이 북서풍으로 바뀌었다.

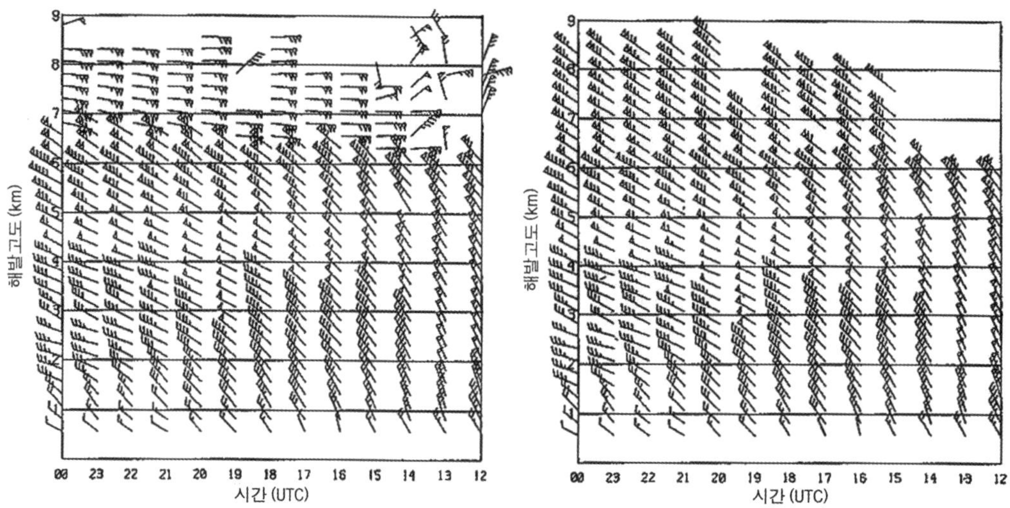

(a) 속도 접힘을 포함한 수평 바람 (b) 속도 펼침을 거친 수평 바람

[그림 6.23] 속도 접힘을 포함한 수평 바람과 속도 펼침을 거친 수평 바람의 시간 고도 분포

Chapter 07 대기 신호 추출 품질관리 기법

윈드프로파일러의 도플러 스펙트럼에는 대기나 강수산란 이외의 다양한 잡음으로 여러 개의 첨두가 동시에 존재한다. 이들 첨두 중에서 원하는 대기 신호만을 추출하기 위한 품질관리가 필요하다. 이러한 품질관리를 위한 기법은 적용하는 자료에 따라 모멘트 자료 기반, 스펙트럼 자료 기반 그리고 IQ채널 신호 자료 기반으로 개발되어 왔다. 모멘트 자료 기반의 품질관리기법에는 수신 전력 검사, 스펙트럼 폭 검사, 연직 바람시어 검사, 중앙값 검사, 이차 곡면 검사, 최적 보간법 검사, 정합 평균법 검사 그리고 연속법 검사가 있다. 스펙트럼 자료 기반의 품질관리기법에는 통계 평균법과 다중 첨두법이 있고, IQ채널 신호 자료 기반의 품질관리기법에는 웨이블릿 변환법이 있다.

7.1 수신 전력 검사

항공기, 전파 간섭, 지형 클러터, 파랑 클러터 등으로 발생한 강한 수신 전력 자료를 식별하고 제거하기 위한 검사이다. 어떤 수신 전력이 미리 정해놓은 임계값보다 클 경우에 오류 관측 자료로 처리한다. 대기 신호와 잡음 신호를 구분하는 수신 전력의 임계값은 과거 관측 자료를 분석하여 얻는다. 일본 기상청의 기상연구소는 수신 전력이 저고도 관측 방식에서 −15 dB 이상, 고고도 관측 방식에서는 −22 dB 이상인 관측 자료는 오류 관측 자료로 처리한다.

7.2 스펙트럼 폭 검사

난류 운동을 하는 산란체의 경우에 어느 이상의 스펙트럼 폭 값을 가지나, 항공기, 건물, 지형 등과 같이 단단한 산란체인 경우에는 매우 좁은 스펙트럼 폭을 갖는다. 이러한 특성을 이용하여 오류 관측 자료를 걸러내는 검사이다. 스펙트럼 첨두 전력에서 3 dB가 낮은 수신 전력에서 스펙트럼 폭을 보면, 대기 신호는 0.4~2.6 ms^{-1}, 강수 신호는 1.6

ms^{-1}, 전기 잡음은 약 0.3 ms^{-1}, 조류로 인해 발생하는 신호는 1.6~2.4 ms^{-1}이다. 일본 기상청의 경우에 스펙트럼 폭이 0.3 ms^{-1}보다 작은 경우에 오류 관측 자료로 처리한다.

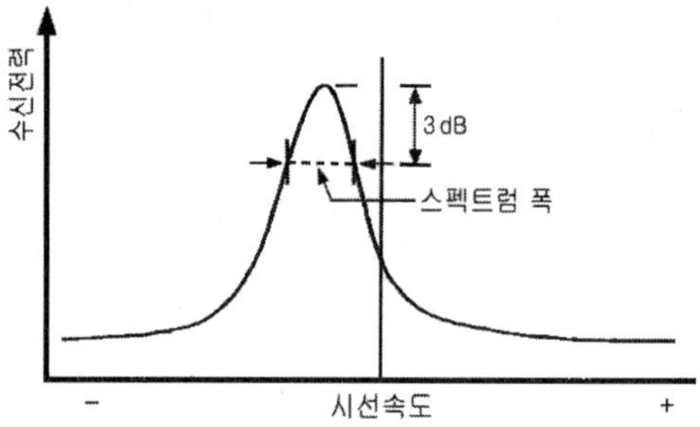

[그림 7.1] 스펙트럼 폭 검사의 개념

7.3 연직 바람시어 검사

어떤 층의 풍속은 그 아래층과 위층의 풍속에서 급격하게 증가하거나 감소하지 않는다는 가정에서 만든 검사이다. 먼저, 일본 기상청에서 사용하고 있는 연직 바람시어 검사로 어떤 고도 Z_n에서 상향 연직 풍속시어 WS_{up}과 하향 연직 풍속시어 WS_{down}을 계산하여 오류 관측 자료를 걸러낸다.

$$WS_{up} = \frac{W_{n+1} - W_n}{Z_{n+1} - Z_n} \tag{7.1}$$

$$WS_{down} = \frac{W_n - W_{n-1}}{Z_n - Z_{n-1}} \tag{7.2}$$

여기서 W는 고도별 풍속이고, $n(n=1, 2, \cdots, n)$은 지상에서 올라가면서 고도별로 부여한 번호이다. 가장 낮은 고도에서 위쪽으로 올라가면서 WS_{up}과 WS_{down}을 계산한 후에 다음의 3가지 조건에 모두 해당하면 오류 관측 자료로 처리한다.

$$|WS_{up}| > WS_0 \tag{7.3}$$

$$|WS_{down}| > WS_0 \tag{7.4}$$

$$WS_{up} \times WS_{down} < 0 \tag{7.5}$$

여기서 WS_0는 연직 풍속시어 임계값이며, 이 값은 관측 고도, 관측 고도 간격, 풍속, 그리고 풍향 변화를 고려하여 결정된다.

[그림 7.2]는 일본 기상청의 연직 풍속시어 검사를 연직 풍속시어의 4가지 유형별로 적용한 결과이다. 어떤 층의 풍속이 고도에 따라 일정하게 감소하는 사례 I을 보면, WS_{up}과

WS_{down}이 모두 WS_0보다 크지만 $WS_{up} \times WS_{down}$이 0보다 크기 때문에 정상 관측 자료로 처리된다. 어떤 층의 풍속이 위층과 아래층에 비해 매우 강한 사례 II를 보면, WS_{up}과 WS_{down}이 WS_0보다 크지만 $WS_{up} \times WS_{down}$가 0보다 작기 때문에 오류 관측 자료로 처리된다. 반대로 어떤 층의 풍속이 위층과 아래층에 비해 매우 약한 사례 III을 보면, 사례 II와 같은 이유로 오류 관측 자료로 처리된다. 어떤 층의 풍속이 고도에 따라 변하지 않는 사례 IV를 보면, WS_{down}이 WS_0보다 크지만 WS_{up}이 WS_0보다 작고 $WS_{up} \times WS_{down}$가 0이 되어 정상 관측 자료로 처리된다. 이처럼 일본 기상청의 연직 풍속시어 검사는 풍향이 비슷한 계열일 경우에 효과적으로 작동한다. 그러나 한랭전선이나 대기경계층 고도에서 풍향이 급격하게 변하는 경우에 정상 관측 자료를 오류 관측 자료로 잘못 판정할 수 있다.

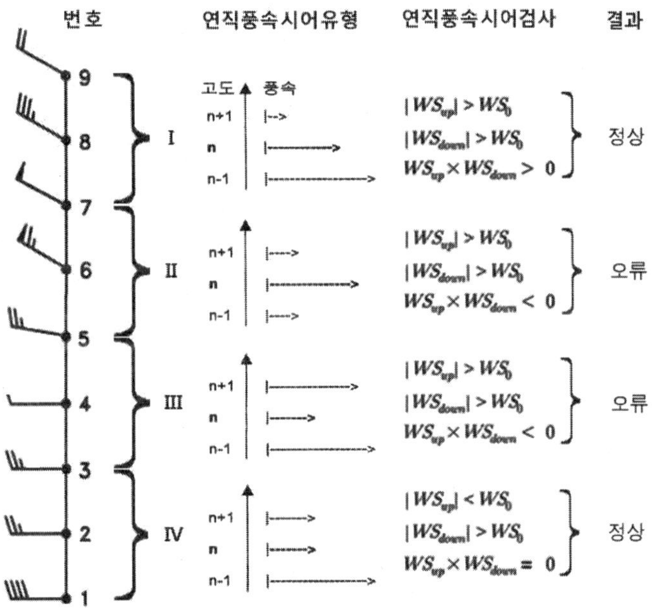

[그림 7.2] 일본 기상청에서 사용하고 있는 연직 풍속시어 검사를 4가지 연직 풍속시어 유형에 적용한 사례

미국 NOAA 윈드프로파일러 관측망에서 사용하고 있는 연직 바람시어 검사는 가장 낮은 고도에서 위쪽으로 올라가면서 아래층과 위층의 연직 풍속시어를 계산하고 바람의 동서 성분과 남북 성분으로 연직 일관성을 비교하여 오류 관측 자료를 판정한다. 따라서 급격한 풍향 변화가 있는 층에서도 올바르게 오류 바람 자료를 걸러낸다. 이 검사는 [그림 7.3]과 같은 순서에 따라 실행된다. 먼저, 식 (7.2)로 WS_{down}을 계산하고, 이 값이 연직 풍속시어 임계값 WS_0보다 작으면 그 고도의 바람 W_n을 정상 관측 자료로 판정한다. 다음으로, 이 값이 연직 풍속시어 임계값 WS_0보다 크면 식 (7.1)로 WS_{up}을 계산한다. WS_{up}이

WS_{down}과 비슷하지만 연직 풍속시어 방향이 반대이면 W_n을 오류 관측 자료로 판정한다. 마지막으로 WS_{up}이 WS_0보다 작고 연직 풍속시어 방향이 반대가 아니면 바람 W_{n-1}, W_n, W_{n+1}, W_{n+2}를 동서 성분(u)과 남북 성분(v)으로 분해하고 각 성분별로 좌표로 표시하고 U_{n-1}과 U_{n+2}를 직선으로 연결하고, V_{n-1}과 V_{n+2}를 직선으로 연결하고 U_n과 U_{n+1}, V_n과 V_{n+1}이 직선에 가깝게 모여 있으면 W_n과 W_{n+1}을 정상 관측 자료로, 직선에서 멀리 떨어져 있으면 오류 관측 자료로 판정한다.

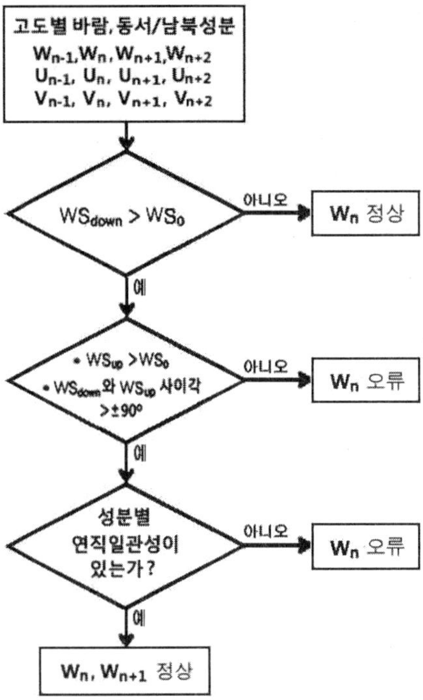

[그림 7.3] 미국 NOAA 윈드프로파일러 관측망에서 사용하는 연직 바람시어 검사의 순서도

[그림 7.4]는 미국 NOAA 윈드프로파일러 관측망에서 사용하는 연직 바람시어 검사로 오류 관측 자료를 걸러내는 사례이다. [그림 7.4(a)]의 사례를 보면, WS_{down}이 22.6 kt로 임계값을 초과하여 WS_{up}을 계산한다. 그 값이 27.5 kt로서 WS_{down}과 비슷하지만 연직 풍속시어 방향이 반대여서 W_n을 오류 관측 자료로 판정한다. [그림 7.4(b)]의 사례는 한랭전선이 통과할 때 나타나는 강한 연직 바람시어 형태로 동서 성분과 남북 성분의 바람이 직선에 가깝게 분포하여 정상 관측 자료로 판정한다. [그림 7.4(c)]의 사례는 동서 성분의 바람은 직선에 가깝게 분포하지만 남북 성분의 바람은 직선에서 떨어져 분포하여 오류 관측 자료로 판정한다.

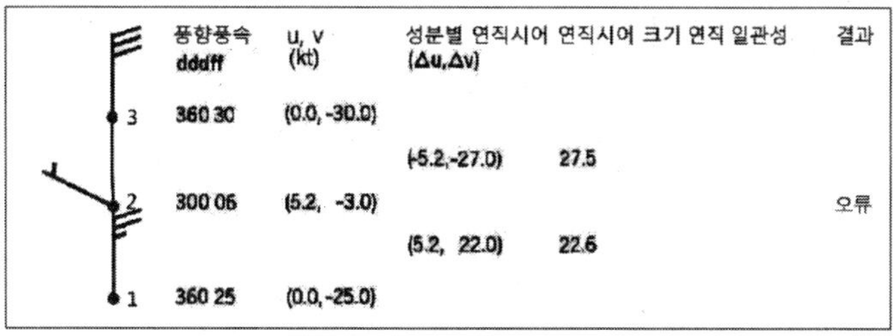

(a) 오류 관측 자료

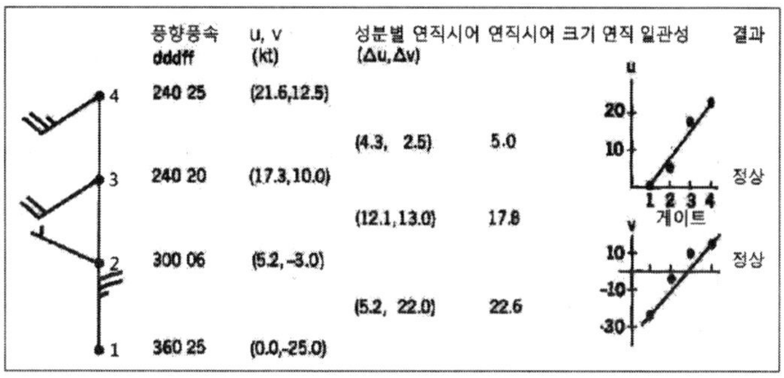

(b) 정상 관측 자료

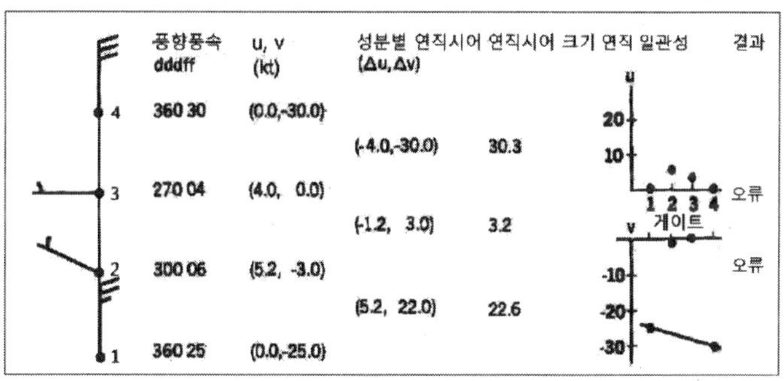

(c) 오류 관측 자료

[그림 7.4] 미국 NOAA 윈드프로파일러 관측망의 연직 바람시어 검사로 오류 관측 자료를 골라내는 사례

7.4 중앙값 검사

주어진 자료 세트에서 중앙값을 구하고 그 중앙값과 큰 차이를 보이는 값을 걸러내는 검사이다. 이 검사는 VHF 윈드프로파일러의 도플러 스펙트럼에서 대기 신호를 추출할 때나 이상한 바람 자료를 걸러낼 때 사용된다.

강수 상황에서 VHF 윈드프로파일러의 도플러 스펙트럼에는 비슷한 수신 전력을 가진 강수 신호와 대기 신호의 첨두가 동시에 나타난다. 이런 경우에 시선속도는 두 첨두 사이의 시선속도값으로 결정된다. 중앙값 검사는 두 첨두 중에서 대기 신호의 첨두만을 골라내어 시선속도로 결정하기 위한 것이다. 그러나 강수 상황에서 UHF 윈드프로파일러의 도플러 스펙트럼에는 강수 신호의 첨두가 대기 신호의 첨두보다 월등히 커서 대기 신호를 구별할 수 없기 때문에 중앙값 검사를 적용할 수 없다.

이상한 바람 자료를 걸러내기 위한 중앙값 검사에서는 먼저, [그림 7.5]와 같이 검사 대상의 관측값을 중심으로 최근 시간의 2~3개 연직 분포와 위아래 고도의 관측 자료로 자료 세트를 만든다. 그리고 이 자료 세트에 대해 바람의 동서 성분과 남북 성분을 산출한다. 다음으로, 바람 성분별로 자료 세트의 중앙값을 구하고, 그 중앙값과 검사 대상 관측 자료의 차가 임계값보다 작으면 정상 관측 자료로 판정하고 검사를 끝낸다. 이때 임계값은 관측 고도 간격, 관측 시간 간격 그리고 풍속을 고려하여 결정한다. 중앙값과 검사 대상의 관측 자료의 차가 임계값보다 크면 검사 대상 관측 자료에 인접한 최근 1개 연직 분포와 위아래 고도의 관측 자료로 새로운 자료 세트를 만들고 바람 성분별로 자료 세트의 중앙값을 구하고 그 중앙값과 관측 자료의 차를 계산한다. 그 차가 임계값보다 작으면 정상 관측 자료로, 그 차가 임계값보다 크면 오류 관측 자료로 판정한다. 이 과정은 전선이나 기압골이 통과할 때 급격한 풍향 변화를 갖는 관측 자료를 오류 관측 자료로 판정하는 것을 방지하기 위한 것이다.

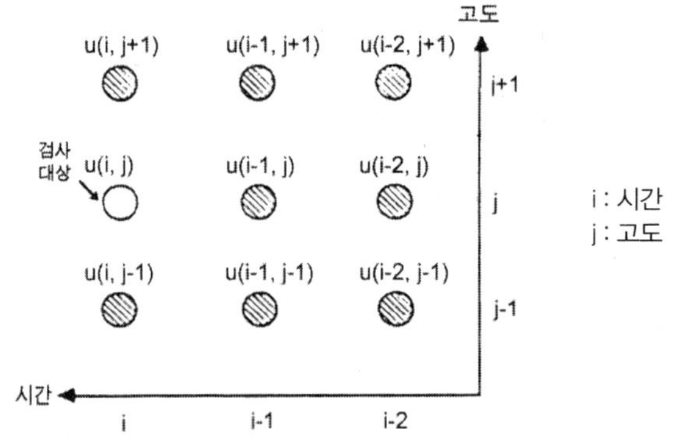

[그림 7.5] 중앙값 검사의 2차원 자료 세트. 여기서 i는 시간을, j는 고도를 의미한다.

7.5 이차 곡면 검사

중앙값 검사와 비슷한 방법으로 주어진 자료 세트에서 전체적인 경향과 큰 차이를 보이는 관측 자료를 걸러내는 검사이다. 먼저, 시간-고도의 2차원인 자료 세트를 다음과 같은 이차 곡면으로 근사시킨다.

$$u = at + bt^2 + ch + dh^2 + e \tag{7.6}$$

여기서 u는 근삿값이고, a, b, c, d, e는 상수이며, t와 h는 각각 시간과 고도이다. 다음으로 근삿값과 검사 대상의 관측 자료의 차를 구하고, 그 차가 임계값보다 작으면 정상 관측 자료로, 그 차가 임계값보다 크면 오류 관측 자료로 판정한다. [그림 7.6]의 경우와 같이 바람의 동서 성분 중에서 이차 곡면값에 비해 두드러지게 큰 차이를 보이는 관측 자료를 오류 관측 자료로 판정하는 것이다. 이 검사는 [그림 7.7]과 일정한 개수의 연직 층과 시간 간격으로 구성된 자료 세트를 최저층 고도에서 위층으로 1개 층씩 옮겨가면서 수행한다. 한 층을 이동하여 구성한 자료 세트에는 앞의 자료 세트에서 걸러낸 자료는 제외시키고 다시 이차 곡면을 만든다. 이 검사는 풍속, 남북 성분의 풍속, 동서 성분의 풍속 등과 같이 다양한 관측 자료에 적용할 수 있다.

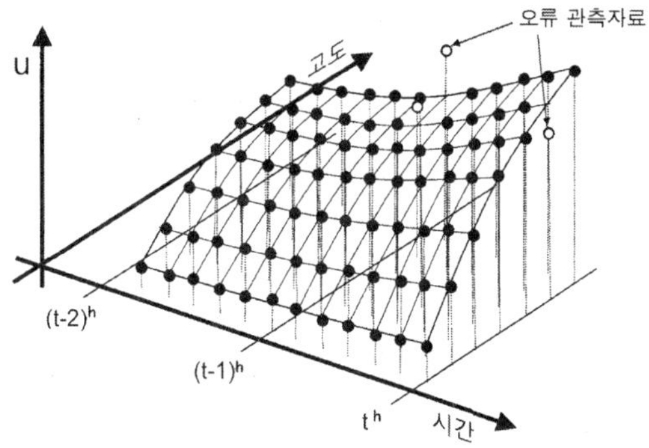

[그림 7.6] 이차 곡면 검사 개념

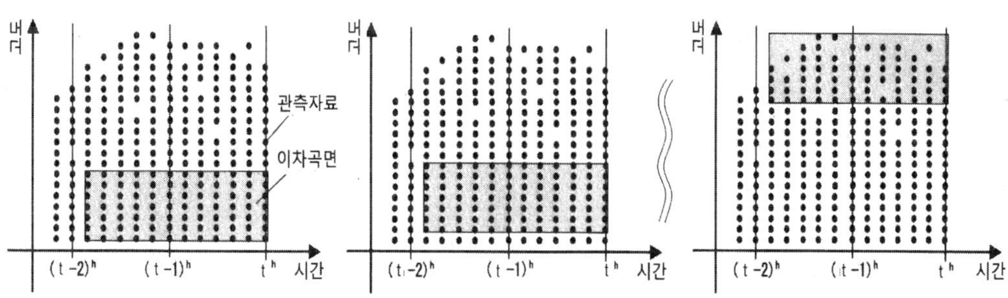

[그림 7.7] 이차 곡면 검사에서 2차원 자료 세트를 이동하는 과정

7.6 최적 보간법 검사

검사 대상의 위치에서 주변 관측값에 거리나 시간의 가중치를 부여하여 추정값을 산출하고, 이 추정값과 검사 대상의 관측값의 차가 임계값보다 큰 관측 자료를 걸러내는 검사이다.

최적 보간법 검사의 실행 과정은 4단계로 이루어진다. 1단계로, 검사 대상의 관측값 P를 기준으로 관측 자료 영역을 6개 영역으로 나눈다. 2단계로, 아래에서 위쪽으로 이동하면서 1 영역(음영 부분)을 제외한 나머지 5개 영역에서 관측값 2개씩 추출하고, 이 중에서 상관관계가 가장 높은 8개 관측값을 최적 보간법에 적용시켜 P 위치에서 추정값을 산출한다. 3단계로, P 위치에서 관측값과 추정값의 차가 임계값보다 작으면 정상 관측 자료로 판정한다. 4단계로, P 위치에서 관측값과 추정값의 차가 임계값보다 크면 1 영역까지 포함시켜 앞의 단계 과정을 같게 수행한다. 4단계의 임계값은 앞 단계보다 다소 큰 값을 사용한다. 최적 보간법은 추정값의 추정 오차를 제공하므로 추정 오차를 이용하여 임계값을 정의할 수도 있다. 이때의 추정 오차는 관측 자료의 시간 혹은 고도 간격이 클수록 변화가 크다.

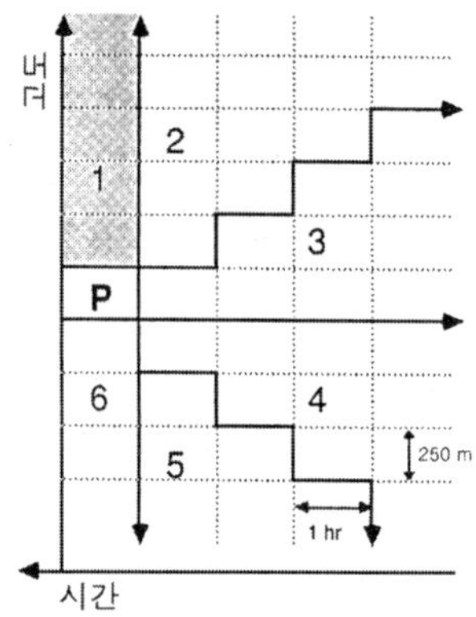

[그림 7.8] 최적 보간법 검사의 6개 관측 자료 영역과 1개의 검사 영역(음영 부분). P는 검사 대상의 관측값이고 1개 블록은 1개 관측값을 의미한다.

7.7 정합 평균법 검사

일정한 기간 동안의 관측 자료를 평균하여 대표값을 정할 때 관측 자료 중에 바깥점 관측 자료가 여러 개 포함되면 대표성이 크게 떨어질 수 있다. 예를 들어, 윈드프로파일러의 경사빔에서 10분 동안 관측된 10개의 시선속도 {3.3 ms^{-1}, 4.6 ms^{-1}, 20.9 ms^{-1}, 2.8 ms^{-1}, 3.6 ms^{-1}, 4.1 ms^{-1}, −6.8 ms^{-1}, 3.4 ms^{-1}, 4.0 ms^{-1}, 22.2 ms^{-1}}를 더하여 평균하면 6.2 ms^{-1}의 대표값을 얻는다. 그러나 이 대표값을 각 시선속도와 비교해 보면 이 시간대의 관측 자료를 대표한다고 보기 어렵다. 이것은 20.9 ms^{-1}, −6.8 ms^{-1}, 22.2 ms^{-1}의 3개 바깥점에 의해 심하게 영향을 받았기 때문이다. 정합 평균법 검사는 주어진 시간 혹은 고도에서 그 주변에 있는 관측 자료와 비교하여 아주 벗어나는 관측 자료를 걸러내고 평균하는 방법이다.

정합 평균법은 4단계로 이루어진다. 1단계로, 평균 기간 동안 일정한 시간 간격으로 얻어진 자료 세트 $\{d_1, d_2, \cdots, d_n\}$를 구성한다. 이 세트의 자료 개수는 n개이고 시간은 d_1에서 d_n으로 흐른다. 2단계로, 자료 세트의 첫째 자료 d_1에 주어진 윈도 w를 적용시켜 윈도의 상한값 $d_1+w/2$와 하한값 $d_1-w/2$를 결정한다. 자료 세트의 관측 자료 중에서 $d_1 \pm w/2$에 포함되는 자료 개수(정합수) c_1을 조사한다. 자료 d_2, $d_3, \cdots$, d_n에 대해 같은 방법으로 마지막 자료까지 차례대로 정합수 c_2, c_3, $\cdots$, c_n을 구한다. 3단계로, 각 정합수를 전체 자료 개수로 나눈 정합수 비율(c_i/n)이 65% 이상인 자료를 정합 평균 후보로 선정한다. 정합 평균 후보가 2개 이상이면 그 중에서 최대인 정합 평균 후보를, 그래도 2개 이상이면 시간이 가장 최근인 정합 평균 후보를 최종 정합 평균 대상 자료로 결정한다. 4단계로, 최종 정합 평균 대상 자료의 상한값 $d_1+w/2$와 하한값 $d_1-w/2$ 내에 포함되는 관측 자료를 평균하여 정합 평균을 얻는다.

[표 7.1]은 경사빔에서 10분 동안에 관측된 10개의 시선속도에 대해 윈도 3.0 ms^{-1} (±1.5 ms^{-1})로 정합 평균을 구하는 과정을 보여주는 예이다. 각 시선속도에서 정합수 비율이 65% 이상인 시선속도 자료수는 3.3 ms^{-1}, 3.6 ms^{-1}, 4.1 ms^{-1}, 3.4 ms^{-1}, 4.0 ms^{-1}로 5개이다. 이들 5개 시선속도 중에서 가장 최근 자료인 4.0 ms^{-1}이 최종 정합 평균 대상으로 결정된다. 4.0 ms^{-1}을 기준으로 윈도에 포함된 시선속도를 더하고 평균하여 정합 평균 3.7 ms^{-1}을 구한다. 이 값은 전체 시선속도를 적절하게 대표한다.

[표 7.1] 경사빔에서 10분 동안에 관측된 10개 시선속도에 대해 윈도 3.0 ms^{-1} (±1.5 ms^{-1})로 정합 평균을 구하는 예

관측 시간(분)	시선속도 (ms^{-1})	윈도		상한값과 하한값 사이의 관측 자료							정합수	정합 평균후보	정합 평균
		상한	하한										
00	3.3	4.8	1.8	2.8	3.3	3.4	3.6	4.0	4.1	4.6	7	○	
01	4.6	6.1	3.1	3.3	3.4	3.6	4.0	4.1	4.6		6		
02	20.9	22.4	19.4	20.9	22.2						2		
03	2.8	4.3	1.3	2.8	3.3	3.4	3.6	4.0	4.1		6		
04	3.6	5.1	2.1	2.8	3.3	3.4	3.6	4.0	4.1	4.6	7	○	
05	4.1	5.6	2.6	2.8	3.3	3.4	3.6	4.0	4.1	4.6	7	○	
06	−6.8	−5.3	−2.3	−6.8							1		
07	3.4	4.9	1.9	2.8	3.3	3.4	3.6	4.0	4.1	4.6	7	○	
08	4.0	5.5	2.5	2.8	3.3	3.4	3.6	4.0	4.1	4.6	7	○	3.7
09	22.2	23.7	20.7	20.9	22.2						2		

정합 평균법 검사는 미국 윈드프로파일러 관측망의 시초인 콜로라도 윈드프로파일러 관측망에 처음으로 적용되었고, 1992년부터 운영된 윈드프로파일러 실증 관측망에도 적용되어 현재까지 운영되고 있다. 이 기법은 대못 에코나 철새 에코로 발생하는 관측 자료나 대기 신호가 너무 약하여 무작위로 수집이 되는 관측 자료를 걸러내는데 매우 효과적이어서 일정한 시간 동안에 관측된 시선속도에서 대표 시선속도를 결정할 때 적용된다. UHF 윈드프로파일러의 경우에 정합 평균 시간은 자료 수집 주기에 해당하는 5분 정도이며, VHF 윈드프로파일러의 경우는 15분 정도이다. 새와 같은 잡음이 많을 경우에는 정합

평균 시간을 30분으로 취하기도 한다.

어떤 지점에서 일정한 형태로 계속해서 발생하는 오류 관측 자료의 경우에 단일 지점의 관측 자료에 대해 특정한 검사를 적용하여 오류 관측 자료를 걸러내기가 매우 어렵다. 이런 경우에 대해 윈드프로파일러 관측망 전체의 정합성을 적용하여 오류 관측 자료를 걸러내는 방법도 있고, 복수의 관측 지점 자료를 이용하여 오류 관측 자료를 걸러내는 방법도 있다.

7.8 연속법 검사

정상 관측 자료일수록 주변 관측 자료와의 연속성이 크다는 가정에서 만든 검사이다. 시공간 차원에서 연속성의 수학적인 정의를 만족하지 못하는 관측 자료를 구별하고 제거하기 위하여 패턴 인식 기술을 사용한다.

연속법 검사는 2단계로 이루어진다. 1단계로, 패턴을 정하고 각 자료점에 관측 값이 속한 패턴의 크기에 따라 가중치를 부여한다. 패턴은 이웃하는 자료점과 연속으로 연결된 관측값의 부분집합으로 정의된다. 각 자료점의 가중치는 2단계에서 각 바람 관측 자료의 품질을 조사하기 위한 순서를 결정하는데 사용된다. 2단계로, 검사 대상의 바람 관측값과 이웃하는 바람 관측값으로 보간한 추정값의 차이가 임계값 이상으로 크면 오류 관측 자료로 판정한다. 이 기법은 미국 윈드프로파일러 관측망에서 1시간 평균 바람 자료를 얻는데 적용되고 있으며, 이때 관측 자료의 윈도는 3시간, 6시간, 그리고 12시간이다. 연속법은 최하층의 관측 자료 품질이 낮은 자료를 제거하는데 효과적이다. 또한 대기 신호가 없는데도 바람을 산출하는 확률에서 연속법이 정합 평균법에 비하여 74%가 낮다. 이것 때문에 미국 윈드프로파일러 관측망에서는 1시간 평균 자료에 대한 품질관리기법으로 정합 평균법을 연속법으로 교체하였다.

이 기법은 우선 일정한 시간 내에(예로 1시간) 있는 모든 고도의 관측 자료에 대해 같은 값을 갖는 관측 자료별로 그룹으로 나누고, 그룹 내의 관측 자료 수가 많은 순서대로 그룹을 나열한 다음으로 각 그룹 간의 관련 정도를 평가하여 그룹 내의 관측 자료 수가 최대인 그룹과 각 그룹이 어떻게 분기되어 접속되는지를 평가한다. 마치 나무가 큰 줄기에서 작은 가지로 어떻게 분기되어 있는지를 평가하는 것과 닮았기 때문에 자료의 패턴 인식이라고도 한다. 다음으로 큰 줄기와의 관련 정도나 각 가지의 관계에서 어떤 것이 가장 관련이 깊은지를 평가하고, 품질이 높을 것 같은 그룹을 대충 선정한다. 마지막으로 각 가지를 구성하는 자료를 그 주위와의 연속성으로 평가한다. 이 기법은 시공간적으로 주위의 자료에서 선형보간으로 자료를 추정하고, 그 추정값과 관측값의 차가 임계값보다 크면 오류 관측 자료로 판정한다.

7.9 다중 첨두법

강수 환경에서 VHF 윈드프로파일러의 도플러 스펙트럼에는 강수 신호와 대기 신호에서 발생하는 첨두가 동시에 나타난다. 다중 첨두법은 고도별 도플러 스펙트럼에 여러 개 첨두가 동시에 있을 경우에 각 스펙트럼에서 몇 개의 첨두를 골라내고 그 중에서 연직 방향으로 연속성이 가장 높은 첨두만을 골라내는 방법이다.

도플러 스펙트럼에서 대기 신호를 추출하는 다중 첨두법의 과정은 6단계로 이루어진다. 1단계로, [그림 7.9(b)]와 같이 각 도플러 스펙트럼을 평활 혹은 평균하고 고도별로 최대 수신 전력으로 정규화한 후에 0~255까지 번호를 부여한다. 그리고 각 도플러 스펙트럼의 0~255 중에서 국소적으로 최대인 첨두를 선택한다. 2단계로, [그림 7.9(c)(d)] 같이 국소적인 첨두의 기울기를 고려하여 각 첨두를 연직 방향으로 연결하는 연직 사슬을 만든다. 3단계로, [그림 7.9(e)]와 같이 연직 방향에서 연속성이 높은 사슬을 골라낸 후에, 모든 고도에서 시선속도값으로 연결된 연직 사슬을 구성한다. 4단계로, 연직 사슬의 특징에 대한 신경망 기법을 적용하여 [그림 7.9(f)]와 같이 가장 확실한 연직 사슬 하나를 결정한다. 5단계로, 4단계에서 얻은 연직 사슬을 적용하여 [그림 7.9(g)]와 같은 시선속도 추정값의 평균 연직 분포를 만든다. 평균 연직 분포는 인접한 시간의 도플러 스펙트럼에서 시선속도 추정값의 첨두를 제외한 주변 첨두를 모두 제거하고 평균하여 얻는다. 4단계에서 얻은 어떤 도플러 스펙트럼의 시선속도 추정값이 평균 연직 분포의 시선속도 추정값과 다를 경우에 평균 연직 분포의 시선속도 추정값으로 대체한다. 6단계로, 최종 결정된 시선속도 추정값의 연직 사슬을 평활하고 정규화한 스펙트럼과 동시에 나타낸다.

이 방법은 신호대잡음비가 낮은 높은 고도에서 시선속도의 관측 정확도를 향상시키며, 1시간보다 작은 시간 간격으로 얻은 관측 자료에서 신뢰성을 높인다.

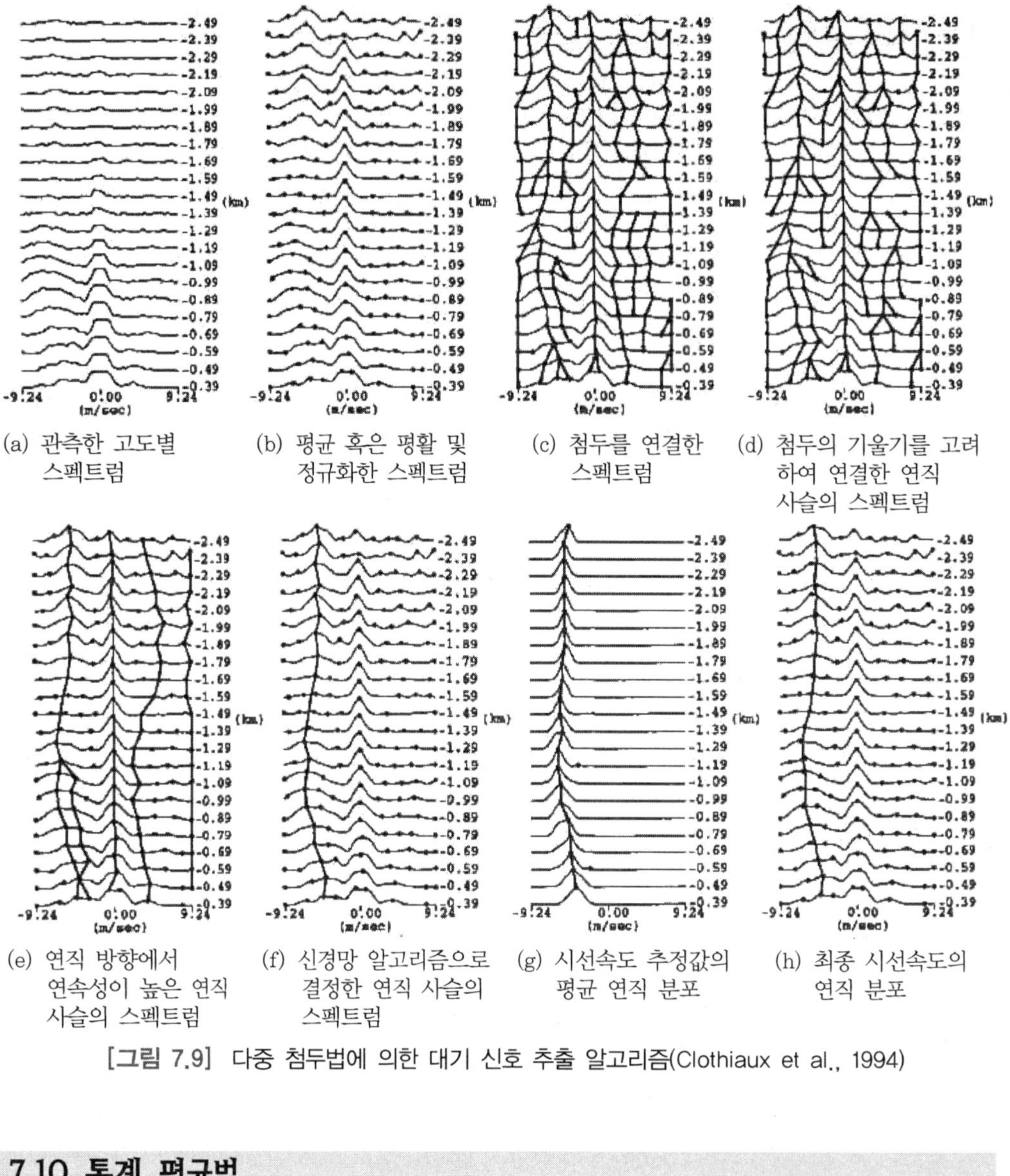

(a) 관측한 고도별 스펙트럼
(b) 평균 혹은 평활 및 정규화한 스펙트럼
(c) 첨두를 연결한 스펙트럼
(d) 첨두의 기울기를 고려하여 연결한 연직 사슬의 스펙트럼
(e) 연직 방향에서 연속성이 높은 연직 사슬의 스펙트럼
(f) 신경망 알고리즘으로 결정한 연직 사슬의 스펙트럼
(g) 시선속도 추정값의 평균 연직 분포
(h) 최종 시선속도의 연직 분포

[그림 7.9] 다중 첨두법에 의한 대기 신호 추출 알고리즘(Clothiaux et al., 1994)

7.10 통계 평균법

잡음 수준 결정 알고리즘을 응용한 것으로 철새에서 발생한 수신 신호가 섞인 도플러 스펙트럼에서 대기 신호를 골라내기 위한 방법이다. 윈드프로파일러의 신호처리는 시계열 수신 신호를 간섭 적분·평균하고 주파수 영역의 스펙트럼으로 변환한 후에 일정한 개수의 스펙트럼을 비간섭 적분·평균하는 과정으로 이루어진다. 통계 평균법은 비간섭 적분을 실시하기 직전의 스펙트럼에 적용되는 또 다른 비간섭 적분·평균 방법이다.

통계 평균법은 2단계로 이루어진다. 먼저, 비간섭 적분·평균을 실시하지 않은 도플러 스펙트럼을 비간섭 적분·평균 수 M만큼 나열하고, 각 스펙트럼의 n번째 표본점 수에서 수신 전력 S_{mn}을 큰 순서대로 나열한다. 다음으로, 대기 신호를 가우스 분포로 가정하여 다음 조건을 충족하지 않는 강한 수신 전력을 제거한 후에 비간섭 적분·평균을 실시한다.

$$\frac{var(\hat{S}/M_n)}{(\widehat{S_n}^{M_n})^2} \leq 1 \tag{7.7}$$

여기서 $\hat{S}$는 도플러 스펙트럼의 수신 전력으로 다음과 같다.

$$\widehat{S_n}^{M_n} \equiv \frac{1}{M_n}\sum_{m=1}^{M_n-1}\hat{S}_{mn} \tag{7.8}$$

여기서 $\hat{S}_{mn}$은 제 m번째($m=0$, …, $M-1$) 스펙트럼에서 고속 푸리에 변환 표본점 수가 n번째($n=0$, …, $N-1$)인 점의 수신 전력이며, M_n은 제 n번째의 고속 푸리에 변환 표본점에서 평균 자료의 수이다.

통계 평균법은 미국 윈드프로파일러 관측망에서 적용하고 있는 품질관리기법으로 [그림 7.10]에서 그 효과를 쉽게 알 수 있다. [그림 7.10]은 24개 고도에서 약 3.5초 간격으로 수집된 34개 도플러 스펙트럼을 평균하여 얻은 수신 전력의 연직 분포이다. [그림 7.10(a)]는 34개의 스펙트럼을 단순히 비간섭 적분·평균한 결과로, 붉은 색 부분이 새에서 발생한 에코로 강하게 오염된 영역이다. [그림 7.10(b)]는 통계 평균법을 적용하여 비간섭 적분·평균한 수신 전력의 연직 분포이다. 조류로 인해 오염된 수신 전력 영역이 제거되고 연직 방향으로 연속성이 있는 대기 신호가 뚜렷하게 나타난다.

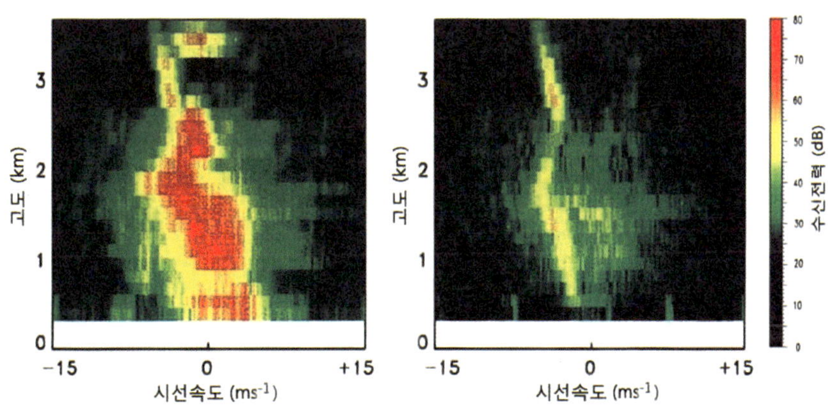

(a) 단순한 비간섭 적분·평균 (b) 통계 평균법에 의한 비간섭 적분·평균

[그림 7.10] 24개 고도에서 약 3.5초 간격으로 수집된 34개 도플러 스펙트럼을 평균하여 얻은 수신 전력의 연직 분포(Merritt, 1995)

7.11 웨이블릿 변환법

윈드프로파일러에서 1개의 도플러 스펙트럼을 얻는데 걸리는 시간은 대략 30초에서 1분 정도이다. 이 시간 동안 철새가 전파 빔 속으로 지나가거나 강한 전파 간섭이 발생하는 경우에 이 잡음이 대기 신호를 모두 가려버려서 대기 신호를 추출하기 어렵게 된다. 그러나 철새 이동의 경우에 이동하는 새와 새 사이에는 정상적인 대기 신호가 수신된다. 실제로 철새가 날고 있을 때 윈드프로파일러의 IQ채널 신호를 오실로스코프로 관측해보면 강한 신호가 10초 동안 1초 이하로 섞여 있다는 것을 알 수 있다. 따라서 비간섭 적분·평균 전에 수초간의 수신 신호에서 조류로 인해 발생한 잡음만을 제거하고 대기 신호를 적분·평균하면 정상적인 도플러 스펙트럼을 얻을 수 있다.

최근 고속 푸리에 변환 전의 시간 영역의 IQ채널 신호를 이용한 품질관리기법이 개발되고 있다. 이들 IQ채널 신호 자료를 기반으로 하는 품질관리기법에는 사각형 필터, 저역 통과 필터, 최적 가중 필터 등을 이용한다. 이 기법은 지형 클러터나 전파 간섭을 제거할 수 있으나 넓은 대역 폭을 가지는 잡음을 제거하기는 어렵다. 이런 점을 개선하기 위하여 IQ채널 신호에 웨이블릿 변환을 적용하여 잡음을 제거하고 대기 신호만을 추출하는 연구가 이루어지고 있다.

웨이블릿 변환을 이용하여 비선형의 웨이블릿 필터를 만들어 불필요한 잡음을 제거한 후에 대기 신호만을 포함하는 IQ채널 신호를 재합성하고 고속 푸리에 변환 처리하는 기법이다. 먼저, 대기와 지형 클러터에서 오는 신호에 따른 도플러 스펙트럼을 가우스 함수로 가정하며, 잡음 신호는 단시간으로 변화하는 모델을 이용한다. 필터로 이용하는 웨이블릿 함수의 계수는 가정한 대기 신호의 오차 함수가 최소로 되도록 결정한다. 다음으로, 웨이블릿 함수는 계산 시간의 제약으로 소수의 계수로 표현하는 것이 바람직하기 때문에 어떤 항 이상의 계수는 0에 가깝도록 취한다. 이들 계수는 수신 신호에 따라 변하기 때문에 수신 신호를 웨이블릿 변환시켜 웨이블릿 계수의 히스토그램을 만들고, 최댓값의 계수로부터 15% 이내인 값의 계수를 잡음 신호로 간주하여 제거한다. 마지막으로, 잡음 신호 제거 후의 신호를 거꾸로 웨이블릿 변환시켜 IQ채널 신호를 재합성하고 고속 푸리에 변환시킨다. 이 기법은 입력되는 IQ채널 신호의 시간이 길수록 효과적이기 때문에 고속 푸리에 변환의 표본점 수를 2048~32768로 크게 설정하는 것이 좋다.

[그림 7.11]은 웨이블릿 필터를 적용하기 전후의 IQ채널 신호와 각 IQ채널 신호에서 얻어지는 도플러 스펙트럼이다. 잡음 신호에서 발생한 첨두는 제거되고 대기 신호만이 추출되었으며 웨이블릿 필터를 적용하기 전후에 시선속도가 크게 바뀐 것을 볼 수 있다.

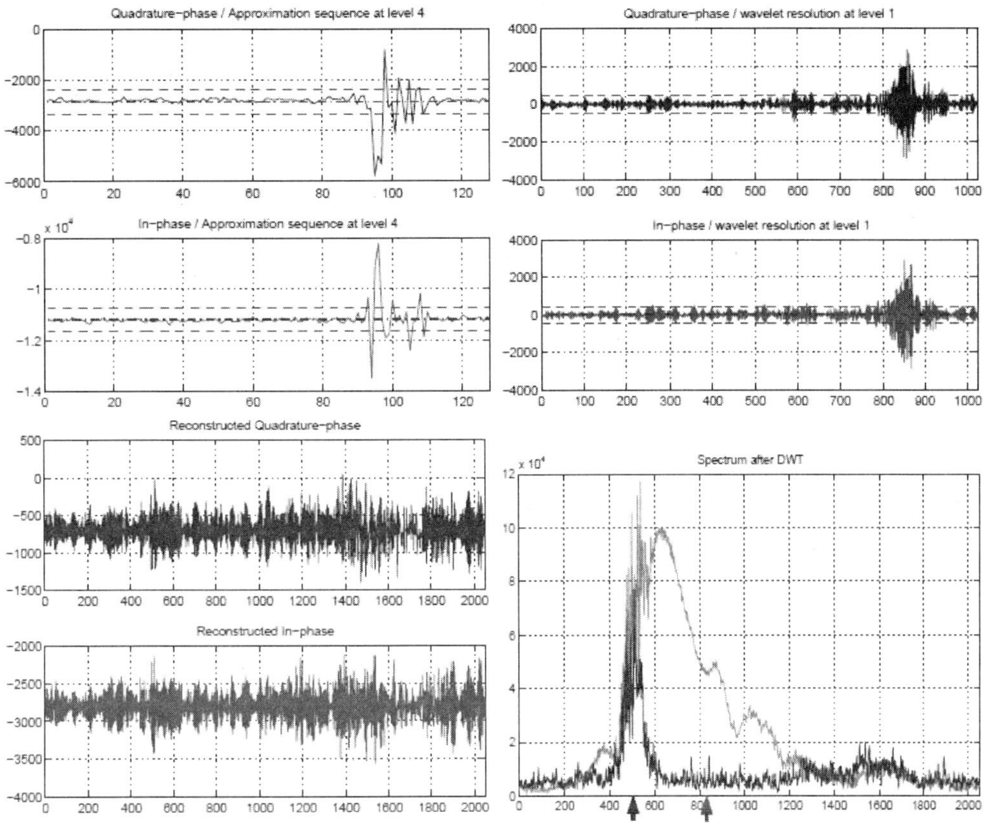

■ : 웨이블릿 필터 적용 전의 자료, ■ : 웨이블릿 필터 적용 후의 자료
⬆⬆ : 웨이블릿 필터를 적용하기 전후의 시선속도값

[그림 7.11] 웨이블릿 필터를 적용하기 전후의 IQ채널 신호와 각 IQ채널 신호에서 얻은 도플러 스펙트럼(Lehmann and Teschke, 2001)

Chapter

08 바람 관측

윈드프로파일러는 수분의 높은 시간 분해능과 수십 m의 높은 고도 분해능으로 상공의 바람 자료를 제공한다. 이러한 우수한 관측 성능 때문에 정규적인 고층기상 관측이나 중규모 기상 현상, 장마전선, 태풍, 해륙풍 등의 입체적인 바람 구조를 파악하는데 윈드프로파일러가 널리 활용되고 있다. 여기서는 윈드프로파일러의 바람 관측 방법을 상세히 알아보고, 윈드프로파일러의 관측 자료를 이용하여 중규모 기상 현상의 바람 구조를 분석한 사례를 제시한다.

8.1 바람 관측 방법

최근에 운영되고 있는 대부분의 윈드프로파일러는 도플러 기술을 사용한 DBS(Doppler Beam Swinging) 방법으로 바람을 관측한다. 그리고 일부 연구 분야에서 적용하고 있는 바람 관측 방법으로는 이동 회절 패턴 기술을 사용한 SAD(Spaced Antenna Drift) 방법, 그리고 간섭법이 있다.

(1) DBS 방법

일정한 천정각으로 안테나를 360° 회전하면서 전파 빔을 방사하여 산란체의 시선속도를 관측한다. 어떤 고도에서 수평으로 바람장이 일정할 때 방위각에 따라 시선속도를 배열하면 사인 곡선이 그려진다. 이 곡선에서 시선속도의 최대와 최소가 나타나는 방위각은 수평 풍향에 따라 달라지고, 최대값과 최소값은 수평 풍속에 좌우된다. 이러한 원리에 따라 일정한 방위각 간격으로 최소 3개 혹은 5개의 시선속도를 얻으면 수평 풍향과 풍속을 산출할 수 있다. 여기에 연직빔에서 측정한 시선속도를 연직 풍속으로 추가하면 3차원 바람장을 얻을 수 있다.

DBS 방법은 어떤 고도에서 바람장이 일정하다고 가정하고 위상 배열 안테나에서 전파 빔을 3 혹은 5개 방향으로 회전시키면서 산란체의 시선속도를 측정하고, 이 시선속도를 벡터 연산으로 풀어서 수평 바람과 연직 풍속을 관측한다. 천정각 θ와 방위각 ϕ로 운영되는 DBS 방법의 전파 빔에서 측정한 시선속도 V_r은 다음과 같다.

$$V_r = u\sin\theta\sin\phi + v\sin\theta\cos\phi + w\cos\theta \tag{8.1}$$

여기서 u와 v는 수평 바람의 동서 성분과 남북 성분이고, w는 연직 바람의 풍속이다. [그림 8.2(a)]와 같이 동향(ϕ = 90°)과 북향(ϕ = 0°)의 경사빔과 연직빔으로 구성된 3개 빔의 윈드프로파일러에서 동향과 북향의 경사빔과 연직빔에서 측정한 시선속도 V_{rE}, V_{rN}, 그리고 V_{rZ}는 각각 다음과 같다.

$$V_{rE} = u\sin\theta + w\cos\theta \tag{8.2}$$

$$V_{rN} = v\sin\theta + w\cos\theta \tag{8.3}$$

$$V_{rZ} = w \tag{8.4}$$

식 (8.4)를 식 (8.2)와 (8.3)에 대입하여 풀면 수평 바람의 동서 성분과 남북 성분은 각각 다음과 같다.

$$u = \frac{V_{rE} - V_{rZ}\cos\theta}{\sin\theta} \tag{8.5}$$

$$v = \frac{V_{rN} - V_{rZ}\cos\theta}{\sin\theta} \tag{8.6}$$

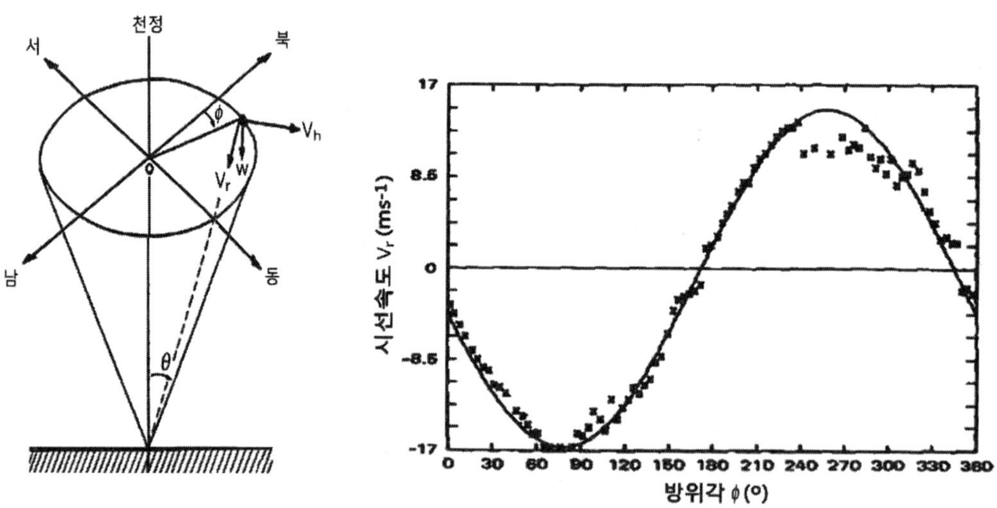

V_r : 시선속도, V_h : 수평 풍속 벡터, θ : 천정각, ϕ : 방위각

(a) 안테나의 전파 빔의 회전 방법　　(b) 방위각에 따른 시선속도 배열을 사인 곡선으로 적합시킨 예

[그림 8.1] 윈드프로파일러 안테나의 전파 빔을 360° 회전하면서 산란체의 시선속도를 관측하는 원리

여기서 u와 v 계산에 연직 방향의 시선속도 V_{rZ}가 포함되어 있다. 이 때문에 중력파나 산악파와 같이 뚜렷한 파장을 갖거나 대류나 강수 현상으로 수평 바람이 균질하지 않을 경우에 수평 바람에서 큰 오차가 발생할 수 있다.

[그림 8.2(b)]와 같이 동향($\phi = 90°$), 서향($\phi = 270°$), 남향($\phi = 180°$), 북향($\phi = 0°$)의 경사빔과 연직빔으로 구성된 5개 빔의 윈드프로파일러에서 동향, 서향, 남향, 북향 그리고 연직빔에서 측정한 시선속도 V_{rE}, V_{rW}, V_{rS}, V_{rN}, V_{rZ}는 각각 다음과 같다.

$$V_{rE} = w\cos\theta + u\sin\theta \tag{8.7}$$

$$V_{rW} = w\cos\theta - u\sin\theta \tag{8.8}$$

$$V_{rN} = w\cos\theta + v\sin\theta \tag{8.9}$$

$$V_{rS} = w\cos\theta - v\sin\theta \tag{8.10}$$

$$V_{rZ} = w \tag{8.11}$$

여기서 연직 방향의 시선속도 w는 연직 풍속과 강수 현상에 의한 연직 운동의 합이다.

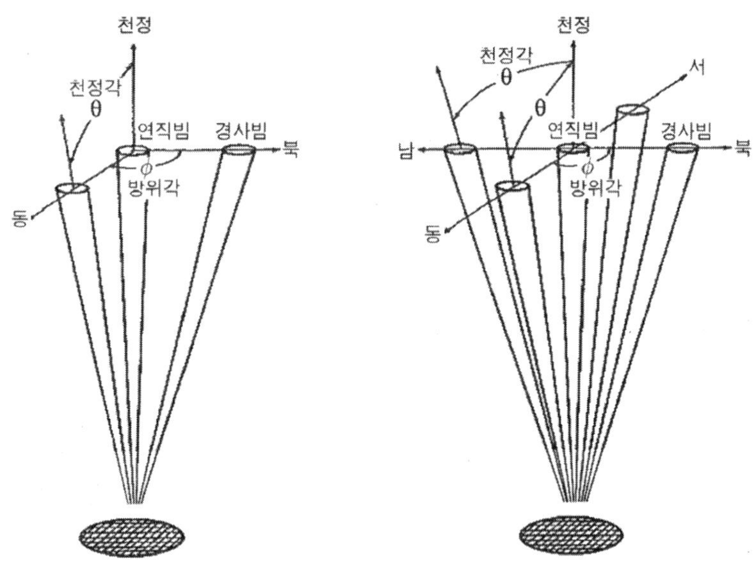

[그림 8.2] 윈드프로파일러의 DBS 방법 바람 관측에서 전파 빔의 배열

식 (8.7)과 (8.8)을, 식 (8.9)과 (8.10)을 연립하여 풀고 w 대신에 V_{rZ}를 대입하면 다음과 같이 수평 바람의 동서 성분과 남북 성분 그리고 연직 풍속을 구할 수 있다.

$$u = \frac{V_{rE} - V_{rW}}{2\sin\theta} \tag{8.12}$$

$$v = \frac{V_{rN} - V_{rS}}{2\sin\theta} \tag{8.13}$$

$$w = \frac{V_{rE} + V_{rW}}{2\cos\theta} \tag{8.14}$$

식 (8.12)와 (8.13)을 보면, 수평 바람의 동서 성분과 남북 성분을 계산할 때 연직 방향의 시선속도 V_{rZ}에 전혀 영향 받지 않기 때문에 수평 바람이 균질하지 않을 경우에도 신뢰성이 높은 바람 자료를 얻을 수 있다. 연직 풍속은 식 (8.14)를 적용하지 않고 직접 측정한 연직 방향의 시선속도 V_{rZ} 값을 적용하여 다음과 같이 얻는다.

$$w = V_{rZ} \tag{8.15}$$

[그림 8.3] 5개 전파 빔의 DBS 방법으로 운영되는 기상청의 윈드프로파일러

(2) SAD 방법

하나의 송신 안테나에서 전파 빔을 연직으로 방사하고 3개 이상의 수신 안테나로 산란과 회절되어 오는 신호를 수신하여 수평 바람을 관측하는 방법이다. 송신 안테나에서 연직으로 전파 빔을 방사하면 상공의 산란층에 의해 후방산란과 회절이 일어나고 연직 방향의 수신 안테나로 등방형이나 타원형의 회절 무늬가 수신된다. 상공에 있는 산란층이 바람에 의해 일정한 방향과 속도로 이동하면 지면의 회절 무늬도 같은 방향과 속도로 이동하면서 수신 안테나를 통과한다. 이때 서로 떨어져 있는 수신 안테나의 위치에서 수신 신호의 진폭과 위상이 달라지고 수신 안테나 간에 신호 전압차가 발생한다. 산란층의 특성이 일정한 시간 동안 변하지 않는다면 각 수신 안테나에는 시간차는 있지만 같은 무늬의 신호 전압으로 기록된다. 각 수신 안테나에서 얻은 신호 전압간의 상호상관으로 시간 지연을 계산하고 회절 무늬의 이동 방향과 속도를 얻으면 상공의 풍향과 풍속을 산출할 수 있다.

수신 안테나에서 얻은 신호 전압의 진폭 변화는 수신 안테나를 통과하는 회절 무늬의 속도와 관련된다. 신호 전압의 최대와 최소 진폭은 각 수신 안테나에서 서로 다른 시간에 나타난다. 회절 무늬의 최대 진폭이 속도 V와 방위각 ϕ로 이동할 때 수신 안테나 영역의 동서 성분 x축과 남북 성분 y축 방향에서 최대 진폭은 다음과 같은 시간 지연 τ_x와 τ_y를 가진다.

$$\tau_x = \frac{s_x}{v_x} \tag{8.16}$$

$$\tau_y = \frac{s_y}{v_y} \tag{8.17}$$

여기서 s_x와 s_y는 수신 안테나 영역의 x축과 y축 방향에서 안테나 간의 거리이다. x축과 y축 방향에서 이동속도는 다음과 같다.

$$v_x = \frac{V}{\sin\phi} \tag{8.18}$$

$$v_y = \frac{V}{\cos\phi} \tag{8.19}$$

각 수신 안테나에서 측정된 시계열의 상호상관함수가 계산되고 이들 상호상관함수의 여러 개를 평균한다. 시간 지연은 상호상관함수 첨두의 시간 지연에서 구한다. 이동 방향의 방위각 ϕ는 다음과 같다.

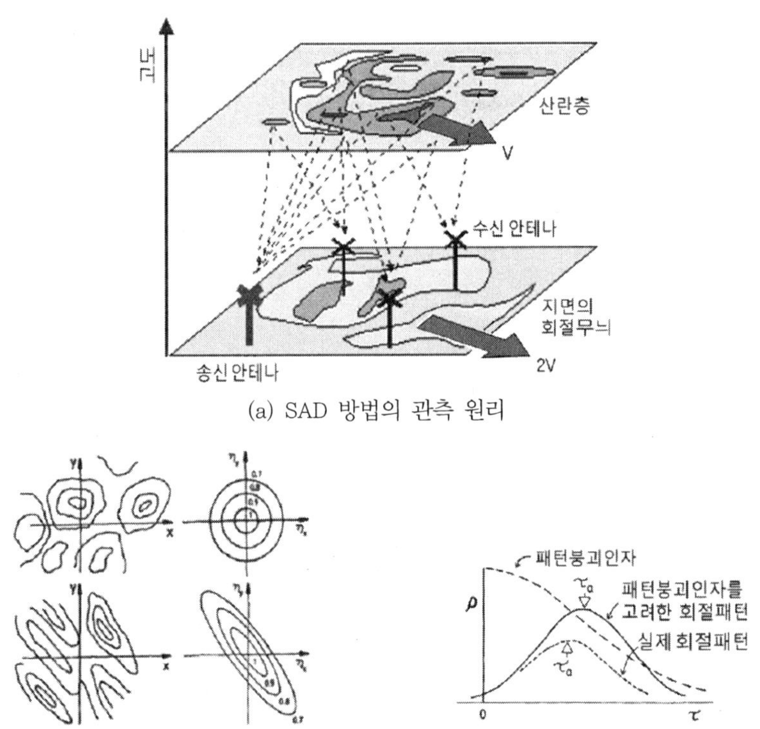

(a) SAD 방법의 관측 원리

(b) 지면의 회절 무늬 모양

(c) 시간 지연(τ)에 따른 상호상관함수(ρ) 변화

[그림 8.4] 윈드프로파일러에서 SAD방법으로 수평 바람을 관측하는 원리와 산출하는 과정

$$\tan\phi = \frac{v_y}{v_x} = \frac{s_y \tau_x}{s_x \tau_y} \tag{8.20}$$

여기서 수신 안테나간의 거리 s와 시간 지연 τ는 단지 동서 성분과 남북 성분이다. 이와 같이 회절 무늬에서 얻은 이동속도는 산란층 이동속도의 2배이다. 산란층의 무늬 패턴이 등방성이고 통계 특성이 변하지 않는다면 이동속도가 V이고 방위각이 ϕ인 풍속의 2배이다. 즉, 상공의 풍속과 풍향은 각각 $1/2\,V$이고 ϕ이다.

SAD 방법은 처음에 2~6 MHz의 MF와 HF 레이더에 적용되어 이온권 운동이나 중간권과 하부 열권의 바람을 관측하는데 이용되었다. 최근에는 원래의 SAD 방법으로 수평 풍향과 수평 풍속을 얻고 송신 안테나의 연직빔으로 수신한 산란 신호에 도플러 기술을 적용하여 연직 풍속까지 함께 관측한다. 그리고 거울면 반사나 이방성 산란에 민감한 50 MHz 윈드프로파일러에 SAD 방법을 적용하여 대류권 바람도 관측한다.

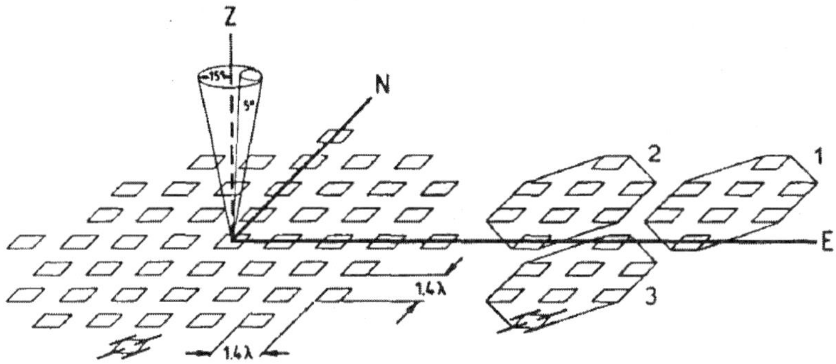

[그림 8.5] 독일 SOUSY VHF 윈드프로파일러에서 SAD 방법으로 바람을 관측하기 위한 안테나 배열

[그림 8.6] SAD 방법으로 운영되는 호주 시드니공항의 50 MHz 윈드프로파일러

(3) 간섭법

하나의 송신 안테나에서 전파 빔을 방사하고 3개 이상의 수신 안테나로 신호를 수신하면 상공의 산란체에 의해 간섭 무늬가 검출된다. 이 간섭 무늬의 시계열 위상차를 이용하면 간섭 무늬의 위상이 이동하는 방향과 속도를 얻을 수 있고, 이것으로 수평 풍향과 수평 풍속을 산출한다. 여기에 도플러 기술로 연직 풍속을 측정하여 덧붙이면 3차원 바람장을 얻을 수 있다.

2개의 수신 안테나에서 얻은 시계열 신호간의 위상차 ϕ는 다음과 같다.

$$\phi = \frac{2\pi}{\lambda} D \sin\delta \tag{8.21}$$

여기서 D는 두 수신 안테나간의 거리이고 δ는 수신 신호가 도착하는 방향의 천정각이다. 그리고 λ는 레이더 파장이다. 위상차 ϕ는 2개의 수신 신호 간 상호상관함수의 시간 지연이 $\tau = 0$인 위상에서 구한다.

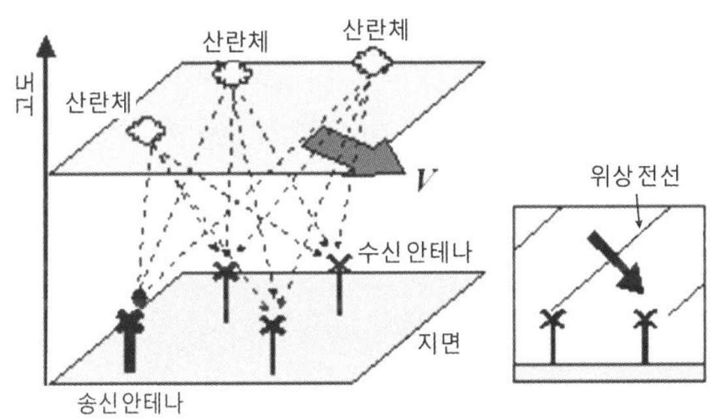

[그림 8.7] 윈드프로파일러의 간섭법으로 수평 바람을 관측하는 원리

8.2 온대 저기압의 바람 구조 분석

윈드프로파일러는 고정된 지점에서 그곳을 통과하는 기상 현상을 시계열로 관측한다. 온대 저기압이 윈드프로파일러 지점을 통과하게 되면 전선면의 기울기, 전선의 바람 구조, 전선 부근의 상하층 제트류나 횡단 순환 등을 상세하게 분석할 수 있다.

2004년 5월 21일 문산 윈드프로파일러에서 관측한 한랭전선 사례가 [그림 8.8]이다. [그림 8.8]의 시간축은 기상 현상의 공간 개념과 비슷하게 표현하도록 오른쪽에서 왼쪽으로 흐른다. 그리고 검은 점과 붉은 점은 일정한 고도의 풍향이 각각 남서에서 서로, 서에서 북서로 바뀌는 시점을 의미한다. 수평 바람 분포를 보면, 지상 부근에서 02 LST까지 남서풍이 불다가 서풍으로 바뀌고 04 LST 부근에서 북서풍으로 바뀐다. 이러한 풍향 변화는 상공으로 가면서 지상과 시간차를 두고 비스듬하게 기울어져 한랭전선면을 보여준다.

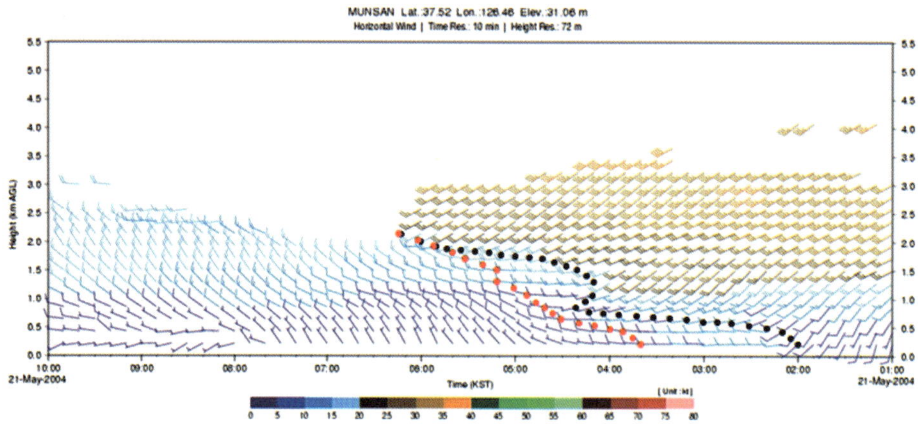

(a) 수평 바람

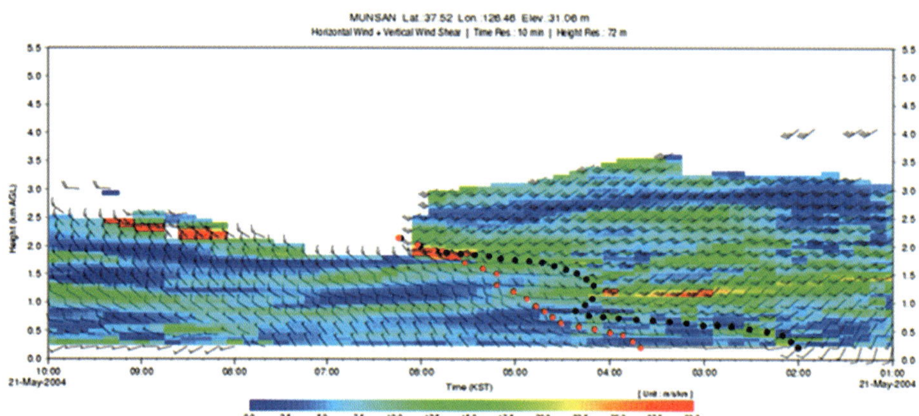

(b) 연직 바람시어(배경색)

[그림 8.8] 문산 UHF 윈드프로파일러에서 2004년 5월 21일에 관측된 한랭전선 사례. 시간은 그림의 오른쪽에서 왼쪽으로 흐른다.

06 LST 2.5 km 상공에서 바람이 관측되지 않으며, 이것은 한랭전선 뒤에서 한랭건조한 공기가 유입되면서 대기굴절률이 작아져 수신 전력이 약해졌기 때문이다. 연직 바람시어 분포를 보면, 01 LST와 04 LST 사이의 약 1~1.5 km 고도에서 큰 연직 바람시어가 나타난다. 이것은 1~1.5 km 고도 아래에서 한랭 공기가 온난 공기 밑으로 파고들면서 그 위에 있는 온난 공기 사이에서 불연속면이 발생하기 때문이다.

2004년 6월 17일 문산 윈드프로파일러에서 관측한 온난전선 사례가 [그림 8.9]이다. 수평 바람 분포를 보면, 01 LST에는 약 4.5 km 고도까지 남풍 혹은 남동풍이 불고, 그 이상의 고도에서는 남서풍으로 바뀐다. 풍향이 남풍 혹은 남동풍에서 남서풍으로 변하는 고도, 즉 불연속면은 점차 낮아져서 08 LST에 0.5 km 고도에 이른다. 이 시간 이후에 다시 상승하기 시작하여 10 LST에는 약 1 km 고도에 이른다. 연직 바람시어의 분포를 보면, 수평 바람의 풍향이 남풍 혹은 남동풍에서 남서풍으로 변하는 불연속면에서 크며, 특히

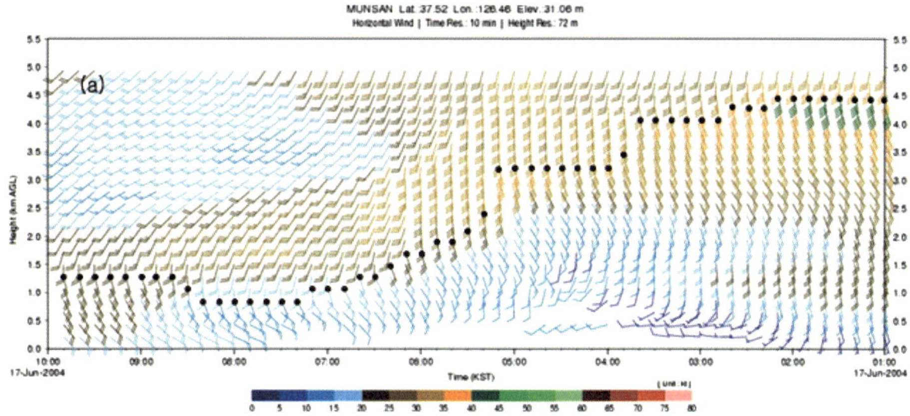

(a) 수평 바람

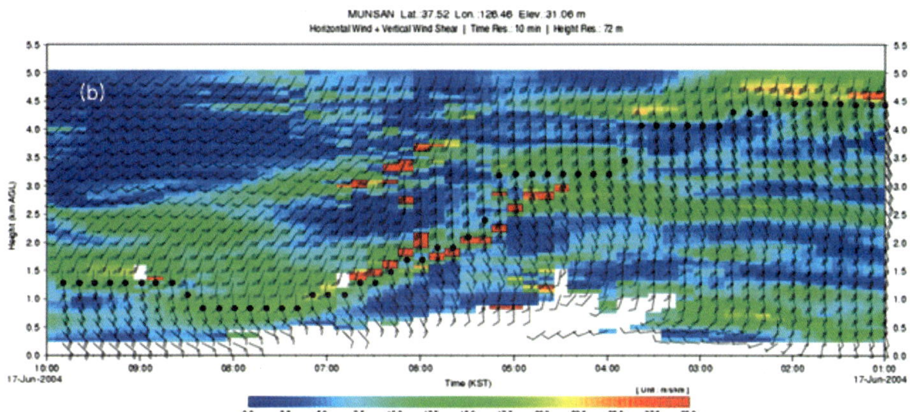

(b) 연직 바람시어(배경색)

[그림 8.9] 문산 UHF 윈드프로파일러에서 2004년 6월 17일에 관측된 온난전선 사례. 시간은 그림의 오른쪽에서 왼쪽으로 흐른다.

04 LST와 07 LST 사이에서 큰 연직 바람시어가 나타난다. 이 불연속면이 비교적 한랭한 공기가 온난한 공기 밑에 자리 잡은 온난전선면이다.

낮은 고도에서 높은 고도 분해능의 관측 자료를 제공하는 UHF 윈드프로파일러와 고도 분해능이 다소 떨어지지만 높은 고도까지 관측 자료를 제공하는 VHF 윈드프로파일러를 동시에 관측하여 한랭전선의 입체 구조를 분석하기도 한다. [그림 8.10]은 1995년 2월 22일 UHF 윈드프로파일러와 VHF 윈드프로파일러로 관측한 한랭전선 통과 전후의 바람 자료이다. 이 사례의 한랭전선은 북동에서 남서로 놓여 있었고, 지상에서 급격한 풍향 변화가 나타나는 14 UTC와 16 UTC 부근에 지상의 한랭전선이 통과하였다. [그림 8.11]은 UHF 윈드프로파일러 관측 자료를 VHF 윈드프로파일러 관측 자료와 합성하여 분석한 결과이다. 약 7 km 이하의 고도에서는 UHF 윈드프로파일러 관측 자료, 7 km 이상의 고도에서는 VHF 윈드프로파일러 관측 자료가 이용되었다. 한랭전선에 평행한 풍속을 보면 한랭전선의 전면에서 난기 수송 벨트와 관련된 전선 평행 풍속이 강하게 나타난다. 한랭전선을 횡단하는 풍속을 보면, 전선 횡단 순환과 연관된 하층 제트류와 상층 제트류가 13 UTC 2 km 고도와 18 UTC 7 km 고도 부근에서 나타난다. 14 UTC 부근의 한랭전선과 관련된 횡단 순환(굵은 실선의 화살표)이 보이며, 이것은 지상 한랭전선의 전면에 있는 난기 수송 벨트에 의해 발생한다. 이 횡단 순환은 14 UTC 부근에 선형 대류 형태로 상승하여 한랭전선 후면으로 상층 제트류 고도까지 비스듬히 상승한다. 선형 대류가 통과하면서 저

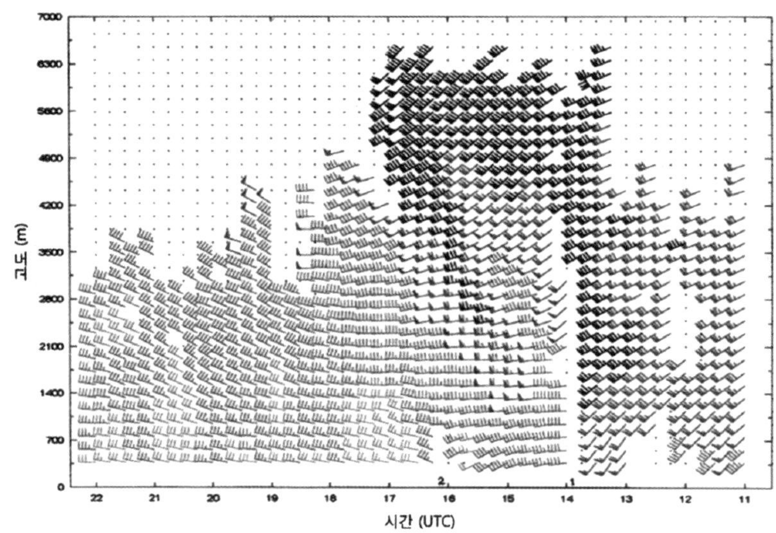

(a) UHF 윈드프로파일러의 수평 바람 자료

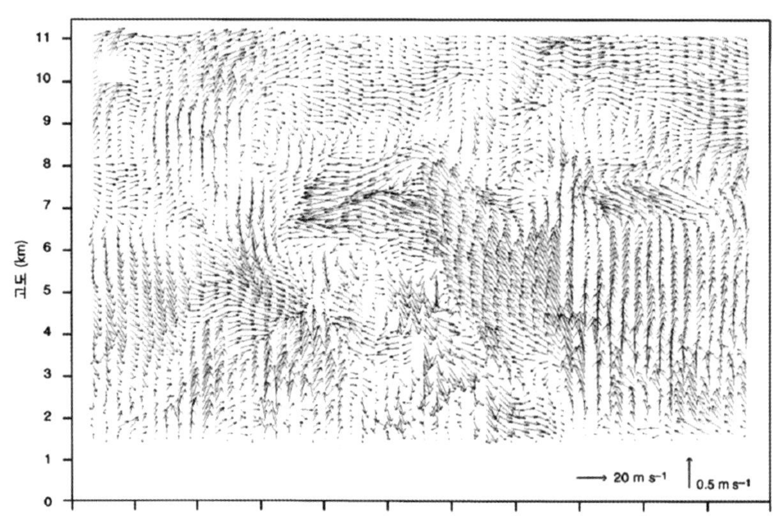

(b) VHF 윈드프로파일러의 수평 바람 자료

[그림 8.10] UHF 윈드프로파일러와 VHF 윈드프로파일러로 관측한 1995년 2월 22일의 한랭전선 사례

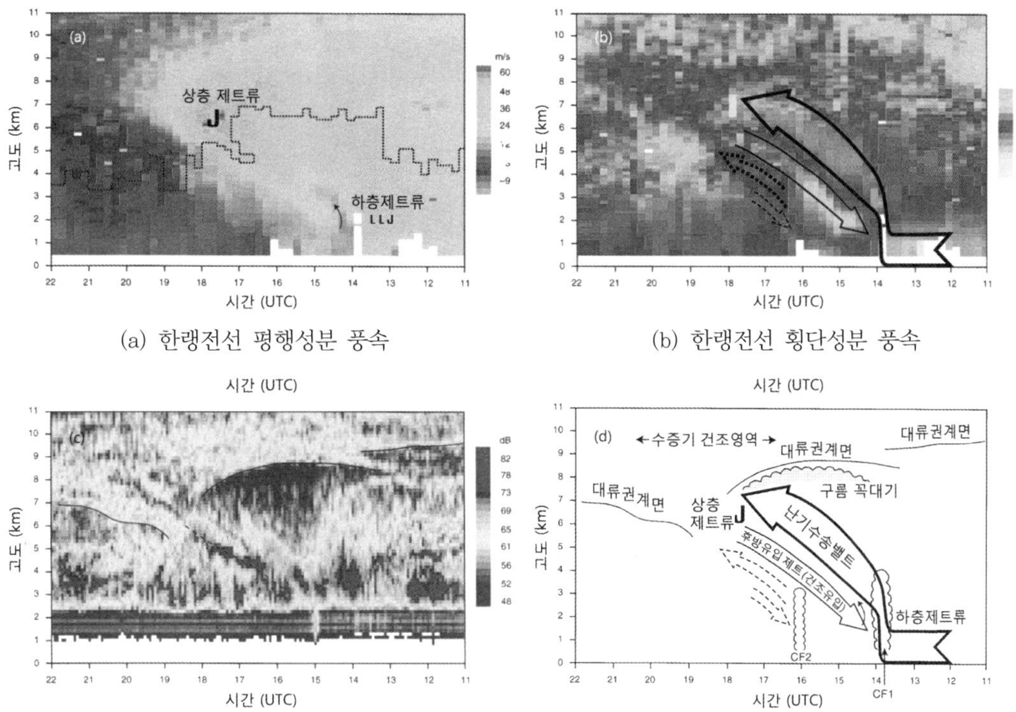

(a) 한랭전선 평행성분 풍속 (b) 한랭전선 횡단성분 풍속

(c) VHF 윈드프로파일러의 신호대잡음비 (d) 한랭 전선구조의 개념 모델

[그림 8.11] UHF와 VHF 윈드프로파일러의 관측 자료를 합성하여 얻은 분석자료(Browning et al., 1998)

층 저기압성 시어와 수렴이 동반되어 나타난다. 이것은 [그림 8.10]에서 시간에 따라 녹색에서 파란색으로, 그리고 오렌지에서 파란색으로 변하는 부분이다. 전선 횡단 순환의 아래에서 전선 후면에서 전면으로 흐르는 후면 유입 제트류가 나타나며, 이것은 대류권계면 접힘으로 유입되는 건조 공기 흐름의 한 부분이다. 16 UTC 부근에서도 그 규모는 작지만 14 UTC 부근에서 나타나는 전선 횡단 순환과 비슷한 흐름이 나타난다. VHF 윈드프로파일러의 신호대잡음비 분포를 보면 5 km 이하에서 강하고 고도가 증가하면서 약해지다가 다시 강하게 나타난다. 이것은 상부 대류권으로 올라가면서 난류 운동이 약해지면서 브래그 산란이 약해지고, 다시 대류권계면에서 불연속에 의한 비교적 강한 에코가 발생하기 때문이다. 이러한 특성을 이용하면 대류권계면 고도를 추정할 수 있으며, [그림 8.11]에서 검은 실선이 대류권계면 고도를 나타낸다. 대류권계면은 18 UTC까지 약 8~9 km 고도를 유지하다가, 18 UTC와 19 UTC 사이에서 끊어지고 대류권계면 접힘이 발생한다. 대류권계면 접힘으로 발생한 하강 기류는 한랭전선 후면에서 나타나는 후방 유입 제트류와 연결된다.

8.3 해륙풍의 바람 구조 분석

해륙풍은 바다와 육지 위에 있는 공기의 차등 가열로 발생하는 중규모 현상이다. 해풍이 충분히 발달하여 내륙으로 침투할 때면 해풍과 육풍의 경계에서 지상 풍향이 급격하게 반전하고 상층에서 회전 순환하는 바람 구조를 가진다.

2004년 5월 31일 강릉 윈드프로파일러로 관측한 해륙풍 사례가 [그림 8.12]이다. 2.5

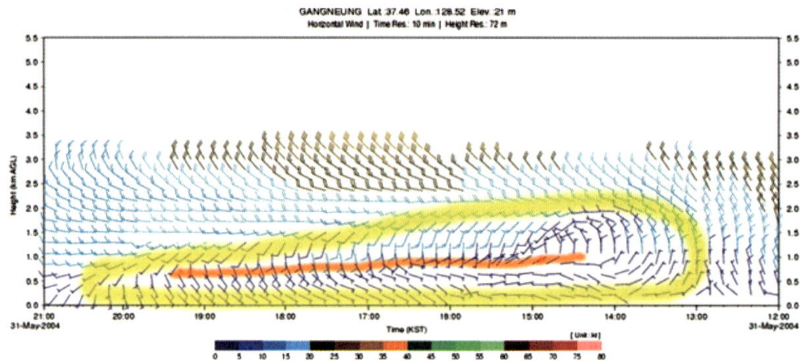

(a) 수평 바람

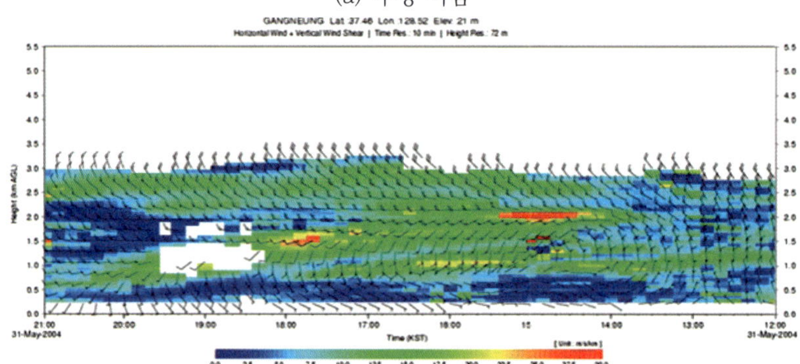

(b) 연직 바람시어

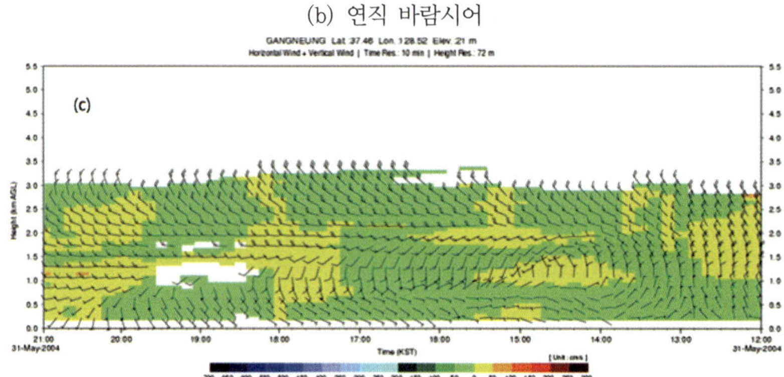

(c) 연직 풍속(배경색)

[그림 8.12] 강릉 UHF 윈드프로파일러에서 2004년 5월 31일에 관측된 해륙풍 사례. 시간은 그림은 오른쪽에서 왼쪽으로 흐른다.

km 고도에서 종관기압장에 의한 북서풍이 15~20 ms^{-1}로 불고, 13시와 14시 사이에 2 km 고도 이하에서 풍향 반전이 일어나고 상층에 회전 순환이 일어난다. 그 직후 회전 순환 이하의 고도에서 해풍이 본격적으로 불기 시작하여 지상에서 약 800 m까지 동풍 계열의해풍이 지속적으로 분다. 해풍은 최대 800 m까지 발달하였고, 상층 되돌이 기류와의 경계는 해풍 순환이 형성되는 초기에는 다소 높다가, 이후에 조금씩 낮아지는 경향을 보인다. 상층 되돌이 기류의 두께는 최대 800 m 정도이다. 수평 바람의 연직시어를 보면 14시 약 2 km 고도에서 강한 연직시어층이 나타다가 18시로 가면서 약 1.5 km 고도로 낮아진다. 이러한 연직시어층은 종관기압장에 의한 탁월풍과 해륙풍에 의한 상층 되돌이 기류의 바람차로 발생한 것이고, 이 층을 해륙풍의 최대 고도로 간주할 수 있을 것이다. 연직 풍속에서는 13시와 16시 사이 회전 순환의 중심 고도에서 상승 기류가 나타나며, 1 km와 1.5 km 고도에서 상층 되돌이 기류가 발달하는 17시와 18시 사이, 그리고 20시와 21시 사이에서 상승 기류가 나타난다.

8.4 태풍의 바람 구조 분석

윈드프로파일러는 수분의 시간 분해능으로 바람의 연직 분포를 얻을 수 있고, 기상 레이더와 달리 강수가 없는 영역에서 연속으로 바람 정보도 얻을 수 있다. 이러한 점 때문에 상세한 태풍의 바람 구조를 파악하는데 윈드프로파일러가 널리 활용되고 있다. 최근에는 윈드프로파일러와 기상 레이더를 동시에 활용하여 태풍의 강수 영역과 비강수 영역을 연속해서 분석하는 연구가 이루어지고 있다.

태풍의 눈이 일본 나제 1.3 GHz 윈드프로파일러 관측 지점을 통과할 때 관측된 사례가 [그림 8.13]이다. 태풍 중심에서 전면으로 약 30 km 거리 이상과 태풍 중심에서 후면의 40~70 km 거리에서 눈벽과 나선 띠에 해당하는 강한 레이더 반사도(0 dBZ)가 관측된다. 반면에, 태풍 중심으로부터 40 km 거리 이내에서는 약한 레이더 반사도 영역이 관측되며, 이 영역이 태풍의 눈에 해당한다. 이 영역의 6 km 고도 이상에서 하강 기류로 만들어진 건조 영역에 해당하는 −40 dBZ의 레이더 반사도 영역이 나타난다. 태풍의 접선 풍속을 보면, 태풍 중심에서 전면으로 약 30 km 거리 이상과 태풍 중심에서 후면의 30~60 km 거리에 있는 눈벽에서 강한 저기압성 바람이 관측된다. 특히, 태풍 전면으로 눈벽 지역에서 약 2 km 이하의 고도에서 강한 저기압성 바람이 관측된다. 눈벽의 안쪽 방향에서 저기압성 바람은 약해진다. 태풍 전면으로 20 km 이내의 거리에서 고도 5 km 이상에서 고기압성 바람이 관측된다. 태풍의 눈에서 접선 풍속은 비슷하게 분포하나 비대칭적이다. UHF 윈드프로파일러 관측에서 강수 현상이 있으면 연직빔의 시선속도는 연직 바람과 강수 입자의 낙하 속도의 합이다. 태풍 전면으로 약 30 km 거리 이상과 후면으로 30~60 km 거리 사이에서 낙하하는 강수 입자가 관측된다. 태풍 눈에서 상당히 크고 연직으로 연속적인 상승 기류는 약 2 km 고도에서 우세하지만 강수나 구름이 없는 것을 파악할 수 있다.

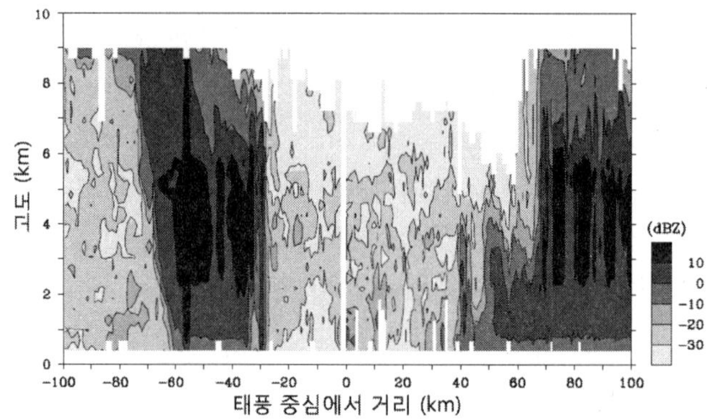

(a) 연직빔의 레이더 반사도 인자

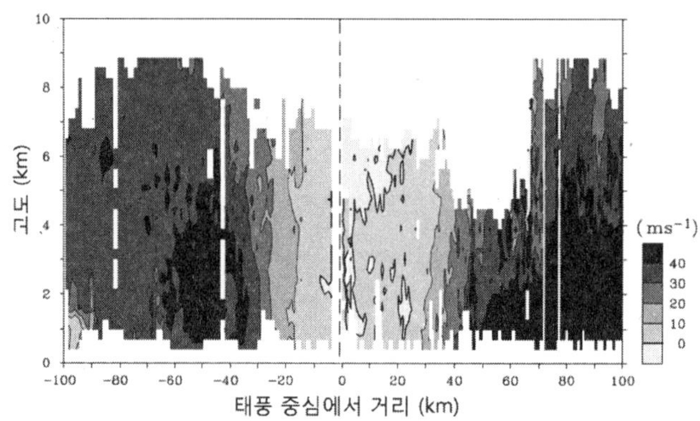

(b) 접선 풍속

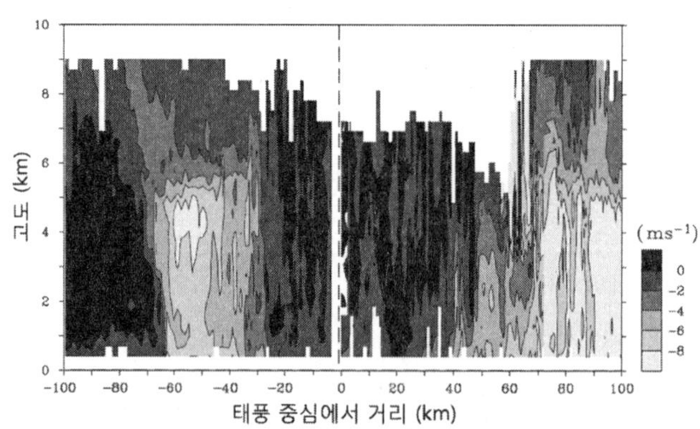

(c) 시선속도

[그림 8.13] 일본 기상청의 나제 윈드프로파일러에서 관측된 태풍 눈 주변의 관측 자료 (Teshiba et al., 2005)

8.5 제트류와 제트핵 분석

중위도 전선대에서는 북쪽의 한대 기단과 남쪽의 열대 혹은 아열대 기단이 서로 대치하고 있어 대류권계면 부근에 제트류가 발달한다. 이 제트류는 대기 상층과 하층 간의 연직 운동을 발달시켜 지상 저기압의 발달이나 소멸에 매우 중요한 역할을 한다. 따라서 제트류의 위치나 제트핵의 최대 풍속을 입체적으로 파악하면 위험 기상의 발달 상황을 효과적으로 감시할 수 있다.

VHF 윈드프로파일러는 고도 15 km 이상까지 수백 m 고도와 수분 간격으로 바람 자료를 제공한다. 이 자료를 활용하면 제트류의 발달 경향과 제트핵 위치를 실시간으로 파악할 수 있다. [그림 8.14]는 윈드프로파일러로 관측하고 수치모델로 예측한 제트핵 사례이다. 윈드프로파일러 관측 자료에서 6일 12시에 고도 9 km에 70 ms^{-1} 이상의 제트핵이 나타나며, 수치모델에서도 같은 시간대와 같은 고도에서 67 ms^{-1}의 제트핵이 나타난다.

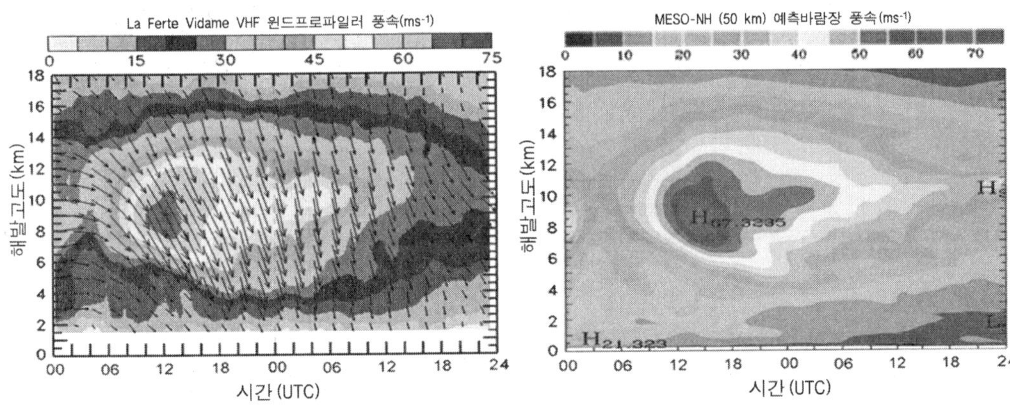

(a) 제트핵의 바람장　　(b) 프랑스 기상청 수치모델로 예측한 바람장

[그림 8.14] 1999년 11월 6~7일에 프랑스 기상청 VHF 윈드프로파일러에서 관측하고 수치모델로 예측한 제트핵 관측 사례

[그림 8.15]는 프랑스 남부의 란느므장 VHF 윈드프로파일러에서 관측된 겨울철 1개월 동안의 관측 자료이다. 연직빔의 레이더 반사도를 보면 고도 6 km 이하와 10~15 km에서 강한 레이더 반사도 영역이 보인다. 특히, 위층에서 요동하는 띠 형태로 보이는 에코층은 대류권계면에서 프레넬 반사나 프레넬 산란으로 발생한 것이다. 이 층은 2월의 17일, 19일, 21일, 그리고 3월의 1~2일, 6~8일, 13일, 15일에 고도가 낮아진다. 이 시간대의 수평 풍속을 보면 낮아지는 에코층의 바로 아래에서 40~60 ms^{-1}의 제트류와 제트핵이 나타난다. 이것은 대류권계면 약 1 km 아래의 온난 기단에서 제트핵이 나타나는 일반적인 연구 결과와 일치한다. 연직 풍속에서도 제트류 아래에서 그와 관련된 상승이나 하강 흐름이 관측된다.

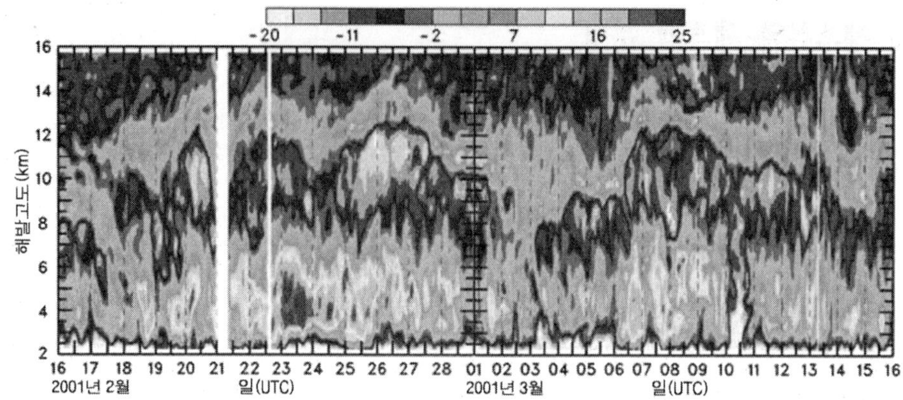

(a) 연직빔의 레이더 반사도(dB)

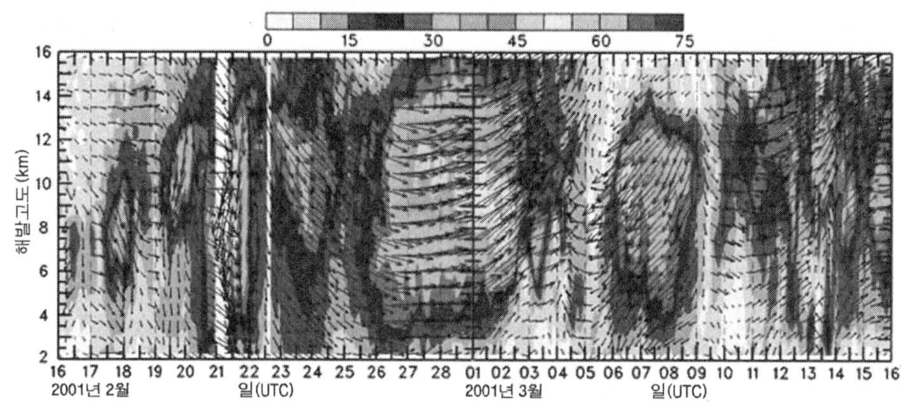

(b) 수평 풍속(ms^{-1})

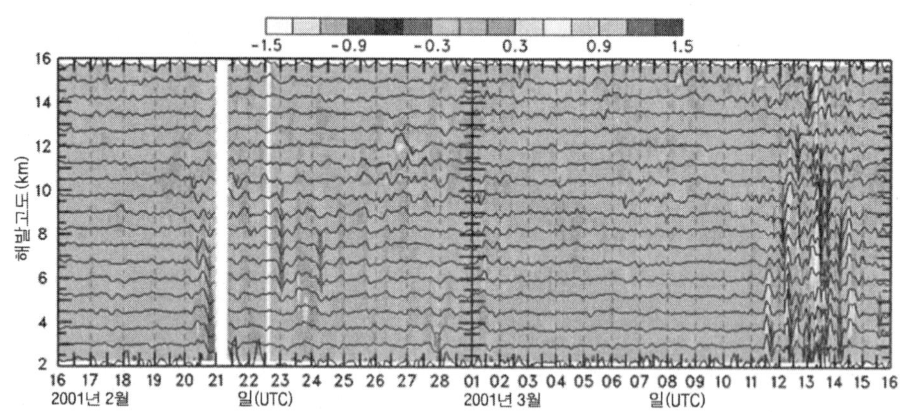

(c) 연직 풍속(ms^{-1})

[그림 8.15] 프랑스 란느므장 VHF 윈드프로파일러에서 관측된 겨울철 1개월 동안의 관측 자료

8.6 3차원 바람장 추정

대기 속에 있는 먼지나 에어로졸은 3차원 바람장에 따라 이동한다. 따라서 유독가스나 오염 물질을 감시하고 추적하기 위해서는 3차원 바람장 정보가 필수적이다. 최근 윈드프로파일러 관측 자료를 이용하여 오염 물질의 이동 경로를 추적할 수 있는 기술이 개발되고 있다.

시공간으로 제한된 영역에서 관측 요소가 선형으로 변한다고 가정하고 3차원 바람장을 추정한다. 이 가정에 따라 직교 좌표계에서 윈드프로파일러의 관측 변수 Φ는 다음과 같이 테일러 급수의 1차항으로 나타낸다.

$$\Phi(t, x, y, z) = \Phi(t_0, x_0, y_0, z_0) + (t - t_0)\frac{\partial \Phi}{\partial t} + (x - x_0)\frac{\partial \Phi}{\partial x} + (y - y_0)\frac{\partial \Phi}{\partial y} + (z - z_0)\frac{\partial \Phi}{\partial z} + \xi \quad (8.22)$$

여기서 t, x, y, z는 각각 직교 좌표계의 시간과 동서 성분, 남북 성분, 그리고 고도축의 좌표값이다. (t_0, x_0, y_0, z_0)는 직교 좌표계의 기준점을, ξ는 테일러 급수의 고차 항을 나타낸다. $\Phi(t, x, y, z)$는 윈드프로파일러 관측값이며, 미지수 $\Phi(t_0, x_0, y_0, z_0)$, $\partial\Phi/\partial t$, $\partial\Phi/\partial x$, $\partial\Phi/\partial y$, $\partial\Phi/\partial z$는 최소자승법으로 계산할 수 있다. 위의 방정식을 풀기 위해서 최소 5개 방정식이 필요하며, 이 해를 구하기 위해 $t_0 - \Delta T/2 < t < t_0 + \Delta T/2$과 $z_0 - \Delta H/2 < z < z_0 + \Delta H/2$에서 ΔT시간 동안 ΔH 두께에 포함된 윈드프로파일러 관측 자료를 사용한다.

윈드프로파일러 관측 자료로 구현한 3차원 바람장에서 공기덩이의 궤적은 다음의 미분 방정식으로 주어진다.

$$\frac{d\vec{r}}{dt} = \vec{V}[\vec{r}(t)] \quad (8.23)$$

여기서 $\vec{r}$는 위치 벡터이고 $\vec{V}$는 공기덩이의 수평 속도이다. 시간 t_o에서 공기덩이의 위치를 $\vec{r}(t_o)$라고 하면, 2차원 공기흐름에 대한 방정식 (8.23)의 해는 다음과 같이 주어진다.

$$x_1 = x_0 + \Delta t u(x_0, y_0, t) \quad (8.24)$$

$$y_1 = y_0 + \Delta t v(x_0, y_0, t) \quad (8.25)$$

여기서 (x_0, y_0)는 시간 t_o에서 공기덩이의 위치를 나타내며, Δt는 시간 증분이다. [그림 8.16]은 아프리카에서 설치된 윈드프로파일러 관측 자료로 산출한 3차원 바람장과 공기궤적의 분석 사례이다.

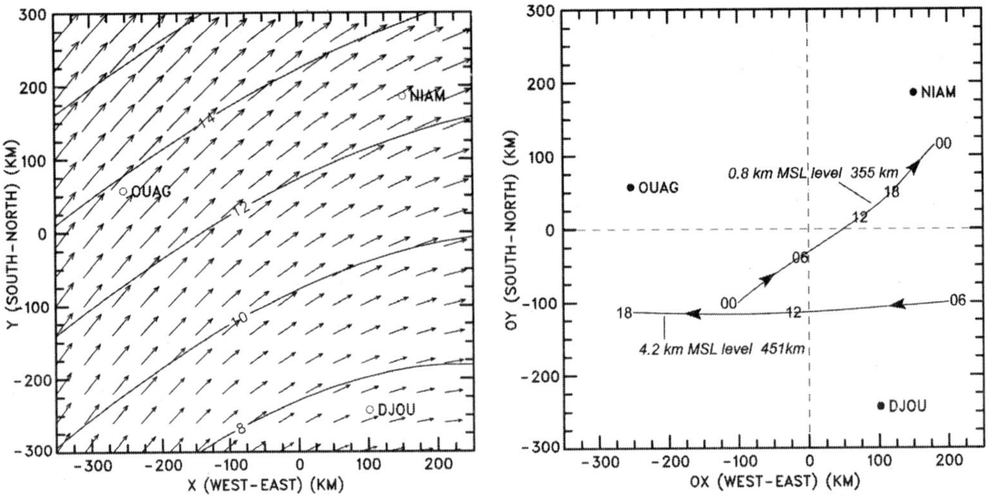

(a) 해발고도 800 m의 3차원 바람장 (b) 해발고도 800 m와 4.2 km 간의 공기덩이 수평 궤적

[그림 8.16] UHF 윈드프로파일러의 관측 자료로 산출한 바람장과 공기궤적의 분석 사례

8.7 전선면의 객관 분석

온대 저기압의 전선면은 구름과 강수를 발생시키는 중요한 경계 영역이다. 이러한 전선면을 객관적으로 분석하는 것은 실황 예보, 전선의 진단, 수치모델 평가 등에서 중요하다. 전선면에서는 온도 기울기, 연직 바람시어, 그리고 정적 안정도가 크게 나타난다. 이러한 특성을 이용하면 윈드프로파일러에서 얻은 관측 자료로 전선면을 객관적으로 분석할 수 있다.

하나의 윈드프로파일러에서 관측된 바람을 지균풍으로 가정하면, 관측된 연직 바람시어는 온도풍 방정식에 따라 다음 식과 같이 등압면의 온도 기울기에 따라 좌우된다.

$$\frac{\partial \vec{V}}{\partial p} \sim \frac{\partial \vec{V_g}}{\partial p} = -\frac{R}{f\bar{p}}\hat{k}\times\nabla T \tag{8.26}$$

여기서 $\vec{V}=\hat{i}u+\hat{j}v$는 관측된 바람 벡터이고, $\vec{V_g}$는 지균 바람 벡터이다. R은 기체 상수(287 $\text{Jkg}^{-1}\text{K}^{-1}$)이고 f는 전향력 인자($\sim10^{-4}\,\text{s}^{-1}$)이며, $\bar{p}$는 층의 평균 기압, 그리고 $\hat{k}$는 연직 단위 벡터이다. $\nabla T=\hat{i}\,\partial T/\partial x+\hat{j}\,\partial T/\partial y$는 등압면에서 온도 기울기이다. 위 식에서 온도 기울기를 다음과 같다.

$$\nabla T(z,t)=\frac{f\bar{p}}{R}\hat{k}\times\frac{\vec{V}[p(z+\Delta z,t),t]-\vec{V}[p(z-\Delta z,t),t]}{p(z+\Delta z,t)-p(z-\Delta z,t)} \tag{8.27}$$

여기서 $\vec{V}$와 p는 각각 고도 z와 시간 t에서 바람 벡터와 기압이고 Δz는 고도 간격이다.

고도 z에서 층의 평균 기압인 $\bar{p} = [p(z+\Delta z, t) + p(z-\Delta z, t)]/2$이다. 이 방법으로 구한 온도 기울기는 관측된 바람이 지균풍 가정에서 크게 벗어나거나 곡선 흐름을 가질 때는 사용하기 어렵다. 전선면에서는 기온 역전층에 따른 정적 안정도가 증가하여 수신 전력이 증가한다. 이러한 특성을 반영하여 수신 전력이나 신호대잡음비의 고도별 증가를 조사하면 전선면을 탐지할 수 있다. 다만, 500 hPa 고도 이하에서는 수증기에 의해 수신 전력이 크게 증가하기 때문에 하층 전선을 탐지하기에는 상당히 어렵다. 연직 바람시어는 윈드프로파일러의 고도별 바람 자료로 쉽게 계산할 수 있다.

윈드프로파일러로 전선면을 객관적으로 검출하는 기법에서는 윈드프로파일러의 1~3시간 관측 자료를 이용하여 온도 기울기 크기, 신호대잡음비 변화, 그리고 바람 벡터 변화를 계산한다. 그리고 각 변수별로 정해진 기준에 따라 1~0.5점을 부여하여 전선면을 판정한다. [표 8.1]은 호주 기상청에서 VHF 윈드프로파일러 자료로 전선면을 검출하기 위해 만든 점수표이다. 점수는 임의적이고 경험적으로 얻은 값이다. 세 요소 중에서 신호대잡음비 변화는 8 km 이상의 상층 전선을 검출하기 위해 포함시킨 것이다. 이 값은 전선대와 관계없는 대기굴절률 구조변수의 작은 변화에도 반응하여 잡음을 만들기 때문에 이것을 줄일 수 있도록 다른 요소의 반에 해당하는 점수를 부여한다. [그림 8.17]은 1998년 1월 17일부터 18일까지 호주에서 VHF 윈드프로파일러로 관측한 바람 자료에 전선면 분석 알고리즘을 적용하여 얻은 점수의 등치선 분포이다. 17일 11 UTC의 2 km 고도에서 18일 12 UTC의 6 km 고도까지 점수가 1점 이상인 분포가 비스듬하게 놓여 있으며, 이 영역이 검출된 전선면을 나타낸다.

[표 8.1] 호주 기상청의 VHF 윈드프로파일러 전선탐지 점수표 예시

변　　수	점수
온도 기울기 크기	· 1.5~3.0℃/100 km일 때 1.0점 부여 · 0.5℃/100 km 추가될 때마다 1.0점 부여
신호대잡음비 변화	· 증가치가 2.5~3.0 dB이면 0.5점 부여 · 증가치가 1.5 dB 추가될 때마다 0.5점 부여
바람 벡터 변화	· 5.0~7.5 ms^{-1} 변화에 대해 1.0점 부여 · 2.5 ms^{-1} 변화될 때마다 0.5점 부여 · 온도 기울기 크기가 1.5℃ /100 km 이하이거나 신호대잡음비의 증가치가 +2.5 dB 이하이면 0.5점 부여

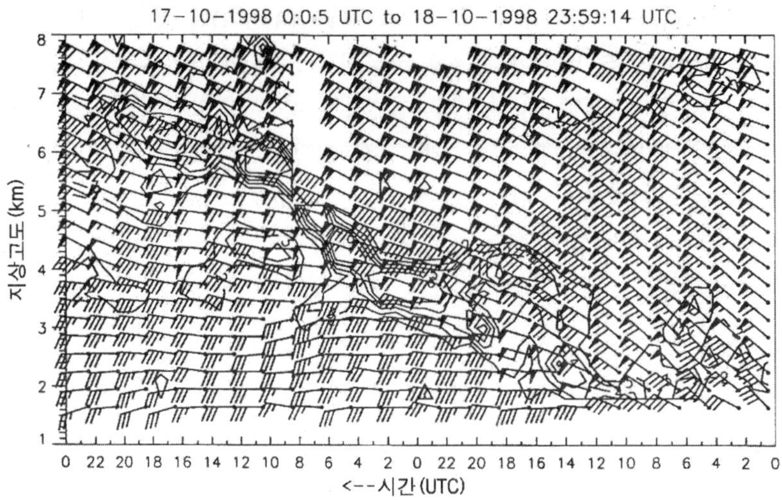

(a) 60분 평균 바람 자료

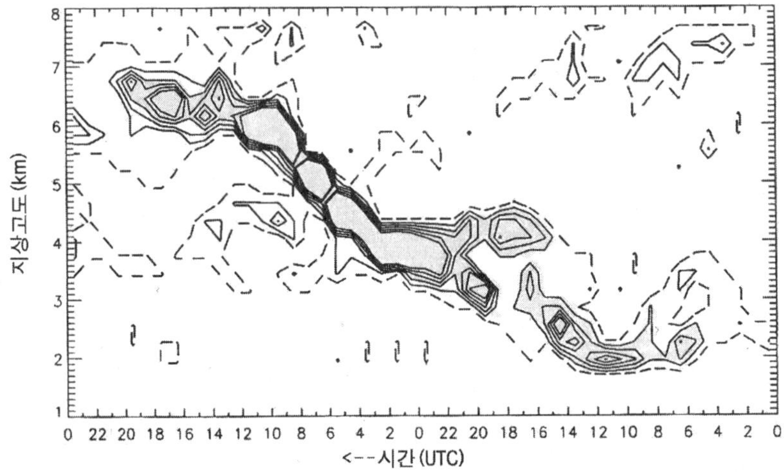

(b) 전선면 객관 분석 알고리즘을 적용하여 얻은 점수의 등치선 분포

[그림 8.17] 호주 기상청의 VHF 윈드프로파일러에서 관측된 바람 자료에 전선면 분석 알고리즘을 적용한 사례(Lucas et al., 2001)

Chapter

9 대류경계층 고도 관측

낮 동안 지표 가열로 난류 혼합이 지배하는 대류경계층이 형성되고, 이 층의 공기와 자유대기가 서로 섞이면서 유입대가 형성된다. 이 유입대에서는 대기굴절률 불균질이 커서 송신 전파가 강하게 산란되고 수신 전력의 연직 분포에서 강한 첨두로 관측된다. 여기서는 UHF 윈드프로파일러의 수신 전력 분포에서 나타나는 첨두의 특성을 이용하여 대류경계층 고도를 관측하는 방법에 대해 설명한다.

9.1 대류경계층 유입대의 전파 산란 특성

맑은 날 낮 동안에 태양열에 의한 지표 가열로 열적 난류가 발생하고 혼합되면서 대류경계층을 형성한다. 이때 대류경계층과 자유대기의 경계에서 자유대기의 건조공기가 대류경계층으로 유입되면서 대류경계층 꼭대기에 기온 역전층이 형성된다. 이 역전층에서는 고도에 따라 온위가 급격하게 증가하고 혼합비가 급격하게 감소하며, 지표 가열에 의한 플륨이 최대로 도달하여 열속이 최소로 나타난다. 낮 동안 대류경계층에서 온위나 가온위의 연직 기울기가 최대로 나타나는 고도를 대류경계층 고도라고 한다. 대류경계층 고도에서는 자유대기와 대류혼합층의 공기가 충분히 혼합되어 대기굴절률 불균질이 강해져 브래그 산란이 강하게 발생한다. 반면에, 대류경계층 내부인 대류혼합층에서는 충분히 혼합되어서 온위와 혼합비의 연직 분포가 고도에 따라 거의 일정하고 대기굴절률 불균질이 약해져 브래그 산란이 약하게 일어난다.

윈드프로파일러 전파는 대류경계층 고도에서 강하게 산란되기 때문에 대기굴절률 구조변수나 신호대잡음비의 연직 분포에서 첨두가 나타난다. [그림 9.3]은 맑은 날 낮 동안 관측된 라디오존데 자료와 UHF 윈드프로파일러로 관측한 대기굴절률 구조변수의 연직 분포이다. 가온위는 0.9 km 이하 고도에서 거의 일정하다가 1.2 km 근처에서 급격하게 증가한다. 혼합비는 약 0.8 km 이하의 고도에서 거의 일정하다가 0.8 km와 1.3 km 사이에서 급격하게 증가한다. 가온위의 연직 변화는 0.9 km 이하에서 거의 0에 가까운 값을 보이며,

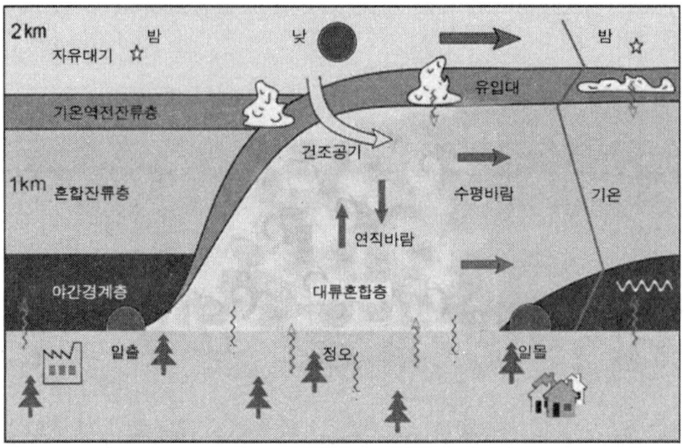

[그림 9.1] 육상에서 하루 동안 대기경계층의 변화

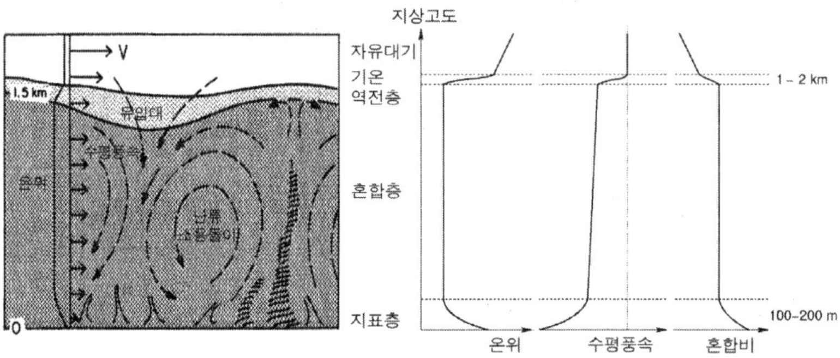

[그림 9.2] 낮 동안 대류경계층의 연직 구조

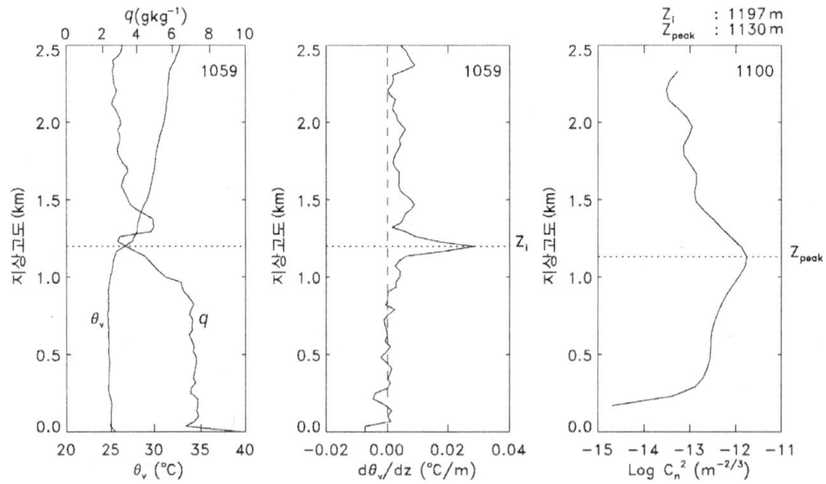

[그림 9.3] 프랑스 비아봉에서 1998년 6월 19일 1059 LST에 관측된 라디오존데 자료로 산출한 가온위 (θ_v), 혼합비(q), 그리고 가온위의 연직 변화($d\theta_v/dz$)와 1100 LST에 관측된 UHF 윈드프로파일러 자료의 대기굴절률 구조변수(C_n^2) 연직 분포. Z_i는 라디오존데 자료에서 구한 대류경계층 고도를, Z_{peak}는 UHF 윈드프로파일러로 관측된 대기굴절률 구조변수의 연직 분포에서 첨두를 나타낸다.

0.9 km 이상부터 양의 값을 가지다가 약 1.2 km에서 급격하게 증가하여 첨두로 나타난다. 첨두가 나타나는 고도를 대류경계층 고도로 추정한다. 윈드프로파일러에서 관측한 대기굴절률 구조변수의 연직 분포에서 첨두 고도는 약 1.1 km로 라디오존데에서 구한 대류경계층 고도와 잘 일치한다.

윈드프로파일러로 관측한 대기굴절률 구조변수나 신호대잡음비의 연직 분포에서 나타나는 첨두고도와 대류경계층 고도의 관련성은 하루 동안 관측한 윈드프로파일러 관측 자료에서 충분히 확인할 수 있다. [그림 9.4]는 맑은 날 낮 동안 UHF 윈드프로파일러로 관측한 자료이다. 그림에서 원형 흰점은 동일한 장소에서 관측된 라디오존데 자료에서 추정한 대류경계층 고도이다. 대기굴절률 구조변수의 일변화 분포를 보면, 이른 아침인 07 LST에 강한 산란층이 성장하기 시작하여 09 LST에 0.3 km에서 11 LST에 1.1 km까지 급속하게 성장하였다. 12 LST에는 거의 1.3 km에 도달하였다. 그 이후로는 오후 내내 약 1.2 km와 1.3 km 사이에서 유지되다가 일몰부터 산란층의 강도가 약해진다. 같은 장소에서 관측하여 얻은 라디오존데 자료와 비교해보면, 기온과 습도가 급격하게 변하고 난류 유입으로 인한

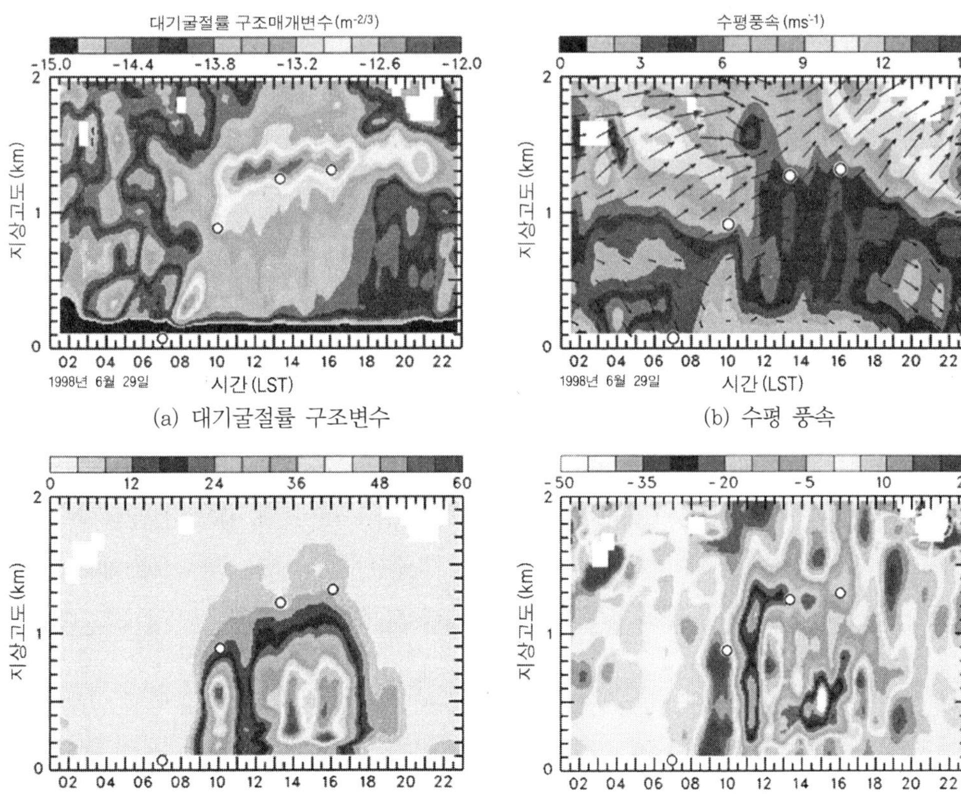

(a) 대기굴절률 구조변수　(b) 수평 풍속

(c) 난류 에너지 소멸률　(d) 연직 풍속의 일변화 분포

[그림 9.4] 1998년 6월 29일 프랑스 Viabon에서 UHF 윈드프로파일러로 관측. 여기서 원형 흰점은 라디오존데 자료에서 얻은 대류경계층 고도이다.

혼합이 있는 층에서 강하게 산란이 발생한다. 강한 산란층이 대류경계층 고도에 해당한다. 수평 바람의 일변화 분포를 보면, 충분히 혼합된 대류경계층 내에서는 연직 바람시어가 작고, 대류경계층 고도의 바로 위에서는 연직 바람시어가 최대로 나타난다. 대류경계층은 태양 가열로 생긴 난류와 난류 혼합으로 발달한다. 이러한 난류 강도는 등방성 난류를 가정하면 난류 에너지 소멸률로 파악할 수 있다. 난류 에너지 소멸률의 일변화 분포를 보면, 대류경계층이 형성되기 시작하는 07 LST부터 지상 부근에 난류가 발생하기 시작하고, 09 LST부터 난류가 증가하여 낮 동안에는 대류경계층 고도 아래에서 난류가 활발하게 생성된다. 17 LST부터 지상 부근의 난류가 급격하게 약해지고 밤에는 나타나지 않는다. 연직 풍속의 일변화 분포를 보면, 낮 동안 대류경계층 내에서 연직 풍속이 강해지고 변동성도 커진다. 09 LST부터 12 LST까지 약 20 cms^{-1}의 상승과 하강 운동이 반복하여 나타나고 오후 내내 이러한 반복이 지속된다.

맑아서 대류경계층에 구름이 없는 날에 UHF 윈드프로파일러로 관측한 대기굴절률 구조변수나 신호대잡음비의 연직 분포에서 첨두 고도는 라디오존데 자료로 추정된 대류경계층 고도와 잘 일치하고 대류경계층의 구조와 일변화를 잘 반영해 준다. 최근 UHF 윈드프로파일러로 대류경계층 고도를 관측하기 위한 방법이 개발되고 있다. 지금까지 개발된 방법으로는 최대 수신 전력법, 중앙값 필터법 그리고 열속 보정법이 있다.

9.2 최대 수신 전력법

대류경계층 고도에서 대기굴절률 불균질이 커서 전파가 강하게 산란되는 특성을 기초로 개발한 방법이다. 이 방법은 윈드프로파일러에서 관측된 대기굴절률 구조변수나 신호대잡음비의 연직 분포에서 최대값을 가진 첨두를 찾고 그 고도를 대류경계층 고도로 추정한다.

UHF 윈드프로파일러에서 얻은 대기굴절률 구조변수 자료에 최대 수신 전력법을 적용하여 대류경계층 고도를 추정한 사례가 [그림 9.5(a)]이다. 19일 0800 LST의 경우만 제외하고 대기굴절률 구조변수의 첨두로 추정한 대류경계층 고도는 라디오존데 자료로 추정한 대류경계층 고도와 거의 일치한다. 19일 0800 LST의 경우에 대기굴절률 구조변수의 연직 분포에서 대류경계층 고도에 상응하는 아래의 첨두와 혼합 잔류층 고도에 해당하는 위의 첨두가 나타난다. 이와 같이 최대 수신 전력법은 대류경계층의 유입대에 의한 첨두와 구름층이나 혼합 잔류층에 의한 첨두가 동시에 나타날 경우에 대류경계층 고도를 잘못 추정한다.

9.3 중앙값 필터법

대류경계층 고도에서 대기굴절률 불균질이 커서 전파가 강하게 산란되는 특성을 기초로 하고, 중앙값 필터로 구름, 혼합 잔류층, 강수 혹은 인공적인 목표물에서 발생하는 대기굴절률 구조변수의 첨두를 제거하는 방법이다. 중앙값 필터법은 대기굴절률 구조변수의 연직 분포별 첨두 고도 자료에 중앙값 필터를 적용하는 연직 분포별 중앙값 필터법과 관측 고도별 대기굴절률 구조변수 자료에 중앙값 필터를 적용하는 관측 고도별 중앙값 필터법으로 구분된다.

연직 분포별 중앙값 필터법은 일정 기간 동안에 관측된 각 대기굴절률 구조변수의 연직 분포에서 첨두를 선택한 후에 그 첨두 고도의 중앙값을 그 기간 동안의 대표적인 대류경계층 고도로 결정한다. 이 방법을 적용하여 대류경계층 고도를 추정한 사례가 [그림 9.5(b)]이다. 19일 0730-0820 LST의 경우만 제외하고, 이 방법으로 추정한 대류경계층 고도는 라디오존데 자료로 추정한 대류경계층 고도와 거의 일치한다. 19일 0730-0820 LST의 경우에 혼합 잔류층에서 발생하는 첨두 고도는 일정한 반면에, 대류경계층 고도에서 발생하는 첨두 고도는 시간이 흐르면서 상승한다. 이 방법은 지속적으로 첨두가 발생하는 고도를 대류경계층 고도로 잘못 추정한다.

관측 고도별 중앙값 필터법은 먼저 관측된 대기굴절률 구조변수의 연직 분포에서 $10^{-11}m^{-2/3}$ 이상인 대기굴절률 구조변수값을 새나 항공기에 의한 오류 관측 자료로 간주하여 제거한다. 다음으로 일정 기간 동안에 관측된 여러 개의 대기굴절률 구조변수 연직 분포에서 각 고도별로 대기굴절률 구조변수의 중앙값을 계산하여 중앙값 대기굴절률 구조변수의 연직 분포를 구하고, 여기서 최대값의 고도를 대류경계층 고도로 결정한다. 이 방법을 적용하여 대류경계층 고도를 추정한 사례가 [그림 9.5(c)]이다. 상승된 혼합 잔류층과 대류경계층이 함께 존재하는 19일 0730-0820 LST의 경우에 대류경계층에서 발생한 대기굴절률 구조변수의 첨두 중에서 아래쪽에 있는 첨두 고도를 대류경계층 고도로 추정하고, 구름층과 대류경계층이 함께 존재하는 29일 0731-0826의 경우에 구름층으로 위쪽에 생긴 대기굴절률 구조변수의 첨두 고도를 대류경계층 고도로 추정한다. 이 방법은 대기굴절률 구조변수값이 크고 각 고도에서 시간에 따른 대기굴절률 구조변수값의 변동이 큰 고도를 대류경계층 고도로 추정하는 경향이 있다. 따라서 아침에 급속하게 성장하는 대류경계층의 꼭대기나 변동이 큰 구름층의 꼭대기를 대류경계층 고도로 추정하기 쉽다.

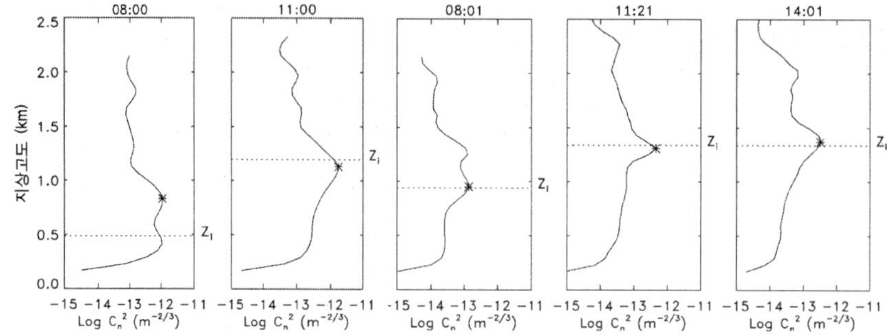

(a) 최대 수신 전력법

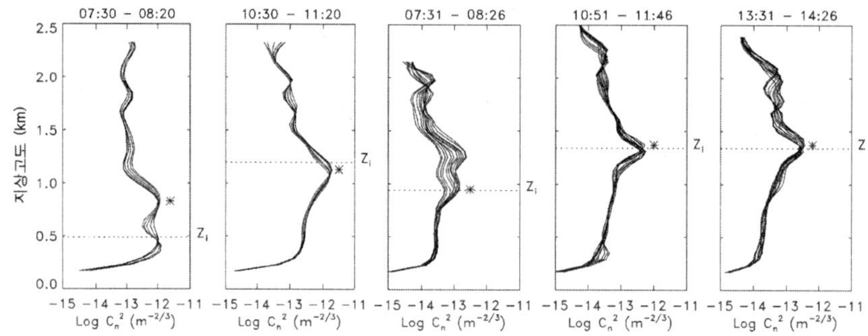

(b) 연직 분포별 중앙값 필터법

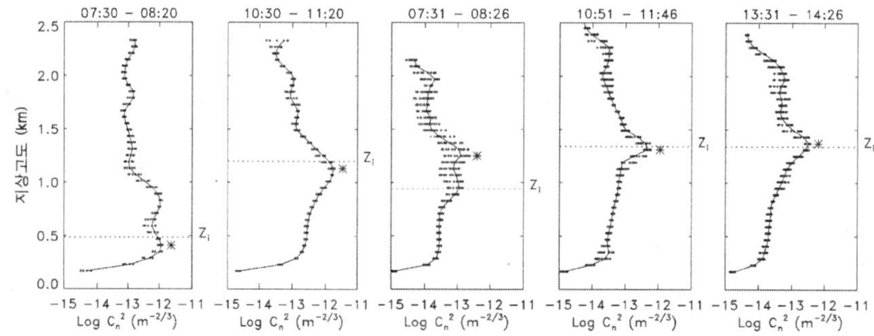

(c) 관측 고도별 중앙값 필터법

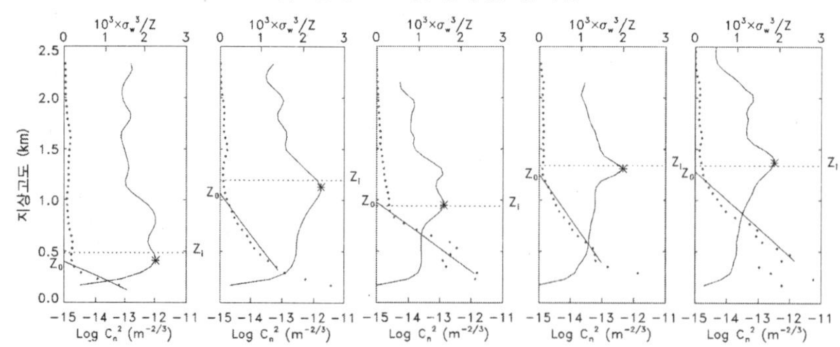

(d) 열속 보정법

[그림 9.5] 1998년 6월 19일 0800 LST와 1100 LST, 29일 0801 LST와 1401 LST UHF 윈드프로파일러 관측 자료에 4가지 방법을 적용하여 추정한 대류경계층 고도(*표시). Z_i는 라디오존데 자료에서 구한 대류경계층 고도, Z_0는 윈드프로파일러의 연직 속도 표준편차로 얻은 열속 0인 고도이다.

9.4 열속 보정법

최대 수신 전력법과 중앙값 필터법은 대류경계층 이외에 비기상학적인 원인, 구름층, 혹은 혼합 잔류층의 꼭대기에서 지속적으로 대기굴절률 구조변수의 연직 분포에서 2개 이상의 첨두가 나타날 경우에 대류경계층 고도를 잘못 추정할 수 있다.

열속 보정법은 열속이 0인 고도가 대류경계층 고도 근처에 위치하는 특성을 이용한 것으로서, 다음 식으로 열속이 0인 기준 고도를 추정하고 이 고도로 대류경계층과 구름층이나 혼합 잔류층에 의한 대기굴절률 구조변수 첨두를 구별하는 것이다.

$$\frac{{\sigma_w}^3}{z} \approx \alpha^{\frac{3}{2}} \frac{g}{\theta}\left(\overline{w'\theta_v'}\right) \tag{9.1}$$

여기서 σ_w, z, α는 각각 연직 속도의 표준편차, 고도 그리고 보편상수($\alpha = 1.4$)이다. 식의 오른쪽 (g/θ)항은 국지적인 부력 생성을 나타내며, 여기서 g, θ, θ_v, ω'은 각각 중력가속도, 온위, 가온위, 연직 속도의 변동이다.

열속 보정법은 σ_w^3/z의 연직 분포로 기준 고도를 결정하고 대기굴절률 구조변수의 첨두로 대류경계층 고도를 추정하는 3단계로 구성된다. 1단계로, 대기굴절률 구조변수의 연직 분포에서 제1과 제2의 첨두를 선택한다. 그 중에서 가장 낮은 고도의 첨두를 대류경계층 고도의 초기 추정값 Z_1로 선택한다. 이것은 대류경계층 자료가 선택되도록 조정하기 위한 것이다. 2단계로, σ_w^3/z의 연직 분포로 지표에서 관심 고도까지 각 고도에서 열속을 계산하고, $0.2Z_1$과 Z_1 사이의 열속 자료를 최소자승법으로 적합하여 식 (9.1)에 대한 선형 회귀 직선을 구한다. $0.2Z_1$과 Z_1 사이의 열속 자료만으로 적합시키는 이유는 대류경계층의 약 10%를 차지하는 지표층을 배제하기 위한 것이다. 3단계로, 회귀 직선의 외삽으로 열속이 0인 고도 Z_0를 추정하고, Z_0에 가장 가까운 대기굴절률 구조변수 첨두의 고도를 대류경계층 고도로 결정한다. 열속 보정법을 적용하여 대류경계층 고도를 추정한 사례가 [그림 9.5(d)]이다. 모든 경우에서 열속이 0인 고도는 라디오존데로 추정한 대류경계층 고도 근처에서 나타나며, 대기굴절률 구조변수의 첨두가 하나인 경우뿐만 아니라 둘인 경우에도 대류경계층 고도를 정확하게 추정한다.

대류경계층에 구름이 없는 날 관측된 UHF 윈드프로파일러 자료에 열속 보정법을 적용하여 추정한 대류권계면 고도와 열속의 일 변화 분포가 [그림 9.6]이다. 윈드프로파일러로 관측한 대류경계층 고도는 라디오존데 자료로 추정된 대류경계층 고도와 잘 일치하고 대류경계층의 구조와 일변화를 잘 반영해 준다. 그리고 1600 LST와 1750 LST 사이의 늦은 오후에 약 2.1 km 이상에서 부분적인 구름이 지속해서 존재했을 때도 오류 없이 대류경계층 고도를 추정하였다. 대류경계층 고도의 일 변화를 보면, 0700 LST에 대류경계층이 형성되어 성장하기 시작하여 0900 LST에 0.3 km에서 1100 LST에 1.1 km까지 급속하게 성장하였다. 1200 LST에는 거의 1.3 km에 도달하였다. 그 이후로는 오후 내내 약 1.2 km와 1.3 km 사이에서 유지되다가 일몰 직전에 대류경계층이 파괴되었다. 열속 분포를 보면, 대류경계층이 형성되기 시작하는 0700 LST부터 지상 부근의 열속이 발생하기 시작하고, 열속이 증가하기 시작한 0900 LST부터 1200 LST까지 대류경계층 고도는 0.3 km에서 1.3 km로 급격하게 상승한다. 열속이 약화되기 시작한 1230 LST부터 일몰 직전까지 대류경계층 고도는 약 1.2~1.3 km로 유지된다. 1500 LST부터 지상 부근의 열속은 거의 나타나지 않고 대류경계층의 열속도 점차 약해지는 경향을 보인다. 일몰 직후인 1830 LST에 일시적으로 강한 열속이 나타나다가 급격히 감소한다.

대류경계층에 구름이 있는 날 관측된 UHF 윈드프로파일러 자료에 열속 보정법을 적용하여 추정한 대류권계면 고도와 열속의 일변화 분포가 [그림 9.7]이다. 윈드프로파일러로 추정된 대류경계층 고도를 보면, 대류경계층 고도는 0700 LST에 약 0.5 km에서 0830 LST에 1.2 km로 급격히 성장하며 상승된 대류경계층 고도는 구름층의 꼭대기와 일치한다.

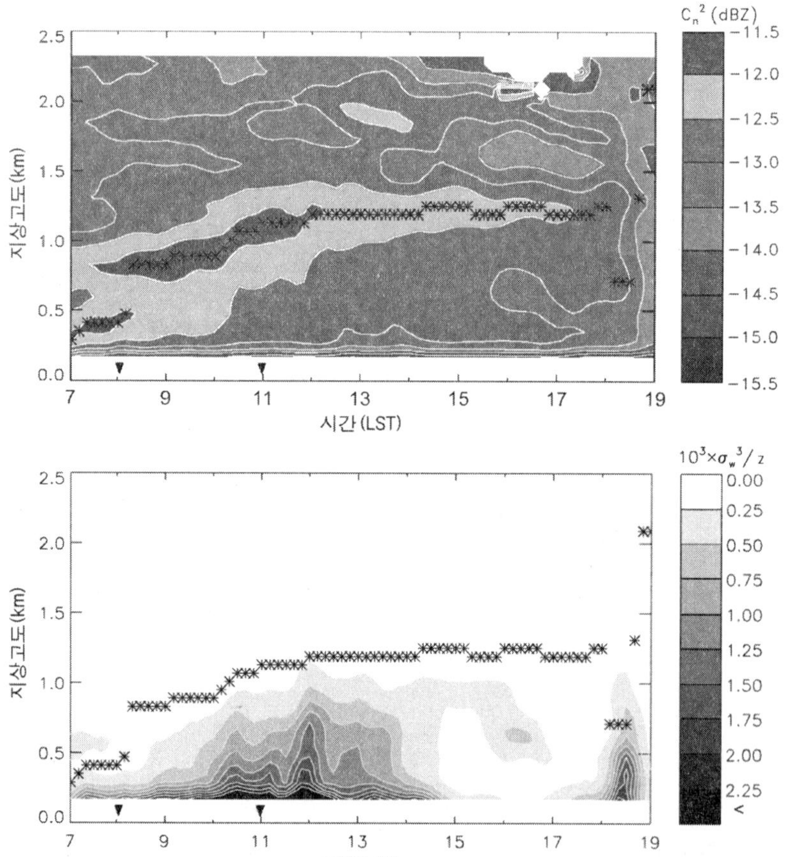

[그림 9.6] 대류경계층에 구름이 없는 날인 1998년 6월 19일에 프랑스 비아봉에서 UHF 윈드프로파일러 관측한 대기굴절률 구조변수와 열속의 연직 분포. * 표는 열속 보정법으로 추정한 대류경계층 고도이다.

0830 LST 이후에 구름층에 의해 영향을 받아 대류경계층 고도는 1.2 km와 1.4 km 사이에서 변동한다. 대류경계층의 꼭대기에서 가온위와 혼합비의 급격한 변화와 구름 안의 강한 난류에 의해 1.2 km와 1.4 km 사이에서 −12.5 dB 이상의 강한 반사도와 좁은 폭을 가진 띠가 만들어진다. 열속 분포를 보면, 대류경계층이 형성되기 시작한 0700 LST부터 지상 부근에서 강한 열속이 나타나며, 약 0.9 km에 있는 흩어진 구름이 있던 0802 LST에는 지상 부근의 열속이 급속하게 증가하면서 대류경계층 고도가 0.5 km에서 1.2 km로 급격하게 상승한다. 약 1.3 km 이하에 하늘 전체의 50% 이상을 가린 구름이 있던 0830 LST 이후부터 1500 LST 경까지 구름 양과 열속의 변화로 대류경계층 고도가 거의 1.2 km와 1.4 km 사이에서 진동하며, 1600 LST 이후로는 강한 열속은 거의 나타나지 않고 1800 LST 이후로는 매우 약한 열속을 보인다. 이때의 대류경계층 고도는 열속 변화에 관계없이 거의 일정한 고도를 유지한다.

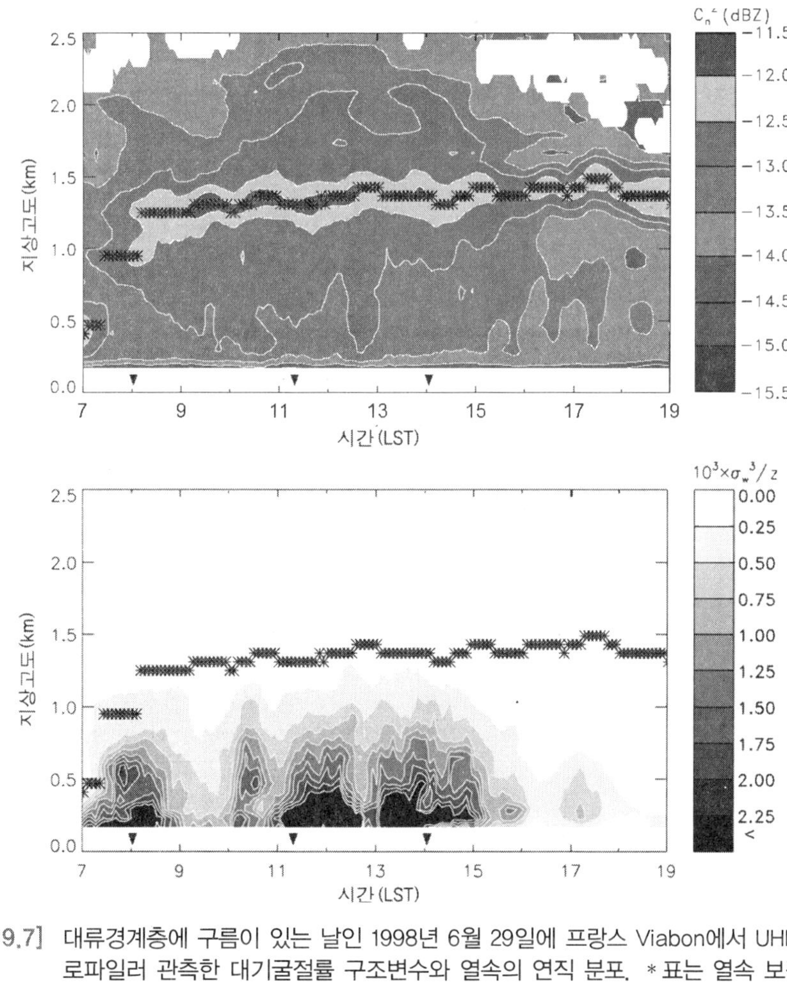

[그림 9.7] 대류경계층에 구름이 있는 날인 1998년 6월 29일에 프랑스 Viabon에서 UHF 윈드프로파일러 관측한 대기굴절률 구조변수와 열속의 연직 분포. * 표는 열속 보정법으로 추정한 대류경계층 고도이다.

9.5 윈드프로파일러로 관측한 대류경계층 고도의 정확도

UHF 윈드프로파일러로 대류경계층 고도를 관측하기 위한 방법에 대해 여러 연구에서 관측 정확도가 평가되었다. 독일 린덴베르그에서 5주 동안 대류경계층이 발달하는 조건에서 윈드프로파일러와 소다(Sodar)로 동시에 관측하여 얻은 대류경계층 고도를 비교하였다. 그 결과는 [그림 9.8]서 보는 바와 같이 서로 잘 일치한다. 미국 일리노이에서 5개월 동안 윈드프로파일러와 라디오존데로 구한 대류경계층 고도를 서로 비교하여 관측 정확도를 평가하였다. 이 평가는 구름이 없는 조건과 구름이 있는 조건으로 구분하여 비교하였다. 그 결과는 [그림 9.9]와 같다. 구름이 없는 조건에서는 윈드프로파일러로 구한 대류경계층 고도와 라디오존데로 구한 대류경계층 고도의 상관계수가 0.97로 매우 훌륭하게 일치하였다. 그러나 구름이 있는 조건에서는 상관계수가 0.77로 다소 떨어지지만 그래도 여전히 좋은 결과를 보였다.

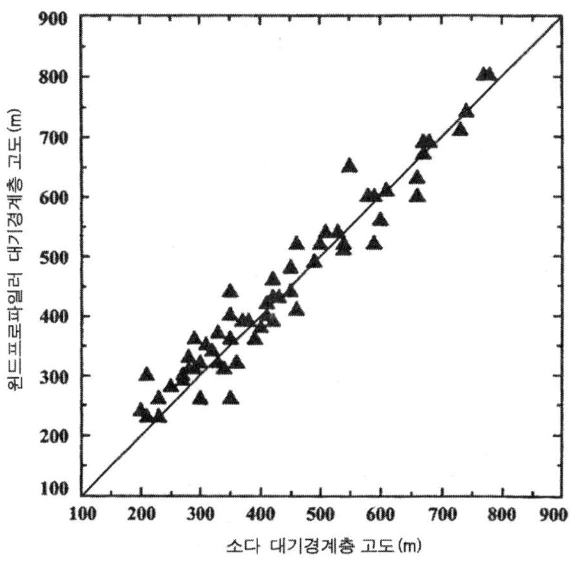

[그림 9.8] 독일 린덴베르그에서 윈드프로파일러와 소다를 동시 관측하여 얻은 대류경계층 고도의 산포도(Beyrich and Goersdorf, 1995)

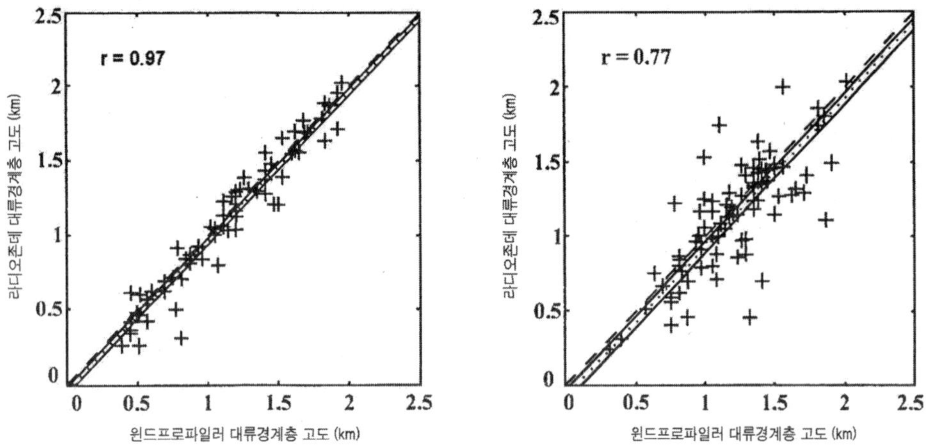

(a) 구름이 없는 경우 (b) 구름이 있는 경우

[그림 9.9] 미국 일리노이즈에서 구름이 없는 경우와 구름이 있는 경우에 대해 윈드프로파일러와 라디오존데로 얻은 대류경계층 고도의 산포도(Grimsdell and Angevine, 1998)

Chapter

10 대류권계면 고도 관측

대류권계면의 바로 위에는 넓고 연직 기온변화율이 급격하게 증가하는 기온 역전층이 존재한다. 이 안정층에서는 프레넬 산란이나 프레넬 반사로 VHF 윈드프로파일러의 연직빔이 강하게 산란되는 반면에 경사빔은 빔의 천정각에 따라 다르게 산란된다. 이러한 산란 특성을 이용하여 대류권계면 고도를 높은 시공간 분해능으로 관측하는 방법에 대해 설명한다.

10.1 대류권계면 부근에서 전파 산란 특성

지표에서 고도가 올라갈수록 대류권의 기온은 km당 평균 6.5℃씩 떨어진다. 그리고 대류권의 꼭대기에서 성층권으로 올라가면서 기온은 더 이상 떨어지지 않는다. 대류권에서 성층권으로 전이되는 불연속면이 대류권계면이다. 대류권계면은 대류권과 성층권 사이에 운동량, 에너지, 물질 등을 교환하는 경계면으로 작용한다. 따라서 대류권계면이 위치한 연직 위치, 즉 대류권계면 고도는 일기예보, 비행계획, 오존농도 추정, 기상위성이나 라디오미터를 이용한 기온 추정 등에 있어서 중요한 변수이다. 기온에 따라 대류권계면 고도를 엄밀하게 정의하면, 어떤 층의 기온감률이 2.0℃/km 이하로 떨어지고 이 층과 그 위의 2 km 내에서 평균 기온감률이 2.0℃/km^{-1}를 초과하지 않은 가장 낮은 층을 말한다. 대류권계면 고도는 일정하게 고정되지 않고 변하지만 적도 지방에서는 높고 극 지방으로 갈수록 낮아진다. 그리고 같은 위도에서 여름철에 높아졌다가 겨울철에 낮아진다. 고위도 쪽의 낮은 대류권계면과 저위도 쪽의 높은 대류권계면 사이에서 균열이 생기며, 이 균열 구간에서 성층권 공기와 대류권 공기가 섞이면서 50 ms^{-1} 이상 큰 풍속을 가진 제트류가 형성된다.

대류권계면의 바로 위에 있는 기온 역전층의 경계면에 전파 빔이 연직으로 방사되면 전파의 일부가 급격하게 굴절하여 반사되는 프레넬 반사 혹은 프레넬 산란이 일어난다. 정적 안정층의 프레넬 산란으로 VHF 윈드프로파일러에서 관측된 연직빔의 수신 전력은 식 (2.27)에 따라 대기의 정적 안정도 성분과 고도에 따른 기압 감소 성분에 따라 좌우된다. 대류권과 하부 성층권에서 기온, 연직 기온변화율, 그리고 연직빔의 수신 전력 분포에 대한 전형적인 사례가 [그림 10.2]이다. 상부 대류권에서는 연직 기온변화율이 거의 건조단열감률에 가까워져서 정적 안정도가 작아지고 연직빔의 수신 전력이 매우 약하게 나타난다. 그러나 대류권계면 바로 위에서는 연직 기온변화율이 급격하게 증가하여 연직빔의 수신 전력이 급격하게 증가한 첨두로 수신된다. 대류권계면 이상인 하부 성층권에서 정적 안정도가 거의 일정하게 유지되지만 고도에 따른 기압의 감소로 연직빔의 수신 전력이 감소된다.

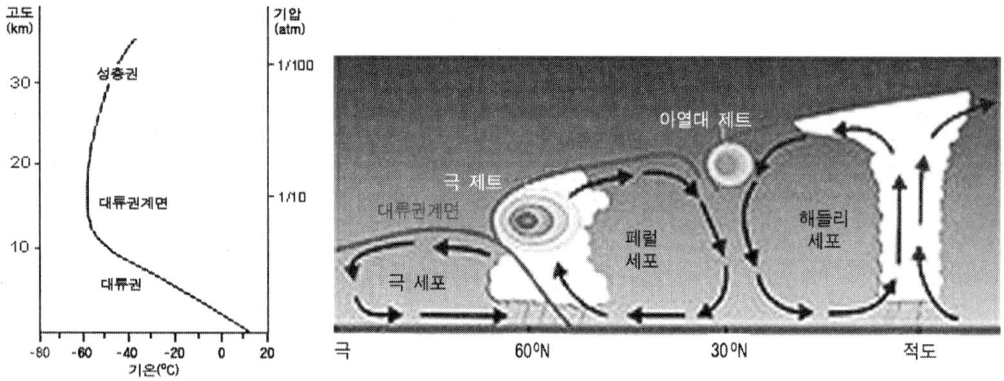

(a) 대류권과 성층권의 기온 연직 분포 (b) 위도에 따른 대기대순환과 대류권계면 분포

[그림 10.1] 대류권과 성층권의 기온 분포와 형성 위치

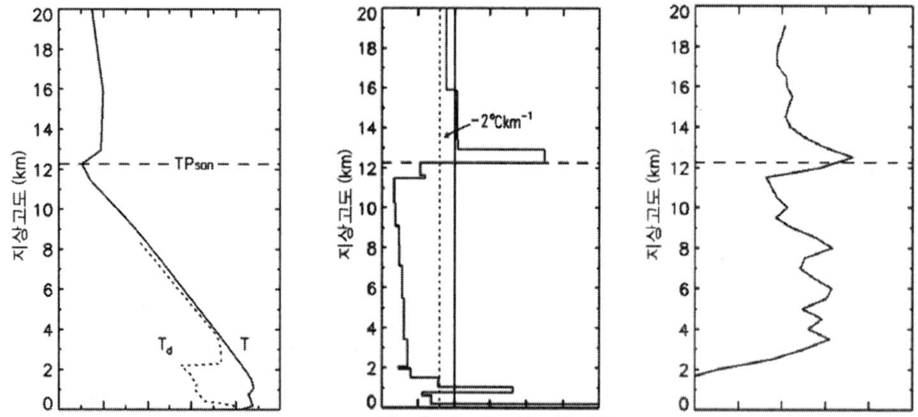

(a) 기온(T)과 이슬점온도(Td)의 연직 분포 (b) 연직 기온감률 (c) 같은 위치와 시간에 관측된 VHF 윈드프로파일러 연직빔의 수신 전력

[그림 10.2] 프랑스 라 페흐뜨 비담므에서 1998년 2월 9일 0000 UTC 라디오존데 관측. 긴 점선과 TPson은 라디오존데 자료로 결정한 대류권계면 고도이다.

대류권계면 부근에서 나타나는 연직빔 수신 전력의 첨두 모양은 대류권계면 부근에서 대류권계면 첨예도에 따라 다르게 나타난다. 대류권계면 첨예도는 연직 기온감률의 예리한 정도를 의미하며 연직 기온감률이 −5 ℃km^{-1} 이상인 상부 대류권의 고도와 연직 기온감률이 −2 ℃km^{-1} 이상인 대류권 꼭대기 고도 사이의 간격으로 정의한다. 대류권계면 첨예도가 1.2 km 이상인 경우에는 불명확한 대류권계면으로, 1.2 km 미만이고 0.5 km 이상인 경우에는 중간 대류권계면으로, 0.5 km 미만인 경우에는 명확한 대류권계면으로 분류한다. 명확한 대류권계면일수록 대류권계면이 뚜렷하게 구분되고 연직 기온감률이 커서 연직빔 수신 전력의 첨두가 뾰족하게 만들어진다. [그림 10.2]의 사례를 보면 [그림 10.2(b)]에서 대류권계면 첨예도가 약 1 km 정도로 나타나 중간 대류권계면으로 분류할 수 있고, [그림 10.2(c)]에서 연직빔 수신 전력의 첨두가 비교적 뾰족한 모양으로 나타난다.

대류권계면과 같은 정적 안정층에서는 전파 빔의 방향에 따라 수신 전력과 스펙트럼 폭이 다르게 관측된다. 이방성 난류가 우세한 정적 안정층의 경우에 연직빔에서는 브래그 산란과 프레넬 산란이 동시에 수신되어 수신 전력이 강하고 스펙트럼 폭이 좁게 관측되지만, 경사빔에서는 브래그 산란만이 수신되어 수신 전력이 약하고 스펙트럼 폭이 넓게 관측된다. 전파 빔의 천정각이 커질수록 수신 전력이 급격하게 감소하고 스펙트럼 폭이 넓어지며, 천정각이 12° 이상으로 커지면 수신 전력과 천정각의 관련성이 사라진다. 이처럼 정적 안정층에서 전파 빔의 방향에 따라 수신 전력과 수신 신호의 스펙트럼 폭이 달라지는 것이 방향 감도 특성이다.

지금까지 설명한 대류권계면 부근의 전파 산란 특성을 이용하여 대류권계면 고도를 관측하기 위한 방법이 개발되어왔다. 이러한 방법으로는 거울면 반사법, 잭스(Zachs)법, 최대 수신 전력법, 최대 수신 전력 기울기법 그리고 최대 방향 감도법이 있다.

10.2 거울면 반사법

VHF 윈드프로파일러에서 연직빔의 수신 전력은 상부 대류권에서 급격하게 증가하고 하부 성층권에서 급격하게 감소하는 첨두 형태를 가지며, 연직빔의 수신 전력이 경사빔의 수신 전력보다 강하게 수신된다. 거울면 반사법은 연직빔 수신 전력의 연직 분포에서 나타나는 첨두를 대류권계면 바로 위에 있는 정적 안정층에 의해 생긴 첨두로 간주하여 대류권계면 고도로 결정하는 방법이다.

거울면 반사법은 다음과 같은 절차로 대류권계면 고도를 추정한다. 1단계로, 하부 대류권의 강한 대류 불안정층, 구름층 또는 강수층으로 발생하는 연직빔 수신 전력의 첨두를 배제시키기 위하여 대류권계면 고도의 추정 구간을 제한한다. 추정 구간의 상한과 하한은 라디오존데 자료를 통계 처리하여 얻는다. 2단계로, 추정 구간 내에서 연직빔의 수신 전력이 급격하게 증가하고 경사빔의 수신 전력보다 큰 연직빔 수신 전력의 첨두를 선택한다.

3단계로, 선택된 첨두에 대하여 연직빔과 경사빔의 수신 전력차를 계산하고 그 값이 최대인 첨두의 고도를 대류권계면 고도로 결정한다. [그림 10.3]은 VHF 윈드프로파일러의 신호대잡음비 연직 분포에서 거울면 반사법으로 대류권계면 고도를 추정하는 과정을 보여 준다. 추정 구간은 임의로 5 km와 15 km 사이의 구간으로 정하였다. 연직빔의 신호대잡음비 분포인 [그림 10.3(a)]를 보면, 추정 구간에서 연직빔의 신호대잡음비가 경사빔의 신호대잡음비보다 큰 첨두 PK1, PK2, PK3, PK4를 선택한다. 그리고 [그림 10.3(b)]와 같이 같은 추정 구간에 대하여 연직빔과 경사빔의 신호대잡음비차 SNR_v-SNR_o를 구하고 선택된 4개의 첨두 중에서 신호대잡음비 차이가 최대인 PK4의 고도를 대류권계면 고도로 추정한다.

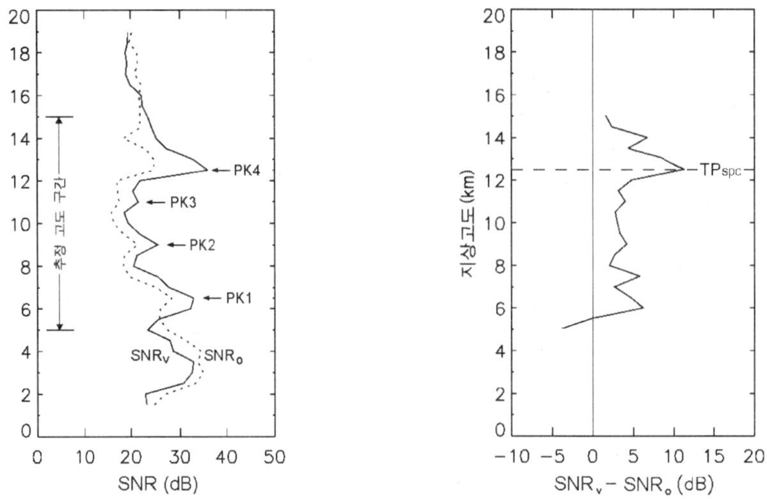

(a) 연직빔의 신호대잡음비(SNR) 연직 분포에서 첨두 고도 결정

(b) 연직빔의 신호대잡음비(SNRv)과 경사빔의 신호대잡음비(SNRo) 간의 최대차에서 대류 대류권계면 고도 결정

[그림 10.3] VHF 윈드프로파일러의 신호대잡음비 연직 분포에서 거울면 반사법으로 대류권계면 고도를 추정하는 과정. 여기서 PK1, PK2, PK3, PK4는 선택된 첨두이고, TPspc는 겨울면반사법으로 결정된 대류권계면 고도이다.

거울면 반사법은 [그림 10.4(a)]의 경우와 같이 대류권계면 바로 위에 있는 정적 안정층의 연직 기온감률이 6~13℃km^{-1}로 커서 연직빔의 신호대잡음비가 최대이고 연직빔과 경사빔의 신호대잡음비 차이가 최대인 층이 있을 경우에 높은 정확도를 보인다. 그러나 이 경우에도 연직빔의 첨두 고도를 대류권계면 고도로 추정하기 때문에 거울면 반사법으로 추정한 대류권계면 고도와 라디오존데 자료에서 얻은 대류권계면 고도 간에는 100~500 m 정도의 차이가 있다. [그림 10.4(b)]의 경우와 같이 대류권계면 위에 있는 정적 안정층의 연직 기온감률이 작아 뚜렷한 프레넬 산란층이 없거나 [그림 10.4(c)]의 경우와 같이 연직빔과 경사빔의 신호대잡음비가 최대인 정적 안정층이 국소적으로 존재할 경우에는 그 정확도가 수 km로 떨어진다. 또한 대류권계면 접힘으로 정적 안정층이 대류권으로 하강한 경우에는 그 정확도가 수 km까지 커진다.

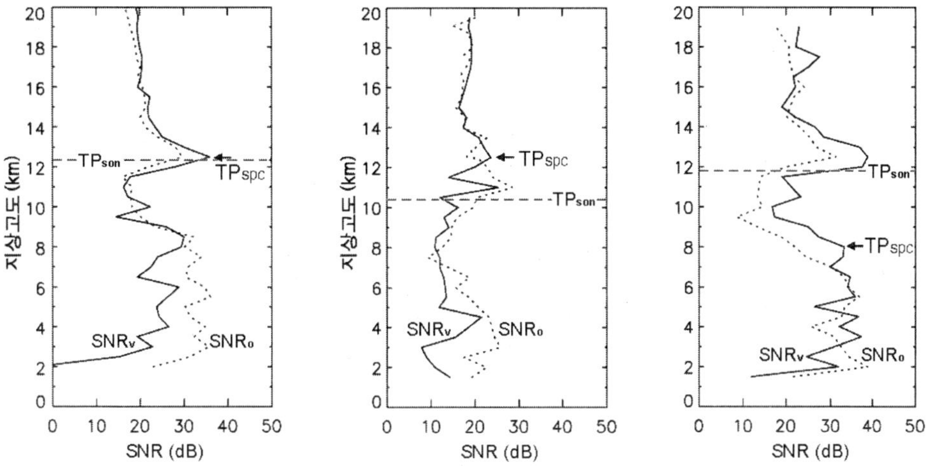

(a) 기온 역전층의 연직 기온감률이 13.0°Ckm^{-1}인 경우 (b) 기온 역전층의 연직 기온감률이 2.0°Ckm^{-1}인 경우 (c) 기온 역전층의 연직 기온감률이 8.0°Ckm^{-1}인 경우

[그림 10.4] VHF 윈드프로파일러의 연직빔 신호대잡음비(SNR_v)와 경사빔 신호대잡음비(SNR_o) 연직 분포와 거울면 반사법으로 추정한 대류권계면 고도. TPspc는 거울면 반사법으로 추정한 대류권계면 고도이고, TPson는 라디오존데 자료에서 얻은 대류권계면 고도이다.

10.3 잭스법

VHF 윈드프로파일러에서 연직빔 수신 전력의 첨두는 정적 안정층뿐만 아니라 강한 난류층, 강수층, 항공기 또는 새와 같은 인공물에 의해서도 발생한다. 그러나 정적 안정층에 의해 발생하는 강한 첨두에서는 그 수신 전력과 발생 고도가 지속적으로 관측되는 반면에, 그 외의 원인으로 발생되는 첨두에서는 시간에 따라 크게 변한다. 잭스법은 첨두의 수신 전력과 발생 고도에서 일관성을 기준으로 대류권계면 고도를 추정한다.

잭스법으로 대류권계면 고도를 추정하는 절차는 다음과 같다. 1단계로, 하부 대류권의 강한 대류 불안정층, 구름층 또는 강수층으로 발생하는 연직빔 수신 전력의 첨두를 배제시키기 위하여 대류권계면 고도의 추정 구간을 제한한다. 추정 구간의 상한과 하한은 라디오존데 자료를 통계 처리하여 얻는다. 2단계로, 일정 시간 동안에 관측된 시계열의 연직빔 수신 전력 분포를 각 고도별로 평균하여 평균 수신 전력과 수신 전력의 표준편차 분포를 구한다. 1개의 평균 수신 전력 분포를 얻는데 이용된 연직빔 수신 전력의 수가 n개이고 추정 구간의 고도 개수가 m개인 경우에 고도 h에서 표준편차는 다음과 같다.

$$\sigma(h) = \sqrt{\frac{\sum_{i=1}^{n}[SNR(t_i;h) - \overline{SNR}(h)]^2}{n-1}} \qquad (10.1)$$

여기서 $\overline{SNR(h)}$는 일정한 고도에서 관측된 연직빔 수신 전력의 시간평균값으로 다음 식으로 계산한다.

$$\overline{SNR(h)} = \sum_{i=1}^{n} \frac{SNR(t_i, h)}{n} \quad (10.2)$$

여기서 $SNR(t_i, h)$는 시간 t_i와 고도 h에서 연직빔 수신 전력이며, 첨자 i는 관측된 연직빔 수신 전력 분포의 지수를 나타낸다. 3단계로, 추정 구간 내에 있고 평균 연직빔 수신 전력 분포에서 일정한 값 이상인 첨두를 선택한다. 선택한 첨두 중에서 첨두 아래에서 그 값이 고도가 증가할수록 급격하게 증가하는 반면에, 첨두 위에서 연직빔 수신 전력의 표준편차가 급격하게 감소하는 첨두를 선택한다. 4단계로, 앞의 과정으로 선택된 첨두에 대해 다음과 같이 정규 자기상관함수 A를 계산하고, 그 값이 일정한 기준값 이상이고 최대 자기상관을 가지는 첨두의 고도를 대류권계면 고도로 결정한다.

$$A(h) = \sum_{i=1}^{n-1} R(t_i, h) R(t_{i+1}, h) \quad (10.3)$$

여기서 $R(t_i, h)$는 시간이 t_i이고 고도가 h인 수신 전력을 임의 시간 동안의 연직빔 수신 전력 분포에 전파거리 표본점 m개에 대한 공간적인 표준편차 $\sigma(t)$로 나누어 정규화한 값으로 다음과 같다.

$$R(t_i, h) = \frac{SNR(t_i, h)}{\sigma(t)} \quad (10.4)$$

그리고 이 식의 표준편차 $\sigma(t)$는 다음과 같다.

$$\sigma(t) = \sqrt{\sum_{j=1}^{m} \frac{(SNR(t, h_j) - \overline{SNR}(t))^2}{m-1}} \quad (10.5)$$

여기서 첨자 j는 고도에 대한 지표이다. [그림 10.5]는 잭스법으로 대류권계면 고도를 추정하는 과정을 보여주는 그림이다. [그림 10.5(a)]와 같이 시계열로 관측된 연직빔의 신호대잡음비 분포의 n개를 고도별로 평균하여 [그림 10.5(b)]와 같은 신호대잡음비 평균 연직 분포를 얻는다. 추정 구간 5 km와 15 km 사이의 신호대잡음비 평균 연직 분포에서 30 dB 이상의 신호대잡음비를 가진 첨두 두 개가 선택된다. 여기서 첨두를 선정하기 위한 기준값인 30 dB와 추정 구간은 임의로 정한 것이다. 선택된 2개의 첨두에 대한 표준편차인 [그림 10.5(c)]를 보면, PK1의 바로 아래에서 첨두 형태의 표준편차 분포가 나타나는 반면에, PK2의 바로 아래에서 급격하게 증가하고 PK2의 바로 위에서는 급격하게 감소하는 첨두 형태의 표준편차 분포를 보인다. 자기상관계수의 연직 분포인 [그림 10.5(d)]에서 PK1은 0.3을, PK2는 0.4를 가져 자기상관계수가 가장 큰 PK2의 고도를 대류권계면 고도로 결정한다.

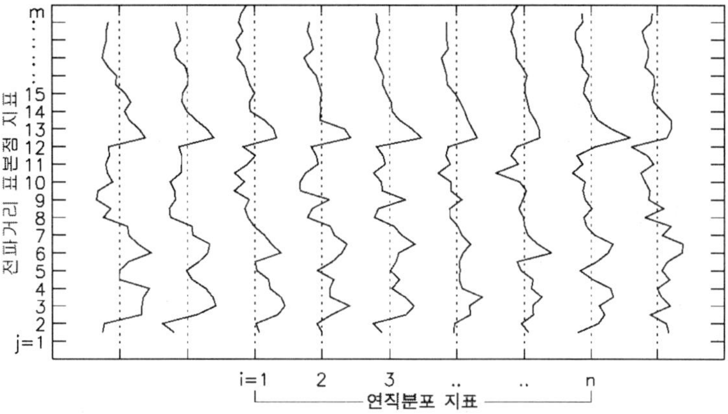

(a) 대류권계면 고도 추정에 사용되는 신호대잡음비 연직 분포

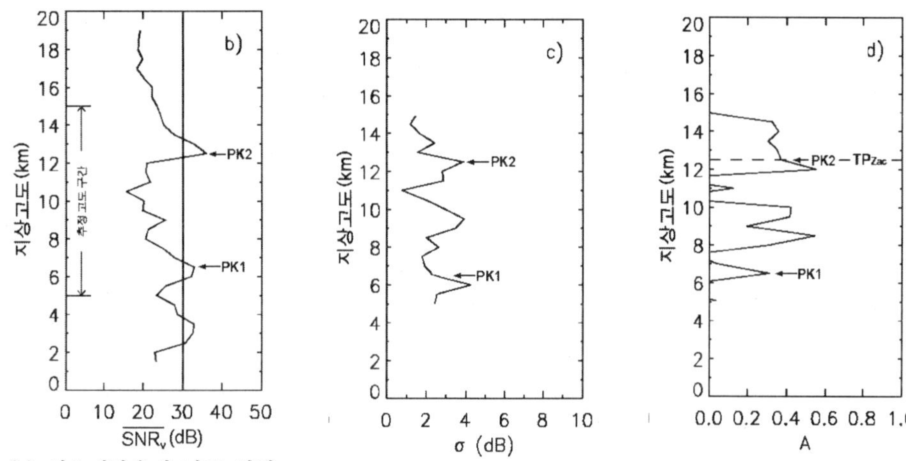

(b) 신호대잡음비 평균 연직 분포($\overline{SNR_v}$)

(c) 선택된 2개의 첨두에 대한 표준편차(σ)

(d) 자기상관계수(A)

[그림 10.5] VHF 윈드프로파일러의 연직빔 신호대잡음비(SNR) 분포에서 잭스법으로 대류권계면 고도를 추정하는 과정. PK1과 PK2는 선택된 첨두이고, TP_{Zac}는 잭스법으로 결정된 대류권계면 고도이다.

잭스법은 추정 기간 동안 대기상태가 어느 정도 변동하는지와 첨두가 일정한 고도에서 지속해서 존재하는지에 따라 그 정확도가 크게 달라진다. [그림 10.6(a)]의 경우와 같이 일정 기간 동안 신호대잡음비의 연직 분포가 일정한 고도에서 신호대잡음비의 첨두나 최소가 지속적으로 나타나면 높은 정확도로 대류권계면 고도를 추정한다. 그러나 이 경우에도 연직빔 첨두의 고도를 대류권계면 고도로 추정하기 때문에 추정한 대류권계면 고도와 라디오존데 자료에서 얻은 대류권계면 고도 간에는 100~600 m 정도의 차이가 있다. [그림 10.6(b)]의 경우와 같이 대류권과 성층권의 교환이 활발하여 수신 전력의 연직 분포가 시간에 따라 크게 변하여 연직빔 첨두의 강도와 출현 고도가 크게 변동하는 경우에 정확도가 크게 떨어진다. [그림 10.6(c)]의 경우와 같이 대류권계면이 거의 형성되지 않아서 강한 산란층이 없거나 대류권계면 고도를 추정하는데 실패한다.

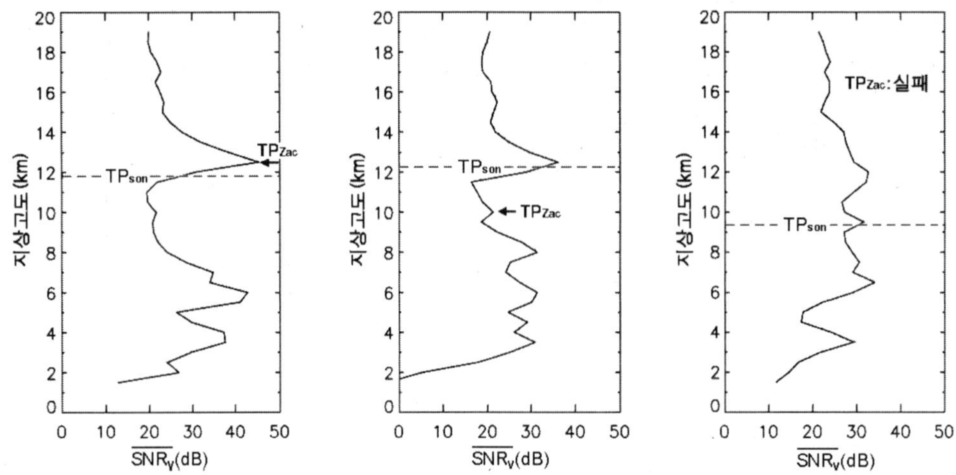

(a) 일정한 고도에서 신호대잡음비의 첨두와 최소가 지속적으로 유지된 경우 (b) 신호대잡음비의 첨두와 최소도 크게 변하여 대류권계면 고도 추정 오차가 큰 경우 (c) 신호대잡음비의 첨두와 최소도 크게 변하여 대류권계면 고도 추정에 실패한 경우

[그림 10.6] VHF 윈드프로파일러의 연직빔 신호대잡음비 평균분포($\overline{SNR_v}$)와 잭스법으로 추정한 대류권계면 고도. TP_{Zac}는 잭스법으로 추정한 대류권계면 고도이고, TP_{son}는 라디오존데 자료에서 얻은 대류권계면 고도이다.

10.4 최대 수신 전력법

청천대기에서 VHF 윈드프로파일러로 관측된 연직빔 수신 전력은 대류권계면의 바로 아래에서 최소를 보이다가 대류권계면의 바로 위에서 최대가 된다. 최대 수신 전력법은 이러한 특성을 이용하여 대류권계면 고도를 추정한다.

최대 수신 전력법으로 대류권계면 고도를 추정하는 절차는 다음과 같다. 1단계로, 하부 대류권의 강한 대류 불안정층, 구름층 또는 강수층으로 발생하는 연직빔 수신 전력의 첨두를 배제시키기 위하여 대류권계면 고도의 추정 구간을 제한한다. 추정 구간의 상한과 하한은 라디오존데 자료를 통계 처리하여 얻는다. 2단계로, 추정 구간에 있는 연직빔 수신 전력 분포에서 수신 전력이 최소인 고도를 결정한다. 3단계로, 수신 전력이 최소인 고도보다 높은 고도에서 연직빔 수신 전력이 최대인 고도를 대류권계면 고도로 추정한다. [그림 10.7]은 VHF 윈드프로파일러 연직빔의 신호대잡음비 연직 분포에서 최대 수신 전력법으로 대류권계면 고도를 추정하는 과정을 보여준다. 추정 구간인 5 km와 15 km 사이에서 연직빔 신호대잡음비가 최소인 고도를 10.5 km로 결정하며, 10.5 km 이상에서 연직빔 신호대잡음가 최대인 고도를 대류권계면 고도로 추정한다.

최대 수신 전력법은 [그림 10.8(a)]의 경우와 같이 대류권계면 위에 있는 정적 안정층의 연직 기온감률이 6~13℃km^{-1}로 커서 연직빔 수신 전력이 최대인 산란층이 존재할 경우에 높은 정확도를 보인다. 그러나 이 경우에도 연직빔 수신 전력의 첨두 고도를 대류권계면 고도로 추정하기 때문에 최대 수신 전력법으로 추정한 대류권계면 고도와 라디오존데 자료에서 얻은 대류권계면 고도 사이에는 100~500 m 정도의 차이가 있다. [그림 10.8(b)]의 경우와 같이 대류권계면 위의 수 km 내에서 연직 기온감률이 큰 역전층이 여러 개 존재할 경우에 상대적으로 완만한 첨두가 형성되고 그 정확도가 떨어진다. [그림 10.8(c)]의 경우와 같이 대류권계면 위에 있는 정적 안정층의 연직 기온감률이 작아 뚜렷한 첨두가 없거나 대류권계면 고도보다 아래에서 국소적인 첨두가 존재할 경우에 그 정확도가 수 km까지 떨어진다.

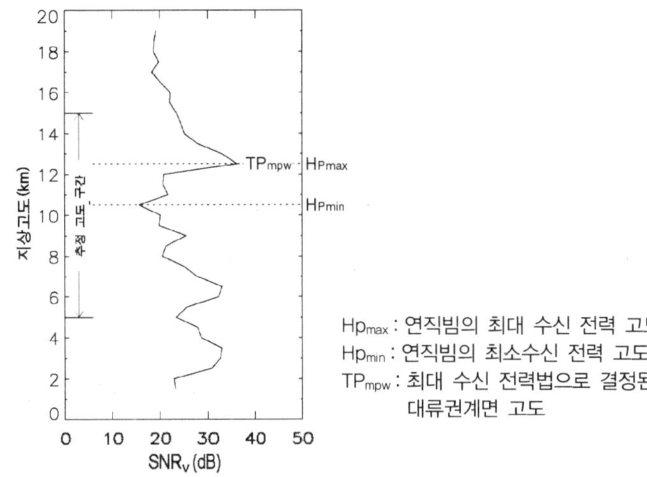

[그림 10.7] VHF 윈드프로파일러에서 연직빔 신호대잡음비(SNR_v) 연직 분포에서 최대 수신 전력법으로 대류권계면 고도를 추정하는 과정

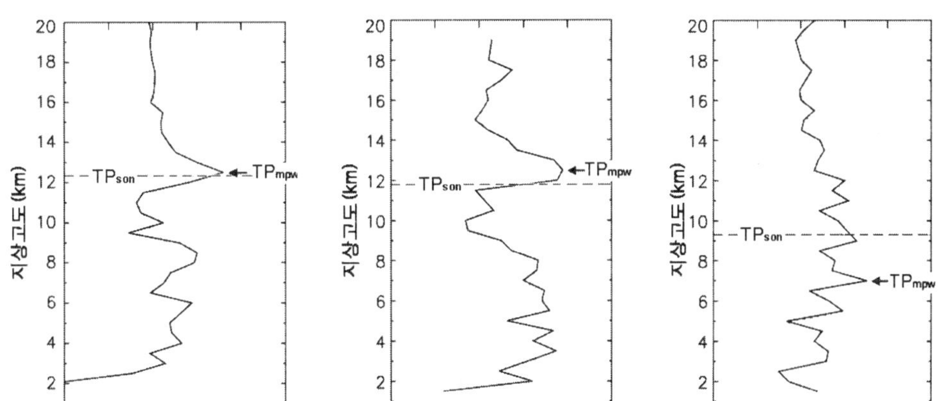

(a) 기온 역전층의 연직 기온감률이 13.0℃km^{-1}

(b) 대류권계면 위의 약 2 km 내에 연직 기온감률이 8.0℃km^{-1}과 10.0℃km^{-1}인 두 개의 기온 역전층이 존재한 경우

(c) 대류권계면 위에 있는 기온 역전층의 연직 기온감률이 -1.0℃km^{-1}인 경우

[그림 10.8] VHF 윈드프로파일러에서 연직빔 신호대잡음비(SNR_v) 분포에서 최대 수신 전력법으로 추정한 대류권계면 고도. TP_{mpw}는 최대 수신 전력법으로 추정한 대류권계면 고도이고, TP_{son}는 라디오존데 자료에서 얻은 대류권계면 고도이다.

10.5 최대 수신 전력 기울기법

VHF 윈드프로파일러의 연직빔 수신 전력에서 첨두는 대류권계면 고도보다 약간 높은 고도에서 발생한다. 따라서 연직빔 수신 전력의 첨두 고도를 기준으로 대류권계면 고도를 추정하는 거울면 반사법, 잭스법, 그리고 최대 수신 전력법은 항상 오차를 가진다. 이러한 단점을 개선하기 위하여 최대 수신 전력 고도와 최소 수신 전력 고도 간의 수신 전력 연직 기울기를 고려하여 대류권계면 고도를 추정하는 최대 수신 전력 기울기법이 제안되었다.

최대 수신 전력 기울기법으로 대류권계면 고도를 추정하는 절차는 다음과 같다. 1단계로, 하부 대류권의 강한 대류 불안정층, 구름층 또는 강수층으로 발생하는 연직빔 수신 전력의 첨두를 배제시키기 위하여 대류권계면 고도의 추정 구간을 제한한다. 추정 구간의 상한과 하한은 라디오존데 자료를 통계 처리하여 얻는다. 2단계로, 추정 구간의 연직빔 수신 전력에서 최소 수신 전력의 고도를 결정하고, 최소 수신 전력 고도보다 높은 고도에서 최대 수신 전력 고도를 결정한다. 3단계로, 최대 수신 전력 고도에서 최소 수신 전력 고도로 내려오면서 수신 전력이 최초로 최소를 보이며 최대 수신 전력보다 6 dB 이상의 차이를 가진 고도를 제1 최소 수신 전력 고도로 정한다. 4단계로, 최대 수신 전력 고도와 제1 최소 수신 전력 고도 사이의 수신 전력에 대하여 수신 전력의 연직 기울기를 구하고 그 값이 최대인 고도를 대류권계면 고도로 추정한다. [그림 10.9]는 VHF 윈드프로파일러의 연직빔 신호대잡음비 분포에서 최대 수신 전력 기울기법으로 대류권계면 고도를 추정하는 과정을 보여준다. 연직빔의 신호대잡음비 분포인 [그림 10.9(a)]의 추정 구간인 5 km와 15 km 사이에서 연직빔 수신 전력이 최대인 12.5 km를 최대 수신 전력 고도로 결정하고, 연직빔 수신 전력이 최소인 10.5 km를 최소 수신 전력 고도로 결정한다. 12.5 km에서 아래로 내려오면서 연직빔 수신 전력이 처음으로 최소이고 최대 연직빔 수신 전력보다 약 15 dB 이상 작은 12.0 km를 제1 최소 수신 전력 고도로 결정한다. 이와 같이 결정된 12.0 km와 12.5 km 사이의 연직빔 수신 전력에 대하여 [그림 10.9(b)]와 같이 연직 기울기를 구하고 그 값이 최대인 12.3 km를 대류권계면 고도로 추정한다.

최대 수신 전력 기울기법은 [그림 10.10(a)(b)]의 경우와 같이 대류권계면 위에 있는 정적 안정층의 연직 기온감률이 커서 연직빔의 최대 수신 전력이 크고 상부 대류권고도에서 연직 기온감률이 매우 작아 매우 작은 수신 전력이 발생했을 때 가장 높은 정확도를 보인다. 그러나 [그림 10.10(c)]의 경우와 같이 대류권 접힘으로 대류권계면 고도 위의 정적 안정층이 약해지는 반면에, 대류권계면 하부에 침강 역전층과 같은 정적 안정층이 있어 국소적으로 강한 첨두가 발생했을 때 대류권계면 고도의 추정에 있어서 큰 오차를 유발한다.

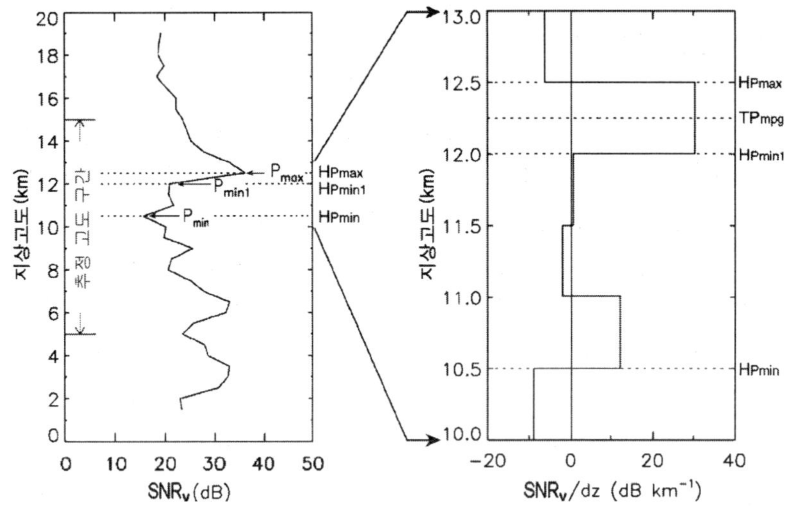

(a) 연직빔 신호대잡음비 분포에서 최대 수신 전력 고도, 최소 수신 전력 고도, 그리고 제1 최소 수신 전력 고도의 결정

(b) 연직빔 신호대잡음비 분포에서 최대 수신 전력 기울기법으로 대류권계면 고도 결정

[그림 10.9] VHF 윈드프로파일러의 연직빔 신호대잡음비(SNR_v) 분포에서 최대 수신 전력 기울기법으로 대류권계면 고도를 추정하는 과정. Hp_{max}는 최대 수신 전력 고도, Hp_{min}는 최소 수신 전력 고도, Hp_{min1}는 제1 최소 수신 전력 고도, TP_{mpg}는 최대 방향 감도법으로 결정된 대류권계면 고도이다.

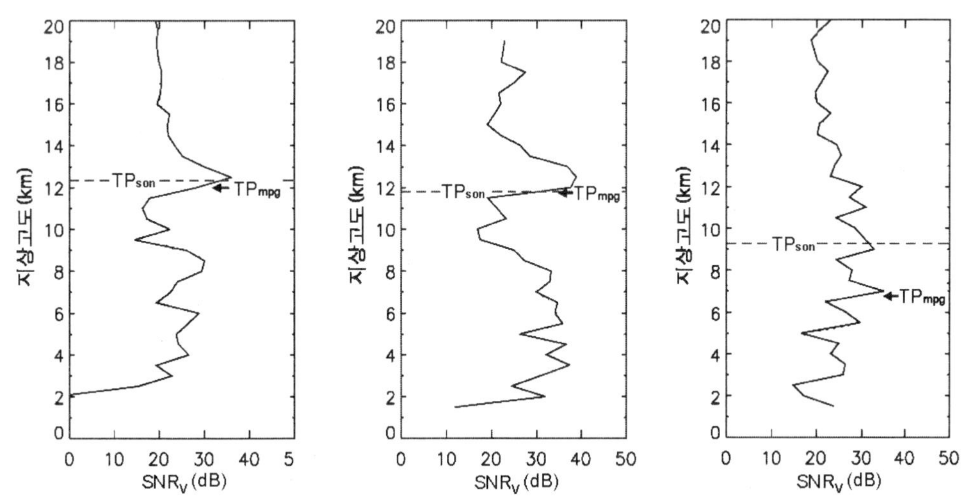

(a) 기온 역전층의 연직 기온감률이 13.0℃km^{-1}

(b) 대류권계면 위의 약 2 km 내에 연직 기온감률이 8.0℃km^{-1}과 10.0℃km^{-1}인 두 개의 역전층이 존재한 경우

(c) 대류권계면 위에 있는 기온 역전층의 연직 기온감률이 -1.0℃km^{-1}인 경우

[그림 10.10] VHF 윈드프로파일러의 연직빔 신호대잡음비(SNR_v) 분포에서 최대 수신 전력 기울기법으로 추정한 대류권계면 고도. TP_{mpg}는 최대 수신 전력 기울기법으로 추정한 대류권계면 고도이고, TP_{son}는 라디오존데 자료에서 얻은 대류권계면 고도이다.

10.6 최대 방향 감도법

정적으로 매우 안정한 대류권계면은 천정 방향에서 수신 전력이 가장 강하게 수신되고 천정각이 커질수록 수신 전력이 작게 수신되는 방향 감도 특성을 가진다. 반면에, 구름층 또는 강수층은 연직빔 수신 전력과 경사빔 수신 전력이 거의 비슷한 산란층으로 관측된다. 대류권계면 위에 있는 정적 안정층에 의한 첨두는 첨두 고도의 위와 아래에서 연직 규모가 수 km 이상인 방향 감도층으로 관측된다. 이 층은 연직빔에서 수신 전력이 가장 강하고 천정각이 커질수록 수신 전력이 작게 수신되는 방향 감도 특성을 가진다. 최대 방향 감도법은 VHF 윈드프로파일러의 연직빔 수신 전력 첨두와 방향 감도 특성을 이용하여 추정 구간의 제한 없이 대류권계면 고도를 추정하는 방법이다.

최대 방향 감도법으로 대류권계면 고도를 추정하는 절차는 다음과 같다. 1단계로, 모든 고도에서 연직빔과 경사빔의 수신 전력차를 계산한다. 2단계로, 연직빔과 경사빔의 수신 전력 차이가 양인 층과 음인 층으로 구별하고 고도에 따라 적분된 면적이 양이고 최대인 층 즉, 방향 감도가 가장 큰 층을 선택한다. 3단계로, 방향 감도가 최대인 층에서 연직빔 수신 전력이 최대인 고도를 결정한다. 4단계로, 연직빔 수신 전력이 최대인 고도에서 아래 방향으로 내려오면서 수신 전력이 처음으로 최대 수신 전력과 6 dB 이상의 차이를 보이는 최소 수신 전력 고도를 제1 최소 수신 전력 고도로 정한다. 5단계로, 연직빔 수신 전력이 최대인 고도와 제1 최소 수신 전력 고도 사이의 수신 전력에 대하여 수신 전력의 연직 기울기를 구하고 그 값이 최대인 고도를 대류권계면 고도로 결정한다. [그림 10.11]은 VHF 윈드프로파일러의 연직빔 수신 전력 첨두와 방향 감도 특성을 이용한 대류권계면 고도를 추정하는 과정을 보여준다. 연직빔과 경사빔의 수신 전력 연직 분포인 [그림 10.11(a)]에서 고도별 경사빔과 연직빔의 수신 전력 차이를 구하고 그 값을 양과 음으로 구분하여 적분한다. 방향 감도의 적분양이 양이고 가장 큰 약 8 km와 16 km 사이의 층을 대류권계면 부근의 정적 안정층으로 선택한다. 이 정적 안정층 안에서 연직빔 수신 전력이 약 36 dB로서 최대인 12.5 km 고도를 최대 수신 전력 고도로 결정한다.

이 고도에서 아래 방향으로 내려오면서 수신 전력이 처음으로 최소이고 6 dB 이상의 차이를 보이는 12.0 km를 제1 최소 수신 전력 고도로 결정한다. 그리고 12.0 km와 12.5 km 간의 수신 전력에 대하여 [그림 10.11(b)]와 같은 수신 전력의 연직 기울기를 계산하고 그 값이 최대인 12.3 km를 대류권계면 고도로 추정한다.

대류권계면 위에 있는 정적 안정층의 연직 기온감률이 매우 커서 연직빔 수신 전력의 첨두가 뚜렷하고, 그 첨두의 고도가 연직빔과 경사빔의 수신 전력 차이가 최대인 고도와 일치하는 [그림 10.12(a)]와 같은 경우에 추정 구간에 대한 제한 없이도 수십~수백 m의 높은 정확도로 대류권계면 고도를 추정하였다. 또한 강수층이 의해 발생한 첨두의 고도를 대류권계면 고도로 추정하여 큰 오차가 발생할 수 있는 [그림 10.12(b)]의 경우에 100

m의 높은 정확도로 대류권계면 고도를 추정한다. 그러나 [그림 10.12(c)]의 경우와 같이 대류권계면 고도 위에 있는 정적 안정층의 연직 기온감률이 작아 뚜렷한 프레넬 산란층이 없는 경우에는 낮은 정확도로 대류권계면 고도를 추정한다.

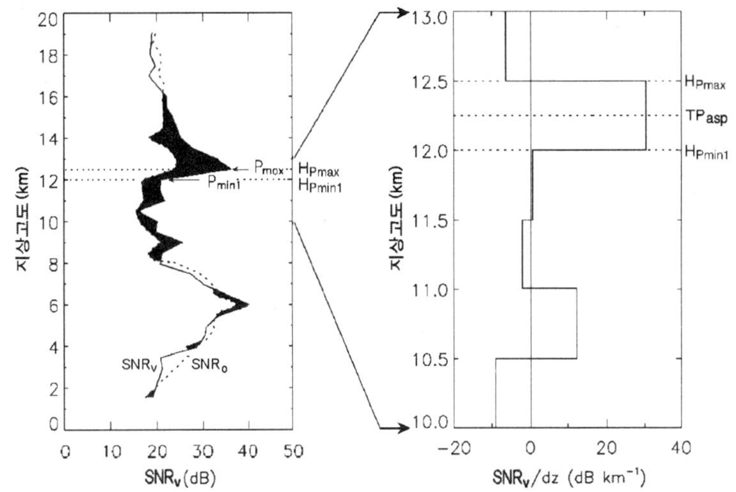

(a) 연직빔 신호대잡음비 분포에서 최대 방향 감도층과 최대 수신 전력 고도의 결정

(b) 연직빔 수신 전력 기울기 분포에서 최대 방향 감도법으로 대류권계면 고도 결정

[그림 10.11] VHF 윈드프로파일러의 연직빔 신호대잡음비(SNR_v) 분포에서 최대 방향 감도법으로 대류권계면 고도를 추정하는 과정. Hp_{max}는 최대 수신 전력 고도, Hp_{min}는 최소 수신 전력 고도, Hp_{min1}는 제1 최소 수신 전력 고도, TP_{asp}는 최대 방향 감도법으로 결정된 대류권계면 고도, 음영 영역은 방향 감도층이다.

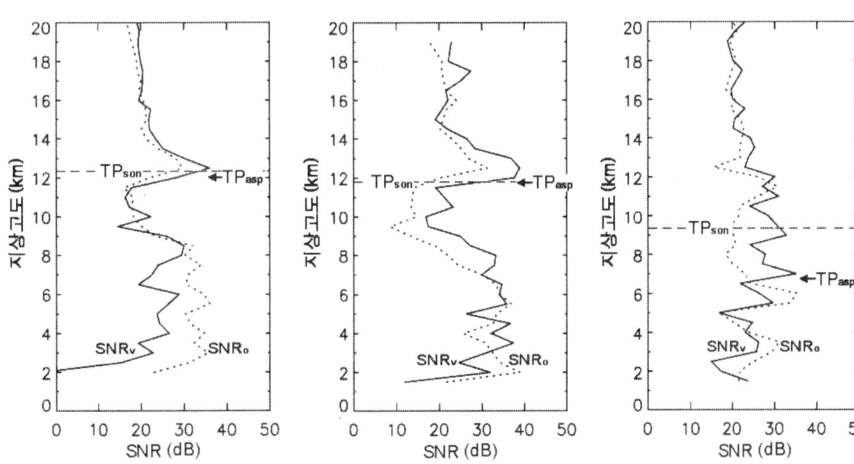

(a) 기온 역전층의 연직 기온변화율이 13.0℃km^{-1}

(b) 대류권계면 위의 약 2 km 내에 연직 기온변화율이 8.0℃km^{-1}과 10.0℃km^{-1}인 두 개의 기온 역전층이 존재한 경우

(c) 대류권계면 위에 있는 기온 역전층의 연직 기온변화율이 -1.0℃km^{-1}인 경우

[그림 10.12] VHF 윈드프로파일러의 연직빔 신호대잡음비(SNR_v) 분포에서 최대 방향 감도법으로 추정한 대류권계면 고도. TP_{asp}는 최대 방향 감도법으로 추정한 대류권계면 고도, TP_{asp}는 라디오존데 자료에서 얻은 대류권계면 고도이다.

[그림 10.13]은 1995년 2월 6일부터 9일까지 4일 동안 프랑스 라 페흐뜨 비담므에서 관측된 VHF 윈드프로파일러의 연직빔과 경사빔의 신호대잡음비 자료에 최대 방향 감도법을 적용하여 대류권계면 고도를 추정한 사례이다. 이 사례는 전형적인 대류권계면 접힘 사례로서 대류권과 성층권의 상호 교환이 강한 기간과 약한 기간 동안에 대류권계면 부근에서 자주 나타나는 산란층의 강화와 약화 그리고 대류권 접힘 기간 동안에 강한 산란층의 급격한 고도 변화를 잘 보여준다.

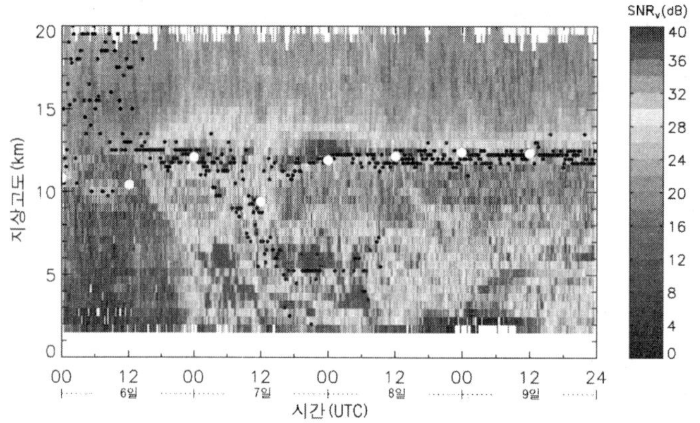

(a) 최대 방향 감도법

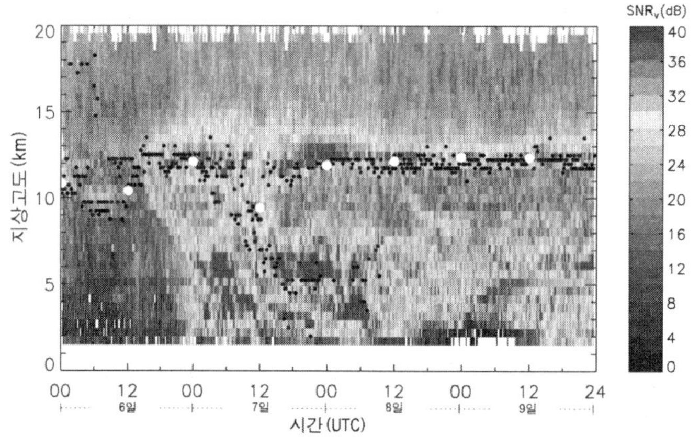

(b) 최대 방향 감도법과 최대 수신 전력 기울기법의 조합으로 추정된 대류권계면 고도

[그림 10.13] VHF 윈드프로파일러의 연직빔 신호대잡음비(SNR$_v$) 분포. 검은 점은 두 가지 방법으로 추정된 대류권계면 고도이고, 흰 점은 라디오존데 자료에서 얻은 대류권계면 고도이다.

VHF 윈드프로파일러에서 연직빔의 신호대잡음비 분포에서 최대 방향 감도법으로 추정된 대류권계면 고도의 시간-고도 분포가 [그림 10.13(a)]이다. 이 방법은 방향 감도를 계산하여 가장 강한 정적 안정층을 결정한 후에, 이 안정층 내에서 대류권계면 고도를 추정한다. 따라서 최대 방향 감도를 보이는 안정층 내에 연직빔의 최대 첨두가 있으면 높은 정확도로 대류권계면 고도를 추정한다. 그러나 연직빔과 경사빔의 신호대잡음비가 6 dB 이상으로 강한 안정층이 거의 없는 6일 00 UTC와 6일 18 UTC 사이에서는 대류권계면 고도가 10 km부터 20 km까지 큰 오차를 가지고 추정되었다. 대류권계면 위의 역전층에서 연직 기온변화율이 작아 최대 방향 감도층 내에 연직빔의 신호대잡음비 첨두가 없는 경우 대류권계면 고도의 추정에서 큰 오차를 유발한다. 6일 18 UTC 이후부터는 최대 수신 전력 기울기법과 같이 높은 정확도로 대류권계면 고도를 추정된다.

연직빔과 경사빔의 신호대잡음비가 6 dB 이상인 강한 산란층이 없는 경우에는 최대 수신 전력 기울기법이, 6 dB 이상의 강한 산란층이 있는 경우에는 최대 방향 감도법이 높은 정확도로 대류권계면 고도를 추정하였다. 이러한 점을 감안하여 VHF 윈드프로파일러의 관측 사례에서 6 dB 이상의 강한 산란층이 없는 6일 18 UTC 이전의 경우에는 최대 수신 전력 기울기법을, 6 dB 이상의 강한 산란층이 나타나는 6일 18 UTC 이후의 경우에는 최대 방향 감도법을 적용하여 대류권계면 고도를 추정하였으며, 그 결과가 [그림 10.13(b)]이다. 여기서 강한 산란층이 없는 6일 18 UTC 이전의 경우, 강한 산란층이 있는 6일 18 UTC 이후의 경우, 그리고 대류권계면 접힘이 있는 경우에도 높은 정확도로서 연속성이 있게 대류권계면 고도를 추정하였다. 이처럼 최대 수신 전력 기울기법과 최대 방향 감도법의 조합에 의한 방법이 월등히 높은 정확도로 대류권계면 고도를 추정한다.

Chapter

11 난류와 기온 관측

윈드프로파일러에서 얻은 도플러 스펙트럼의 폭에는 표본 체적보다 작은 규모의 난류 정보가 포함되어 있다. 따라서 스펙트럼 폭을 분석하면 난류 정보를 추정할 수 있다. 여기서는 윈드프로파일러의 스펙트럼 폭을 이용하여 하부 성층권과 상부 대류권에서 난류 에너지 소멸률, 난류 강도, 그리고 연직 소용돌이 확산계수를 추정하는 방법을 설명한다. 또한 윈드프로파일러의 연직 풍속에 대한 스펙트럼 분석을 통하여 기온을 추정하는 방법을 설명한다.

11.1 스펙트럼 폭 확대

일정한 대기 체적에서 얻은 윈드프로파일러의 스펙트럼 폭은 난류를 포함한 다양한 요인으로 확대된다. 따라서 관측된 스펙트럼 폭에서 난류를 제외한 다른 요인으로 생긴 스펙트럼 폭의 확대 성분만을 제거하면 정량적인 난류 정보를 얻을 수 있다. 대기에서 관측된 도플러 스펙트럼의 폭은 빔 폭, 대역 폭, 펄스 폭 등과 같은 윈드프로파일러 시스템 변수와 강수나 구름 입자의 크기 분포, 난류 운동, 바람시어 등과 같은 기상 변수에 의해 좌우된다. 강수 현상이 없는 하부 성층권과 상부 대류권에서 동일한 윈드프로파일러로 관측한 스펙트럼 폭은 다음 식과 같이 표본 체적에서 난류, 수평 풍속, 연직 풍속시어, 시간 변동 등에 의한 성분의 합으로 표현할 수 있다.

$$\sigma_o^2 = \sigma_t^2 + \sigma_b^2 + \sigma_s^2 + \sigma_i^2 \qquad (11.1)$$

여기서 σ_o는 관측된 스펙트럼 폭, σ_t는 난류에 의한 스펙트럼 폭의 확대 성분, σ_b는 수평 풍속에 의한 빔 폭의 확대 성분, σ_s는 연직 풍속시어에 의한 스펙트럼 폭의 확대 성분, 그리고 σ_i는 시간 변동에 의한 스펙트럼 폭의 확대 성분이다.

대기 속을 왕복하는 전파 빔은 일정한 폭의 빔 내부에서 위치에 따라 시선속도가 달라지면서 수평 풍속에 비례하여 빔 폭도 확대된다. 수평 풍속에 의한 빔 폭의 확대 성분은 다음과 같다.

$$\sigma_b = \theta_{1/2} V = \frac{1}{2\sqrt{2}} \theta_b V \tag{11.2}$$

여기서 $\theta_{1/2}$은 송수신 왕복 빔의 반값빔 폭(rad)이고, θ_b는 송신 혹은 수신 빔의 3 dB 빔 폭(rad)이다. 그리고 V는 수평 풍속(ms^{-1})이다. [그림 11.1]은 영국 에버리스트위스 윈드프로파일러에서 관측된 스펙트럼 폭과 수평 풍속을 대응시켜 그린 것이다. 이 윈드프로파일러의 빔 폭은 0.041 rad(2.35°)이다. 수평 풍속이 30 ms^{-1} 이하일 경우에는 가장 작은 스펙트럼 폭이 0.040 rad(2.29°)에 일치하지만, 수평 풍속이 50 ms^{-1} 이상일 경우에는 가장 작은 스펙트럼 폭이 0.045 rad(2.57°)에 일치한다. 이것은 수평 풍속이 증가할수록 스펙트럼 폭도 함께 증가한다는 것을 보여준다.

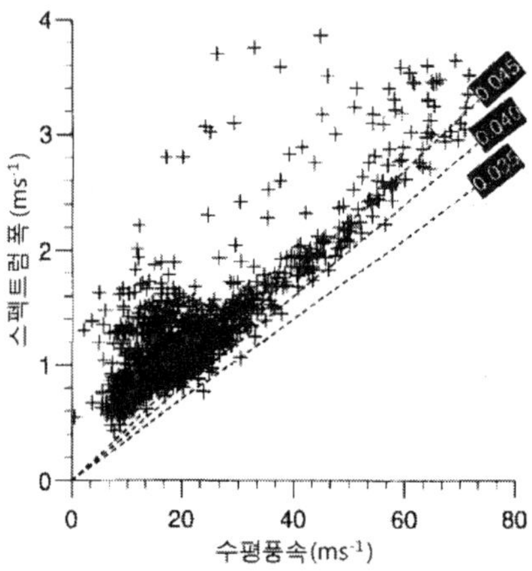

[그림 11.1] 빔 폭이 0.041 rad인 영국 에버리스트위스 윈드프로파일러에서 얻은 스펙트럼 폭과 수평 풍속(Pepler et al.,1998)

고도별 수평 풍속의 시선 성분이 빔 방향에서 변할 때 표본 체적의 스펙트럼 폭이 확대된다. 천정각이 α이고 표본 체적의 전파거리가 Δr인 빔에서 관측된 도플러 스펙트럼에서 연직 풍속시어에 의한 스펙트럼 폭의 확대 성분은 다음과 같다.

$$\sigma_s \approx \frac{1}{2}\left|\frac{\partial u}{\partial z}\right| \Delta r \sin\alpha \tag{11.3}$$

여기서 u는 수평 풍속(ms^{-1}), z는 고도(m)이다. 일반적인 윈드프로파일러에서 천정각이 10° 정도이고 표본 체적의 전파거리는 100 m 정도이다. 이 조건을 가정하여 연직 풍속시어에 의한 스펙트럼 폭의 확대 성분을 계산하면 1 ms^{-1}보다 작게 나타난다.

수신 신호를 평균하는 동안 표본 체적에서 중력파와 같은 현상으로 풍속의 체계적인 변동이 발생할 때 평균 시간에 따라 스펙트럼 폭이 확대된다. 시간 변동에 의한 스펙트럼 폭의 확대 성분은 다음과 같다.

$$\sigma_i^2 = 2\ln 2\,\overline{(u'_\tau)^2} \approx 4\,\overline{(u'_{2\tau})^2} \tag{11.4}$$

여기서 $\overline{(u'_\tau)^2}$는 적분 시간 τ 동안 시선속도 분산으로 직접 측정할 수가 없다. 따라서 연속된 2개의 시선속도차에 대한 히스토그램에서 적분 시간 2τ 동안 시선속도 분산을 구하여 시간 변동에 의한 스펙트럼 폭의 확대 성분을 계산한다. [그림 11.2]는 중력파가 뚜렷한 30분 동안에 30분간 적분하고 평균하여 얻은 30분 스펙트럼 폭에 대해 30분 동안 얻은 90개의 20초 스펙트럼 폭의 평균값을 나타낸 것이다. 30분 평균 스펙트럼 폭이 20초 스펙트럼의 평균 폭보다 크게 나타나 평균 시간에 따라 스펙트럼 폭이 확대되는 것을 보여준다. 일반적으로 시간 변동에 의한 스펙트럼 폭의 확대 성분은 수평 풍속에 의한 빔 폭의 확대 성분과 연직 풍속시어에 의한 스펙트럼 폭의 확대 성분에 비해 매우 작기 때문에 무시하는 경우가 많다.

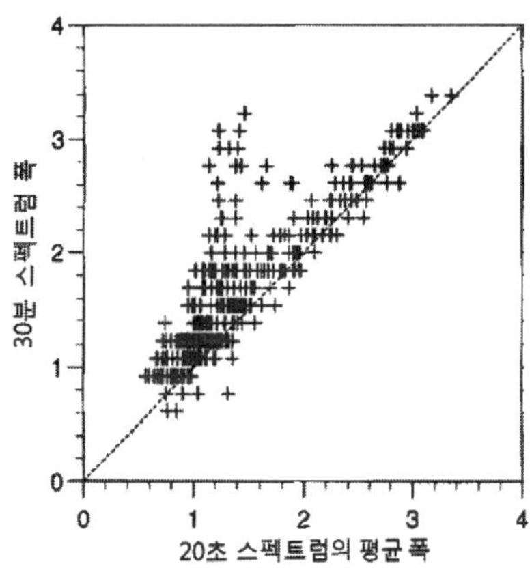

[그림 11.2] 중력파가 뚜렷한 30분 동안 얻은 30분 스펙트럼 폭에 대한 30분 동안 얻은 90개의 20초 스펙트럼 폭의 평균값의 비교

위에서 설명한 스펙트럼 폭의 3가지 확대 성분을 알면 난류에 의한 스펙트럼 폭은 다음과 같이 구할 수 있다.

$$\sigma_t^2 = \sigma_o^2 - \sigma_b^2 - \sigma_s^2 - \sigma_i^2 \tag{11.5}$$

천정각이 0°인 연직빔의 경우에 연직 풍속시어와 대기 운동의 시간 변동에 의한 스펙트럼 폭의 확대 효과가 매우 작아 무시할 수 있다. 이 조건을 적용하면 난류에 의한 스펙트럼 폭은 다음과 같다.

$$\sigma_t^2 = \sigma_o^2 - \sigma_b^2 \tag{11.6}$$

위 식에 따라 윈드프로파일러의 연직빔에서 관측한 스펙트럼 폭과 고도별로 관측된 풍속 자료를 이용하여 수평 풍속에 의한 빔 폭의 확대 성분을 얻으면 난류에 의한 스펙트럼 폭을 고도별로 산출할 수 있다.

빔의 3차원 형상을 고려한 최근 연구 결과에 따르면 수평 풍속과 연직 풍속시어에 의한 스펙트럼 폭의 확대 성분은 다음과 같다.

$$\sigma_{b+s} = \frac{\theta^2}{3}\overline{u^2}cos\alpha - \frac{2\theta^2}{3}sin^2\alpha\left(\overline{u}\frac{\partial u}{\partial z}r_0\cos\alpha\right) + \frac{\theta^2}{24}(3+\cos 4\alpha - 4\cos 2\alpha)\left(\frac{\partial u}{\partial z}\right)^2 r_0^2$$
$$+\left(\frac{\theta^2}{3}cos4\alpha + \sin^2\alpha\cos^2\alpha\right) + \left(\frac{\partial u}{\partial z}\right)^2\frac{\Delta r^2}{12} \quad (11.7)$$

여기서 σ_{b+s}는 표준편차로 정의되는 수평 풍속과 연직 풍속시어에 의한 스펙트럼 폭의 확대 성분이다. θ는 송신 혹은 수신 빔의 반값빔 폭(rad)이고, r_0는 윈드프로파일러에서 표본 체적의 중심까지 거리, u는 수평 풍속의 빔 방위각 성분이다. 위 식의 오른쪽에서 첫째 항은 주변 바람에 의한 빔 폭의 확대 성분으로 수평 풍속의 연직시어가 없다면 이 항에 의해서만 스펙트럼 폭이 확대된다. 둘째부터 넷째 항까지는 빔 폭의 확대와 연직 풍속시어의 효과를 나타낸다. 둘째와 셋째 항은 전파거리에 좌우되고 전파거리가 증가함에 따라 빔이 넓어지는 효과를 나타낸다. 둘째 항의 부호는 연직 풍속시어의 방향으로 나타내며, 연직 풍속시어에 따라 스펙트럼 폭이 좁아지는 경우도 있다는 것을 의미한다. 넷째 항은 풍속이 빔 방향과 직각을 이루는 방향에서 변하는 효과를 나타내며, 다섯째 항은 풍속이 빔 방향을 따라 변하는 효과를 나타낸다.

11.2 난류 정보 추정

윈드프로파일러에서 관측된 대기굴절률 구조변수와 스펙트럼 폭 자료를 이용하면 난류 정보를 정량적으로 얻을 수 있다. 전파 파장의 절반 크기에 해당하는 관성 소영역의 난류의 강도에 따라 대기굴절률 구조변수가 변하고 그에 비례하여 레이더 반사도가 얻어진다. 따라서 레이더 반사도 η가 관측되면 식 (2.14)에 따라 대기굴절률 구조변수 C_n^2을 산출할 수 있다. 그리고 식 (2.15)에 따라 다음 식으로 난류 에너지 소멸률 ϵ을 계산한다.

$$\epsilon = \left(\frac{N_B^2 M^{-2} C_n^2}{a^2 \alpha R_i}\right)^{3/2} \quad (11.8)$$

여기서 N_B는 브런트-바이살라 진동수이고, M은 잠재굴절률의 연직 기울기이다. a^2은 무차원 상수로 약 2.8이고, α는 소용돌이확산도의 비로 약 1.0이다. R_i는 리차드슨 수의 임계값 0.25이다. 이들을 대입하면 위 식은 다음과 같다.

$$\epsilon = 1.71 \times \left(N_B^2 M^{-2} C_n^2\right)^{3/2} \quad (11.9)$$

이 식은 난류층의 난류 강도가 일정할 때, 따라서 난류층에서 난류가 변하면 달라진다. 전파 빔 체적에 난류가 차여 있는 비율 F를 적용하면 난류 에너지 소멸률은 다음과 같다.

$$\epsilon = 1.71 \times \left(N_B^2 M^{-2} C_n^2 F^{-1} \right)^{3/2} \tag{11.10}$$

이 식이 포함된 F는 다양한 방법으로 추정한다. 그리고 기압, 기온, 그리고 습도를 얻기 위해 라디오존데 관측도 동시에 이루어져야 한다.

대기 중으로 방사된 전파 파장의 절반 크기가 관성 소영역에 해당하고 가우스 분포의 난류 속도 변동을 가진다고 가정하면, 난류에 의한 스펙트럼 폭 σ_t에서 난류 에너지 소멸률 ϵ은 다음과 같이 얻을 수 있다.

$$\epsilon = 0.06 N_B \sigma_t^2 \tag{11.11}$$

여기서 N_B는 기후 통계로 얻은 고도별 기온과 기압 자료를 대입하여 구한다.

$$N_B^2 \equiv \frac{g}{\theta}\frac{\partial \overline{\theta}}{\partial z} = \frac{g}{T}\left(\frac{\partial \overline{T}}{\partial z} + \frac{g}{C_p} \right) \tag{11.12}$$

이 식에서 T는 기온, g는 중력가속도, 그리고 C_p는 정압비열이다.

난류 에너지의 생성과 소멸이 평형을 이루는 상태를 가정하면 연직 소용돌이 확산계수 K는 다음과 같다.

$$K \approx 0.1 \frac{\sigma_t^2}{N_B} \tag{11.13}$$

여기서 N_B은 식 (11.12)와 같은 방법으로 얻는다.

빔 폭 확대 효과가 작고 연직 풍속시어에 의한 스펙트럼 폭의 확대 효과가 매우 작은 UHF 윈드프로파일러 연직빔의 스펙트럼 폭을 이용하거나 VHF 윈드프로파일러에서 짧은 시간 동안 관측한 연직빔의 스펙트럼 폭을 이용하면 제트핵 주변의 난류 강도와 난류 에너지 소멸률을 정량적으로 분석할 수 있다. [그림 11.3]은 VHF 윈드프로파일러로 관측된 스펙트럼 폭을 이용하여 제트핵 주변의 난류에 의한 스펙트럼 폭과 난류 에너지 소멸률을 분석한 사례이다. [그림 11.3(a)]는 윈드프로파일러로 관측된 스펙트럼 폭을 식 (11.6)으로 보정해서 얻은 난류로 인한 스펙트럼 폭의 연직 분포이다. 제트류 아래의 상부 전선대에 해당하는 영역(7일 19 UTC의 8 km 고도와 8일 04 UTC의 5 km 고도)과 대류권계면 바로 위의 좁은 층(7일 22 UTC의 11 km 고도와 8일 04 UTC의 12 km 고도)에서 스펙트럼 폭이 넓게 나타난다. 그리고 이 분포는 제트류의 청천난류 영역에 대한 개념도인 [그림 11.3(c)]에서 빗금 영역과 거의 일치한다. [그림 11.3(b)]는 윈드프로파일러로 측정한 스펙트럼 폭과 라만 라이더로 측정한 브런트-바이살라 진동수를 적용하여 추정한 난류 에너지 소멸률의 연직 분포이다. 난류 에너지 소멸률의 최댓값은 9 $\mathrm{mWkg^{-1}}$이고 난류 에너지 소멸률이 큰 영역이 [그림 11.3(c)]의 빗금 영역과 일치한다.

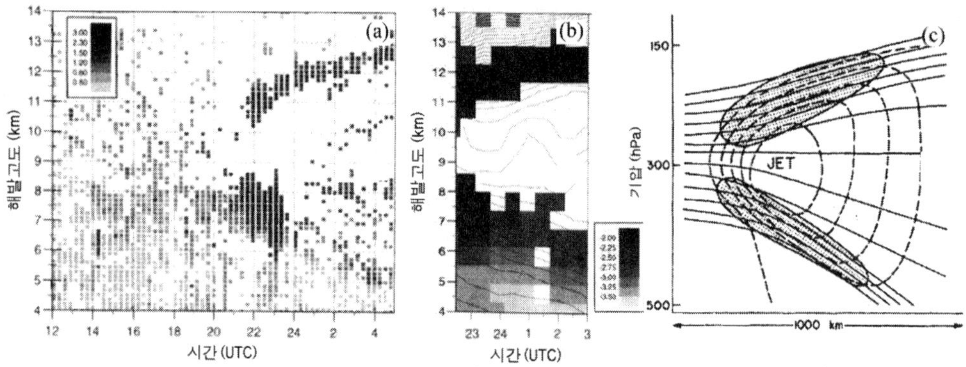

(a) 보정된 스펙트럼 폭(ms^{-1}) (b) 난류 에너지 소멸률($mWkg^{-1}$) (c) 청천난류분포영역

[그림 11.3] 1992년 12월 7일 12 UTC부터 12월 8일 04 UTC까지 관측된 제트핵 주변의 스펙트럼 폭과 난류 에너지 소멸률

11.3 안정 대기의 기온 추정

윈드프로파일러로 일정 기간 동안에 관측한 연직 풍속의 시계열 자료를 스펙트럼 분석을 해보면 [그림 11.4]와 같이 스펙트럼 밀도가 최대인 첨두가 나타나고 이 최대 첨두에서 장주기 방향으로 스펙트럼 밀도가 급격하게 감소하는 협곡이 나타난다. 안정한 대기에서 측정된 연직 풍속의 스펙트럼에서 협곡의 최하부에 상응하는 진동수는 라디오존데 관측 자료로 구한 브런트-바이살라 진동수와 거의 일치하며, 최대 첨두의 진동수 N_{PP}와 브런트-바이살라 진동수 N_B는 다음 관계를 가진다.

$$N_B = 1.33 N_{PP} \approx \sqrt{2}\, N_{PP} \tag{11.14}$$

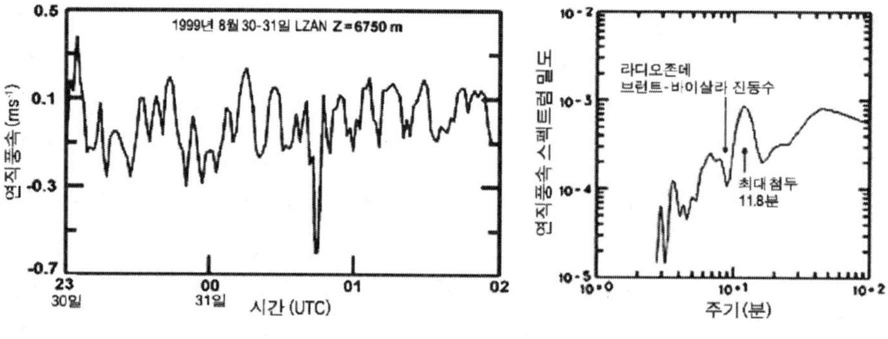

[그림 11.4] 1999년 8월 30일부터 31일까지 프랑스 란느므장에서 윈드프로파일러로 관측한 6750 m 고도의 연직 풍속의 시계열 자료와 이 자료를 고속 푸리에 변환으로 분석한 스펙트럼 밀도

이 식에 따라 윈드프로파일러의 연직 속도 스펙트럼에서 브런트-바이살라 진동수를 얻을 수 있다. 안정한 대기에서 브런트-바이살라 진동수는 다음과 같이 기온의 연직 기울기에 비례하기 때문에 브런트-바이살라 진동수를 알면 안정한 대기에서 기온을 추정할 수 있다.

$$N_B^2 = g\frac{\partial \ln\theta}{\partial z} \quad \text{또는} \quad N_B^2 = \frac{g}{T}\left\{\frac{\partial T}{\partial z} + \Gamma\right\} \tag{11.15}$$

여기서 θ는 온위, T는 기온, g는 중력가속도이다. z는 고도이고 Γ는 건조단열감률이다. 이 식은 다음과 같이 기온에 관한 식으로 바꿔 쓸 수 있다.

$$T(z) = \frac{1}{I(z)}\left[I(z_0)\,T_0 - \Gamma\int_{z_0}^{z} I(z)dz\right] \tag{11.16}$$

여기서 $I(z)$는 다음과 같다.

$$I(z) = \exp\left[-\int_{z_0}^{z}\frac{N_B^2(z)}{g}dz\right] \tag{11.17}$$

그리고 T_0는 기준 고도 z_0의 기온이다. 식 (11.16)에서 T_o와 N_B^2을 알면 안정한 대기에서 임의 고도 z의 기온 $T(z)$을 구할 수 있다.

[그림 11.5]는 라디오존데 자료에서 얻은 기준 고도 1.5 km의 기온을 식 (11.16)에 대입하고 윈드프로파일러의 연직 풍속 자료에서 구한 N_B^2을 대입하여 구한 기온 분포이다.

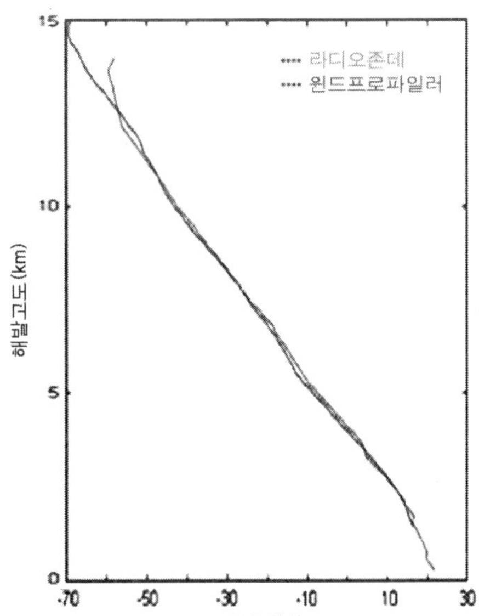

[그림 11.5] 윈드프로파일러 연직 풍속의 스펙트럼 분석으로 얻은 기온과 라디오존데 관측의 기온의 비교

라디오존데 자료와 비교하면, 약 13 km까지 약 0.5℃의 정확도로 잘 일치한다. 이 방법을 활용하면 라디오존데의 풍선이 터져 더 이상 상승할 수 없는 하부와 중부 성층권 고도까지도 기온을 관측할 수 있다.

Chapter

12 파동 관측

윈드프로파일러는 수분의 시간 분해능과 수십 m의 고도 분해능으로 일정한 지점의 상공을 통과하는 대기 현상의 역학 특성을 관측한다. 이러한 분해능으로 공간 분해능이 200 m 이상이고 시간 분해능이 수분 정도인 미-α 규모의 대기 현상까지 관측할 수 있다. 이에 따라 윈드프로파일러 관측 자료를 활용하여 중규모와 미규모의 대기 현상을 분석하는 연구가 활발히 진행되고 있다. 여기서는 미-α 규모에 포함되는 파동 현상인 산악파, 관성중력파, 그리고 밀도류에 대한 관측 사례를 간략하게 제시한다.

12.1 산악파 사례

안정층을 이룬 대기 흐름에서 강한 바람이 산을 불어 넘을 때 산의 풍하측에서 정상 운동을 하는 파동이 생긴다. 이러한 현상이 산악파이다. 산악파는 산의 모양과 크기, 연직 기온, 풍속 그리고 습기에 따라 그 구조가 달라지지만, 보통은 풍하측에서 경사면을 따라 강한 바람이 불고 렌즈 구름이나 두루마리 구름이 발생한다. 산악파의 진폭이 큰 경우에는 청천난류를 만들어 낮은 고도로 운항하는 항공기에 위험을 가져오기도 한다.

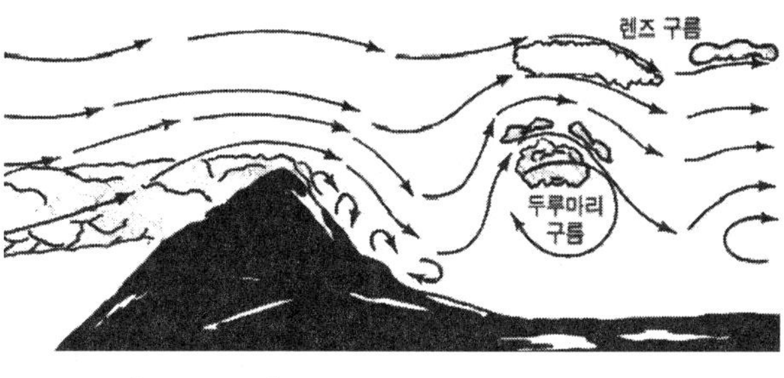

[그림 12.1] 산악파의 생성과 구름 발생

[그림 12.2]는 프랑스 피레네 산맥의 북쪽에 위치한 란느므장 대기과학연구소에 설치된 VHF 윈드프로파일러에서 얻은 산악파 관측 자료이다. 피레네 산맥은 프랑스와 스페

인의 국경을 이루고 동서로 놓여 있어서 스페인에서 남서풍이 불면 대기 흐름이 산맥을 넘으면서 푄과 산악파 현상이 발생한다. 수평 풍속을 보면 2일 12 UTC부터 17 UTC까지 4 km 이하의 고도에서 강한 남서풍이 불고 있으며, 이 바람은 13 km 고도까지 분다. 같은 시간대의 연직 풍속을 보면 상승과 하강 운동이 반복되어 나타나 산악파가 형성되어 있는 것을 알 수 있다. 이 산악파의 파동은 약 13 km 고도까지 전파된다. 스펙트럼 폭을 보면 같은 시간대의 약 4 km 고도 이하에서 스펙트럼 폭이 크게 나타나 강한 난류가

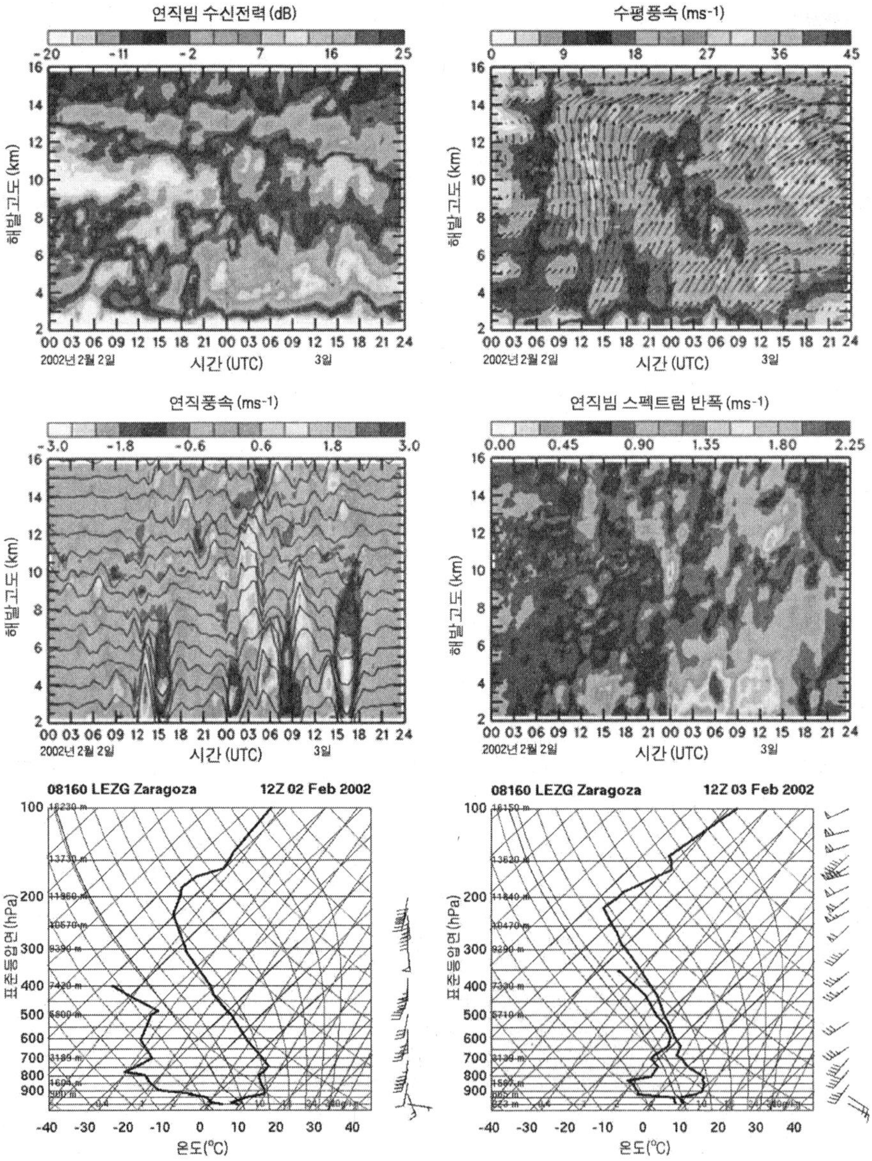

[그림 12.2] 프랑스 란느므장 대기과학연구소의 VHF 윈드프로파일러에서 2002년 2월 2일에서 3일까지 관측된 산악파 사례와 스페인 사라고사관측소의 레윈존데 관측 자료

있음을 추정할 수 있다. 3일 00 UTC부터 18 UTC 사이에도 6 km 고도 이하에서 강한 남서풍이 불고 연직 풍속에서 상승과 하강 운동이 반복되어 나타나 강한 산악파가 형성되어 있는 것을 알 수 있다. 같은 시간대의 연직빔 스펙트럼 폭을 보면 상승 운동이 있을 때 크게 나타나고 하강 운동이 있을 때는 작게 나타난다. VHF 윈드프로파일러 관측소에서 남쪽으로 100 km 떨어진 스페인 사라고사(Zaragoza)의 2일 12 UTC와 3일 12 UTC 라디오존데 관측 자료를 보면 모두 900 hPa 고도 이하에서 침강 역전으로 인한 기온 역전층이 강하게 나타나며 바람도 남서풍이 강하게 분다. 특히, VHF 윈드프로파일러 관측 자료에서 산악파가 더욱 강하게 형성된 기간에 해당하는 3일 12 UTC의 레윈존데 관측 자료에서 900 hPa 고도 이하에 남서풍이 35 kt로 강하게 불고 침강 역전층도 더욱 강해진다.

[그림 12.3]은 강릉에 설치된 기상청 UHF 윈드프로파일러에서 관측된 산악파 사례의 수평 풍속과 연직 풍속 자료이다. 이 그림은 수평 바람의 풍향과 풍속을 나타내는 바람깃에 연직 풍속을 배경색으로 표시한 것이다. 이 기간은 [그림 12.4]의 지상 일기도에서 보는 바와 같이 시베리아 고기압이 확장하면서 북서풍이 강하고 지속적으로 분다. 이 기류가 태백산맥을 넘으면서 그 풍하측에서 상승과 하강이 반복되는 산악파로 관측된다. 특히, UHF 윈드프로파일러에서 연직 풍속의 상승과 하강 운동이 강하게 나타나는 기간에 해당하는 12 UTC 레윈존데 관측에서 850 hPa 이하에 북서풍이 35 kt로 강하고 침강 역전층이 강하게 형성되어 있다.

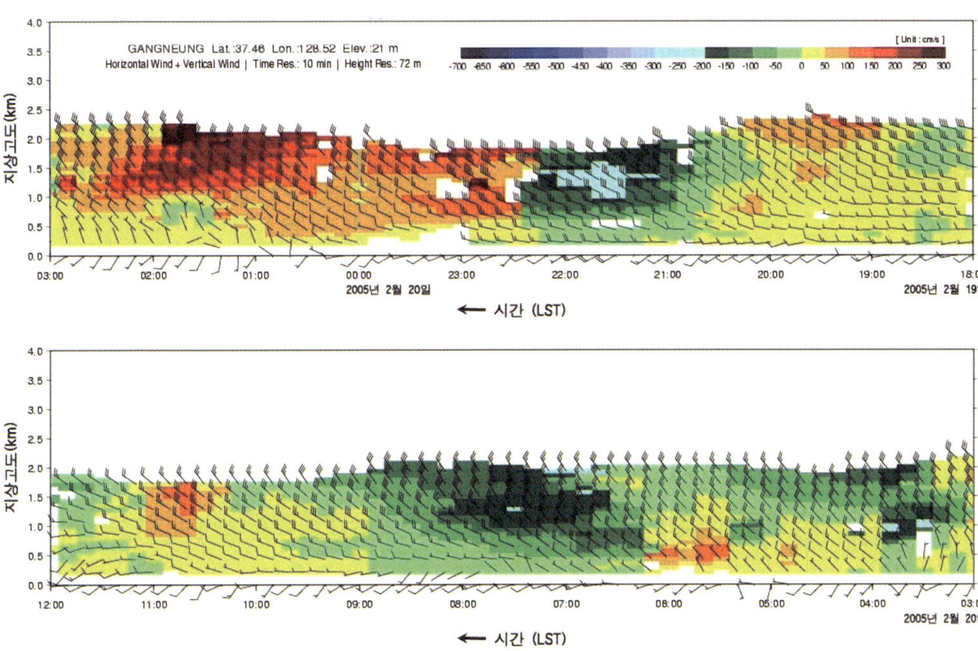

[그림 12.3] 기상청 강릉 UHF 윈드프로파일러에서 2005년 2월 19일부터 20일까지 관측된 산악파 사례의 수평 풍속과 연직 풍속 자료. 배경색에서 붉은색 계열은 상승 운동을, 푸른색 계열은 하강 운동을 나타내며, 시간은 그림의 오른쪽에서 왼쪽으로 흐른다.

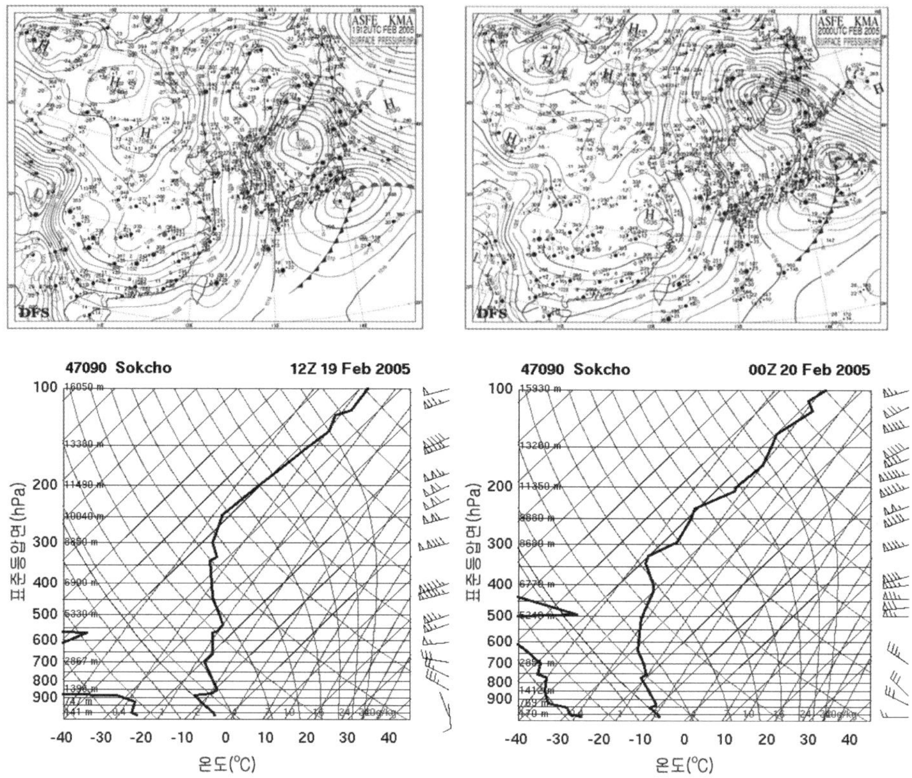

[그림 12.4] 기상청 강릉 UHF 윈드프로파일러에서 2005년 2월 19일부터 20일까지 관측된 산악파 사례에 대한 지상 일기도와 속초기상대의 레윈존데 관측 자료

12.2 관성중력파 사례

수백 km의 수평 파장과 수 시간 이상의 주기를 가지고 대류권이나 성층권에서 중간권이나 열권으로 전달되는 파동이 관성중력파이다. 이 파동은 연직 방향으로 전파되어 중층 대기에서 분쇄되고 난류로 소멸되면서 운동량과 에너지를 전달한다. 결국에는 여러 개의 대류권계면이나 비슷한 연직 기온기울기를 가진 층을 만든다. 관성중력파는 제트류의 출구나 크게 굽는 영역에서 풍속이 급격하게 감소할 때, 경압 불안정이나 수평 바람시어의 불안정이 있을 때, 적운 대류가 발달할 때, 혹은 산악에 의해 큰 규모의 대기가 상승할 때 생성된다. 제트류에 의해 발생하는 관성중력파는 수백 km의 수평 파장과 수 시간의 주기를 가지며, 적운 대류로 발생하는 관성중력파는 수십 km의 짧은 수평 파장을 가진다.

[그림 12.5]는 제트류 주변에서 풍속이 급격하게 감소하면서 발생한 관성중력파 사례이다. 연직빔의 수신 전력 분포를 보면 23일 00 UTC 8~11 km 고도에서 여러 개의 강한 산란층이 나타난다. 수평 풍속을 보면 23일 00 UTC부터 22 UTC까지 8~11 km 고도에서

강한 제트류가 형성되어 있고 24일 00 UTC에 수평 풍속이 급격하게 감소한다. 이것은 제트류 주변에서 대류권계면 접힘이 발생하고 이것으로 24일 00 UTC부터 12 UTC까지 여러 개의 대류권계면이 만들어진다. 여러 개의 진동수를 가진 중첩된 파동에 대해 적절한 차단 주기의 대역 통과 필터로 처리하면 관성중력파 성분을 추출할 수 있다. 연직빔의 수신 전력을 차단 파장이 6 km이고 차단 주기가 6시간인 대역 통과 필터로 처리한 결과를 보면, 22일 06~24 UTC와 23일 00~24 UTC에 비스듬한 방향으로 최소와 최대의 값이 반복하여 나타나고 조직화되어 있다. 가장 뚜렷한 조직은 24일 하루 동안 약 8 km 고도에서 나타난다. 연직빔의 스펙트럼 반값 빔 폭에서도 이 영역에서 비스듬하게 층을 이룬다.

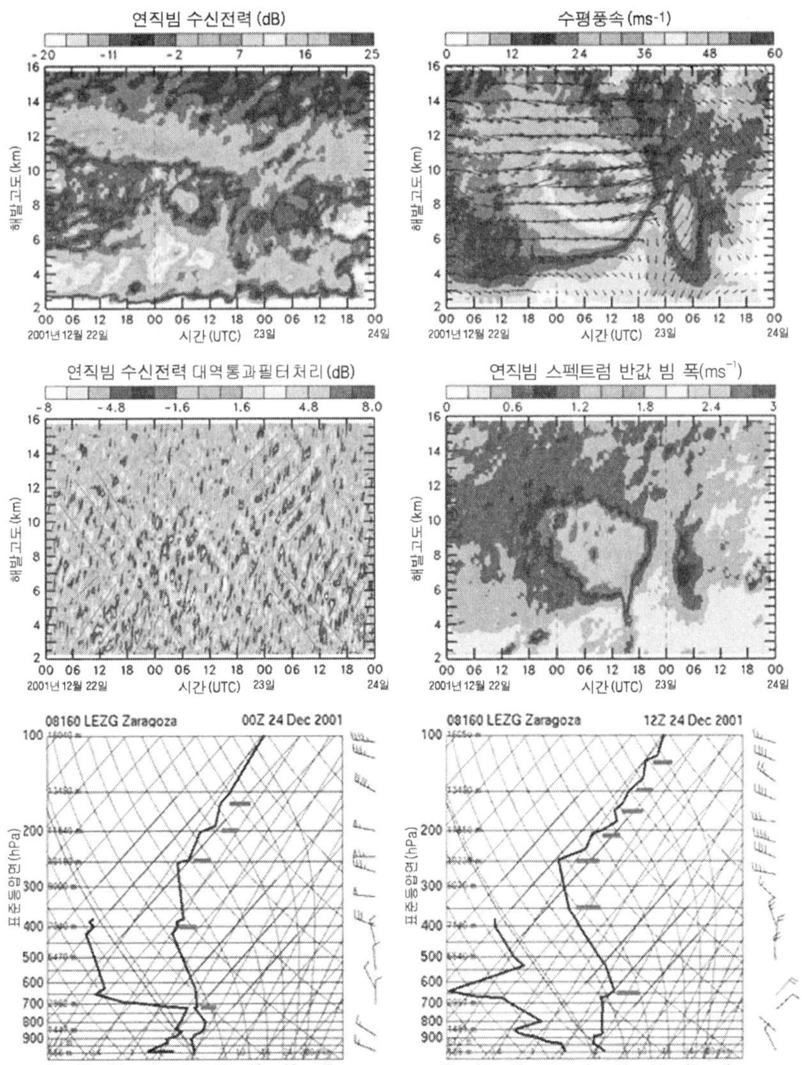

[그림 12.5] 프랑스 란느므장 대기과학연구소의 VHF 윈드프로파일러에서 2001년 12월 22일에서 23일까지 관측된 관성중력파 사례와 스페인 사라고사의 레윈존데 관측 자료

이 파동의 주기와 파장은 각각 약 6시간과 1.8 km이고 파동은 상향 위상으로 전파된다. 스페인 사라고사에서 관측된 24일 00 UTC와 12 UTC의 레윈존데 관측 자료를 보면, 약 8 km 고도 이상에서 1 km 고도 간격으로 여러 개의 대류권계면이 존재하지만 대류권계면 아래에서 뚜렷한 파동이 나타나지 않는다. 이것은 파동의 최소와 최대 영역이 안정층과 관련된다는 것을 보여준다.

12.3 밀도류 사례

밀도차가 있고 인접한 2개 공기층에서 밀도가 큰 공기덩이가 다른 공기층을 통과하면서 전파되는 수평 흐름을 밀도류 혹은 중력류라고 한다. 밀도류는 뇌우 유출, 해풍전선, 한랭전선, 스콜선의 돌풍전선, 산악의 활강기류 등에 촉발된다. [그림 12.6~8]은 2002년 5월 13일

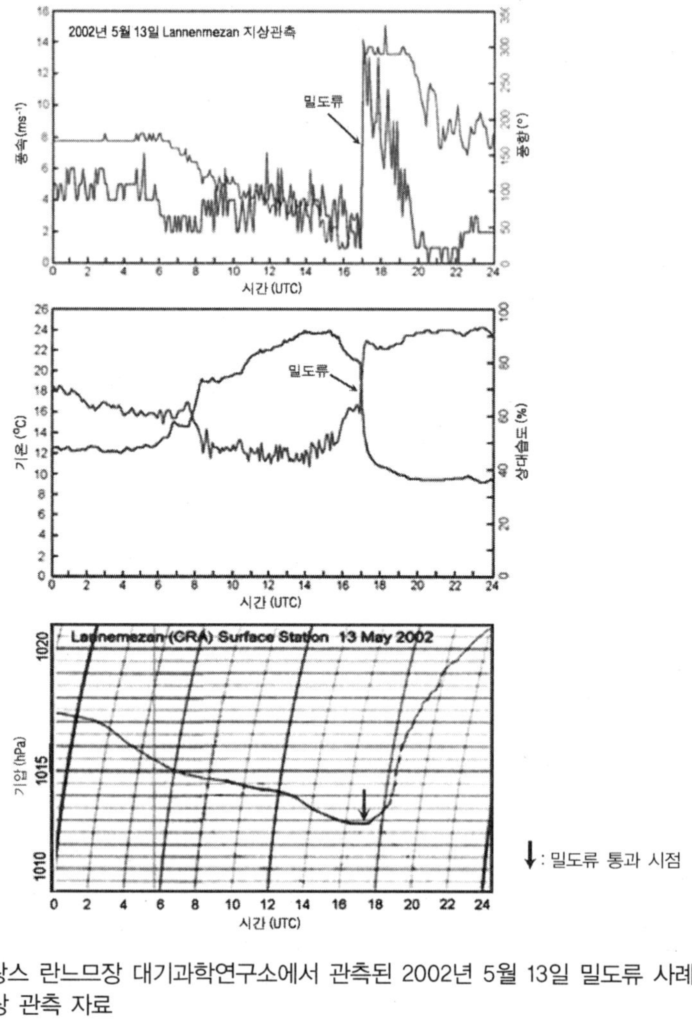

[그림 12.6] 프랑스 란느므장 대기과학연구소에서 관측된 2002년 5월 13일 밀도류 사례의 지상 관측 자료

프랑스 란느므장 대기과학연구소에서 관측된 밀도류 사례이다. 이 때 이 연구소에는 지상 관측 장비, VHF 윈드프로파일러, 그리고 UHF 윈드프로파일러가 동시에 운영되고 있었다.

지상 관측 자료인 [그림 12.6]을 보면 밀도류가 통과할 때 지상 풍속이 14 ms^{-1}로 급격하게 증가하고 동시에 풍향이 북동에서 북서로 급변한다. 이와 함께 기온이 급격하게 떨어지고 습도가 급격하게 증가한다. 기압도 급격하게 상승한다. VHF 윈드프로파일러 관측 자료인 [그림 12.7]을 보면, 한랭전선은 13일 오후에 이 윈드프로파일러 상공을 통과하고, 지상 전선은 10 UTC에 통과한다. 상공 전선면이 약 5 km 고도에 있는 17 UTC에 밀도류가 발생한다.

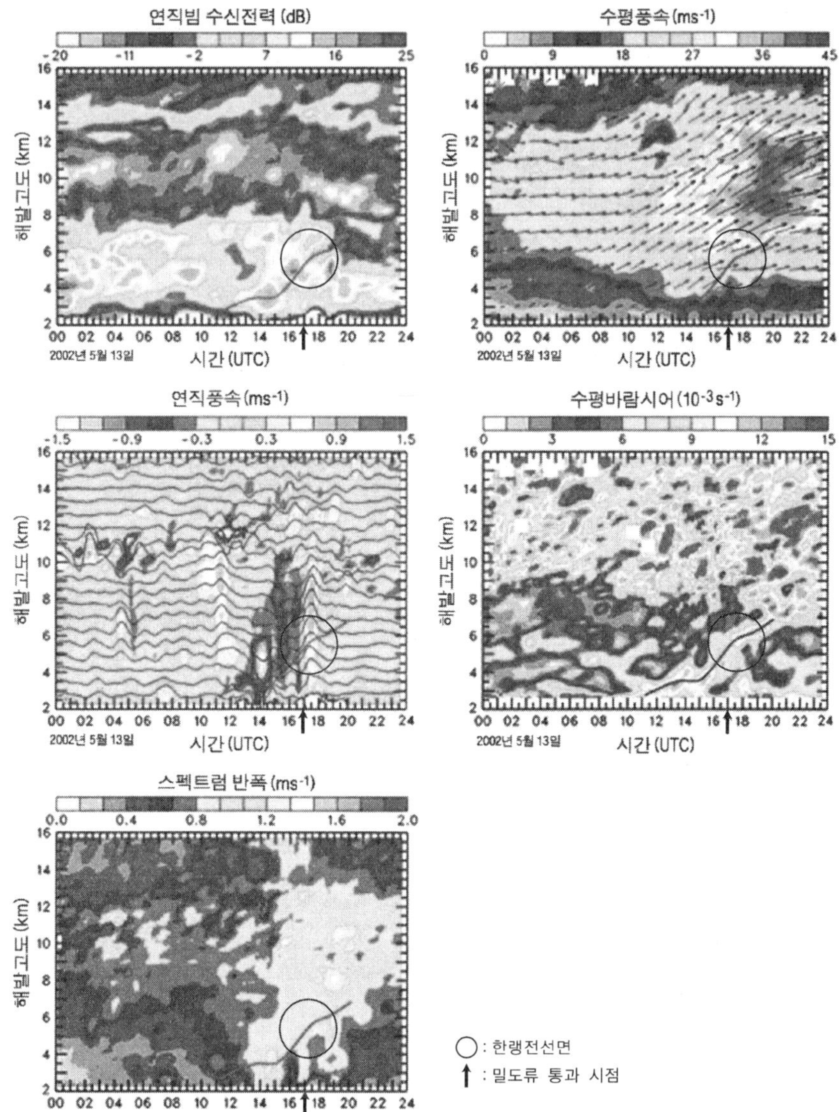

[그림 12.7] 프랑스 란느므장 대기과학연구소의 VHF 윈드프로파일러로 관측된 2002년 5월 13일 밀도류 사례. 이 자료는 30분 이동 평균으로 평활한 것이다.

이때 약 9 km 고도에서 지상까지 강한 하강류가 나타난다. 또한 밀도류가 통과할 동안 스펙트럼 폭이 커져서 난류가 강해진다. 동시에 운영된 UHF 윈드프로파일러 관측 자료인 [그림 12.8]을 보면, 17 UTC와 20 UTC에 약 1 km 고도에서 연직 풍속이 강하게 나타나 밀도류가 대기경계층 고도와 지표로 국한되는 하층 대기에서 나타난 것을 알 수 있다. 대기굴절률 구조변수를 보면 대기경계층 고도는 아침 10 UTC에 상승하기 시작하여 낮 동안 1 km 고도 이하에서 강한 산란을 보인다. 17 UTC와 19 UTC 사이에 15 ms^{-1} 이상의 강한 서풍이 나타나며, 이때 하강류도 강하게 나타나고 난류 에너지 소멸률도 크게 나타난다. 17 UTC 이후에 기둥 모양으로 나타나는 강한 하강류에서 스펙트럼 비대칭도가 커지고 난류가 강해진다. 이것은 침강하는 공기와 함께 낙하하는 강수 입자가 검출된 것이며, VHF 윈드프로파일러는 강수에 덜 민감하지만 UHF 윈드프로파일러는 매우 민감한 것을 알 수 있다.

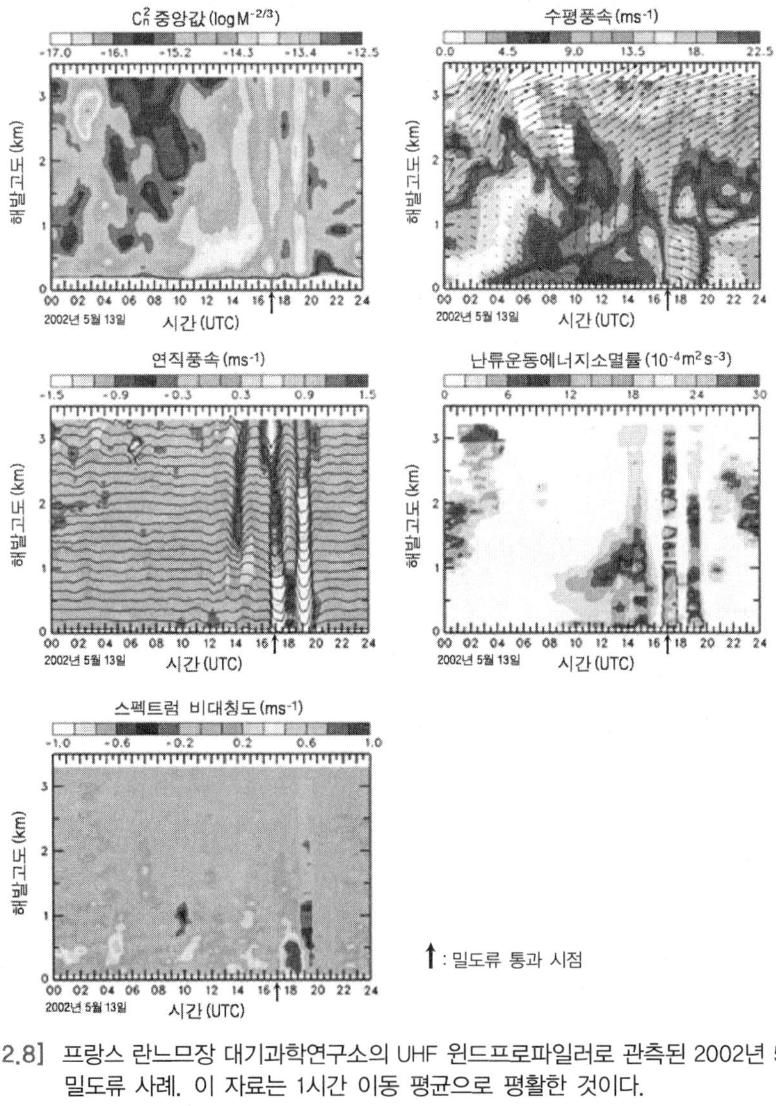

[그림 12.8] 프랑스 란느므장 대기과학연구소의 UHF 윈드프로파일러로 관측된 2002년 5월 13일 밀도류 사례. 이 자료는 1시간 이동 평균으로 평활한 것이다.

Chapter

13 강수 입자 크기 분포 관측

강수 환경에서 관측된 윈드프로파일러의 수신 신호에는 낙하하는 강수 입자에서 오는 레일리 산란과 강수 입자를 에워싸고 있는 주위 공기에서 오는 브래그 산란이 동시에 포함되어 있다. 이러한 도플러 스펙트럼을 처리하면 강수 입자의 낙하 속도와 주위 공기의 연직 속도에 대한 정보를 얻을 수 있다. 그리고 빗방울 크기에 따른 종단 속도를 적용하면 빗방울 크기 분포도 얻을 수 있다. 여기서는 이러한 원리로 빗방울이나 얼음덩어리의 크기 분포를 관측하는 방법을 설명한다.

13.1 강수 환경에서 도플러 스펙트럼의 특성

빗방울은 낙하하면서 응결이나 다른 빗방울과의 충돌 과정으로 그 크기가 성장하며, 어느 정도 커지면 역학적으로 불안정해져 분열한다. 분열로 생성된 작은 빗방울이 같은 과정으로 연쇄 성장하여 강한 강수를 발생시키기도 한다. 분열하지 않는 빗방울 최대 크기가 4~5 mm로 알려져 있으나 여러 관측에서 8 mm나 되는 거대한 빗방울이 발견되는 것을 비롯하여 빗방울 크기 분포에 대해서는 아직도 밝혀지지 않은 사실이 많다.

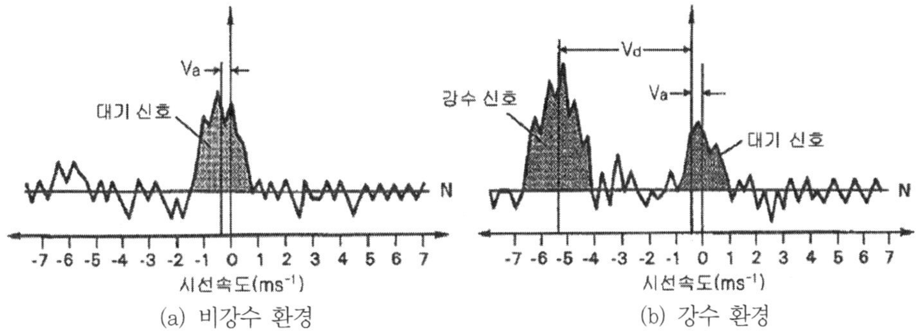

(a) 비강수 환경　　(b) 강수 환경

[그림 13.1] 비강수 환경과 강수 환경에서 VHF 윈드프로파일러에 수신되는 전형적인 도플러 스펙트럼. v_a는 대기 신호 첨두의 시선속도이고 v_d는 강수 신호 첨두의 시선속도이다.

강수 환경에서 윈드프로파일러의 연직빔에서는 빗방울에서 산란되는 강수 신호와 주위 공기에서 산란되는 대기 신호가 동시에 수신된다. 이 두 신호는 시선속도에서 약간의 차가 있어서 도플러 스펙트럼에서 2개의 첨두로 관측된다. 대기굴절률의 불균질층으로 일어나는 브래그 산란은 전파의 주파수에 크게 좌우되지 않고 산란된다. 그러나 구름 입자나 강수 입자가 만든 대기굴절률 불균질로 일어나는 레일리 산란은 전파 파장의 4제곱에 반비례하기 때문에 약한 강수가 있더라도 강하게 산란된다. 따라서 1.3 GHz의 UHF 윈드프로파일러에서는 수 mm/h 이하의 약한 강수에서만 강수 신호와 대기 신호의 스펙트럼 첨두가 관측되고 강한 강수에서는 강수 신호의 스펙트럼 첨두만 관측된다. 반면에, 40 MHz의 VHF 윈드프로파일러에서에서는 약한 강수뿐만 아니라 강한 강수에서도 강수 신호와 대기 신호의 스펙트럼 첨두가 분리되어 관측된다.

VHF 윈드프로파일러의 연직빔에서 브래그 산란으로 관측되는 대기 신호의 도플러 스펙트럼 $S_a(v)$는 다음과 가우스 확률분포로 근사한다.

$$S_a(v) = A_o \exp\left[-\frac{(v-w)^2}{2\sigma_w^2}\right] \tag{13.1}$$

여기서 A_0, σ_w, w는 대기 신호 첨두의 진폭, 스펙트럼 폭 그리고 평균 연직 속도이며, v는 시선속도이다. 난류가 없는 대기에서 빗방울에서 산란되는 강수 신호의 도플러 스펙트럼 $S_p(v)$는 다음과 같다.

$$S_p(v) = D^6 N(D) \frac{dD}{dv} \tag{13.2}$$

여기서 $N(D)$는 입자크기 D에 따른 빗방울 크기 분포이다. 그러나 난류가 있는 실제 대기에서 관측된 강수 신호의 도플러 스펙트럼은 $S_p(v)$보다 폭이 넓은 도플러 스펙트럼으로 나타난다. 이것은 난류 변동으로 빗방울 크기의 스펙트럼 폭이 넓어지기 때문이다. 따라서 난류가 있는 대기에서 관측된 도플러 스펙트럼은 $S_P(v)$을 난류에 의한 시선속도의 확률밀도 함수 $S_g(v)$를 콘볼루션한 도플러 스펙트럼으로 나타난다. 여기서 $S_g(v)$는 다음과 같다.

$$S_g(v) = \frac{1}{\sigma_w \sqrt{2\pi}} \exp\left[-\frac{(v-w)^2}{2\sigma_w^2}\right] \tag{13.3}$$

VHF 윈드프로파일러의 연직빔에서 관측된 도플러 스펙트럼은 무한개의 시계열 신호를 창함수로 처리하여 얻는다. 이런 과정에서 신호 누출이 일어나서 스펙트럼 폭이 본래보다 넓어진다. 이와 같은 신호 누출 오차로 인한 스펙트럼 확대 효과까지 반영하면 강수 환경에서 VHF 윈드프로파일러의 연직빔에서 관측된 도플러 스펙트럼 $S(v)$는 다음과 같다.

$$S(v) = [S_a(v) + S_p(v) * S_g(v) + P_n] * W \tag{13.4}$$

여기서 P_n과 W는 각각 잡음 수준과 창함수이고 *는 콘볼루션을 나타낸다. 이 식은 정규화된 도플러 스펙트럼이며, 주위 공기의 연직 운동이 없다고 가정된 것이다. 따라서 주위 공기의 평균 연직 속도가 w일 때 VHF 윈드프로파일러에서 관측된 실제 도플러 스펙트럼 $S_0(v)$은 다음과 같다.

$$S_0(v) = [P_a S_a(v-w) + P_p S_p(v-w) * S_g(v) +] * W \tag{13.5}$$

여기서 P_a와 P_p는 각각 대기 신호와 강수 신호의 수신 전력이다.

지금까지 설명한 바와 같이 강수 환경에서 VHF 윈드프로파일러의 연직빔으로 관측된 도플러 스펙트럼에는 대기 신호와 강수 신호의 정보가 모두 포함되어 있다. 따라서 관측된 도플러 스펙트럼이 식 (13.5)에 따른다는 가정을 두고 수학적으로 처리를 하면 빗방울 크기 분포를 얻을 수 있다. 이러한 방법에는 가정된 빗방울 크기 분포에 의해 계산된 강수 신호의 도플러 스펙트럼을 콘볼루션하여 관측된 도플러 스펙트럼에 근사시키는 방법과 특정한 모양의 빗방울 크기 분포를 가정하지 않고 관측된 도플러 스펙트럼을 대기 신호의 가우스 함수로 디콘볼루션하는 방법이 있다.

13.2 콘볼루션법의 빗방울 크기 분포 추정

주로 일본 교토대학교 초고층전파연구센터의 MU 대기 레이더를 중심으로 개발된 방법이다. 먼저, 가우스 확률분포를 가정하여 식 (13.1)에 따라 대기 신호의 도플러 스펙트럼 $S_a(v)$를 얻는다. 다음으로 $N(D) = N_0 \exp(-aD)$와 같은 함수의 빗방울 크기 분포를 가정하여 식(13.2)에 적용하여 강수 신호의 도플러 스펙트럼 $S_p(v)$를 얻는다. 이들 식에 포함된 계수 N_0, a, P_a, w, σ_w에 적당한 초기값을 부여하여 식 (13.5)의 도플러 스펙트럼을 계산한다. 이렇게 계산된 도플러 스펙트럼은 [그림 13.2]와 같이 관측된 도플러 스펙트럼과 비교하여 각 시선속도에서 차를 구한다. 이들 계수를 조정해가면서 비선형

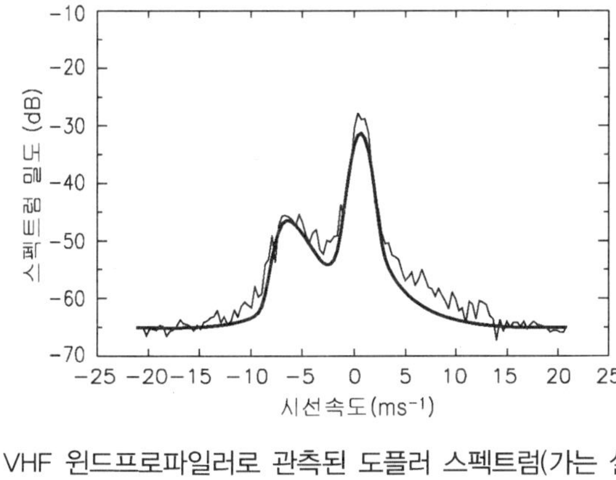

[그림 13.2] VHF 윈드프로파일러로 관측된 도플러 스펙트럼(가는 실선)과 콘볼루션 방법으로 적합한 도플러 스펙트럼(굵은 실선)

최소제곱법으로 가장 근접할 때의 계수를 얻는다. 이렇게 얻은 계수로 임의의 빗방울 크기 분포 함수를 추정한다.

콘볼루션법에서 빗방울 크기 분포 모델의 계수에 대한 초기값이 적절하게 부여된다면 빠른 계산 시간에서 빗방울 크기 분포를 얻을 수 있다. 그러나 적합하는데 걸린 시간과 그 정확도는 계수의 초기값에 따라 크게 달라지며, 그 값이 실제 빗방울 크기 분포와 크게 동떨어진 값이면 적합하지 않은 경우도 있다. 그리고 가정된 빗방울 크기 분포로만 빗방울 크기 분포를 추정할 수 있어서 빗방울 크기 분포가 복잡하거나 시간이나 고도에 따라 크게 변하는 경우에는 그 성능이 크게 떨어진다.

13.3 디콘볼루션법의 빗방울 크기 분포 추정

강수 환경에서 VHF 윈드프로파일러의 연직빔으로 관측된 도플러 스펙트럼은 식 (13.5)와 같이 강수 신호와 시선속도 확률밀도 함수의 콘볼루션, 대기 신호와 강수 신호의 합, 그리고 창함수의 콘볼루션으로 이루어져 있다. 따라서 관측된 도플러 스펙트럼을 창함수와 시선속도 확률밀도 함수로 디콘볼루션하면 대기 신호와 강수 신호의 도플러 스펙트럼을 구하고, 결국에는 빗방울 크기 분포를 얻을 수 있다.

관측된 도플러 스펙트럼 $S_0(v)$를 창함수 W로 디콘볼루션하면 다음과 같이 윈드프로파일러의 창함수 효과가 제거된 도플러 스펙트럼이 얻는다.

$$S(v) = [P_a S_a(v-w) + P_p S_p(v-w) * S_g(v)] = S_0(v)/W \tag{13.6}$$

여기서 창함수는 이미 알고 있으며, 보통 헤닝 창, 사각형 창, 삼각형 창 그리고 웰치 창을 사용한다. 도플러 스펙트럼 $S(v)$에서는 보통 2개 첨두가 나타난다. 하강 속도가 크고 스펙트럼 폭이 넓은 첨두가 강수 신호이고, 하강 속도가 작고 스펙트럼 폭이 좁은 첨두가 대기 신호이다. 대기 신호에 대해 첨두를 가우스 확률분포 함수를 비선형 최소제곱법으로 적합하여 계수 P_a, w, σ_w을 얻는다. 이렇게 얻은 스펙트럼 폭 σ_w와 평균 연직 속도 w를 식 (13.3)에 적용하여 $S_g(v)$를 얻고, 이것을 다음과 같이 임의로 부여한 도플러 스펙트럼에 반복해서 콘볼루션하여 강수 신호의 도플러 스펙트럼 S_p를 추정해간다.

$$S_\pi + 1 = S_\pi * S_g - (S_v - P_a S_a)|_{i=0\cdots\infty} \tag{13.7}$$

여기서 S_π는 임의로 제시된 강수 신호의 도플러 스펙트럼이고, S_a는 관측된 대기 신호의 도플러 스펙트럼이다. S_v는 관측된 도플러 스펙트럼에서 창함수 효과를 제거한 강수 신호의 도플러 스펙트럼이다. 임의로 제시된 S_π를 대입시켜 $S_{\pi+1}$를 구하고 다시 이것을 S_π로 반복 대입시켜 관측된 도플러 스펙트럼에 근사되는 $S_{\pi+1}$의 도플러 스펙트럼을 추정한다. 이 때 도플러 스펙트럼의 근사는 시선속도별로 실시한다. 각 시선속도에서 관측값과 추정값의 비를 모두 평균하고, 앞에 처리한 평균값과 당회에 처리한 평균값의 차가 일정한 값 이하로 떨어질 때 각 시선속도에서 S_p를 결정한다. 이렇게 결정된 S_p에 종단 속도에 따른 빗방울 크기 관계식과 빗방울 크기에 따른 수밀도 관계식을 적용하면 빗방울 크기와 수밀도를 계산할 수 있다.

[그림 13.3]은 VHF 윈드프로파일러의 연직으로 관측된 도플러 스펙트럼에서 빗방울 크기 분포를 추정하는 과정을 보여준다. [그림 13.3(a)]는 난류와 신호 누출 오차로 확대된 도플러 스펙트럼이며, 이 도플러 스펙트럼을 창함수로 디콘볼루션하여 신호 누출 오차로 인한 도플러 스펙트럼의 확대 효과를 제거한 것이 [그림 13.3(b)]이다. 이 도플러 스펙트럼을 직전의 도플러 스펙트럼과 비교하면 부방사부가 크게 줄고 대기 신호와 강수 신호의 스펙트럼 첨두 사이에 있는 계곡도 많이 깊어졌다. 신호 누출 오차가 제거된 대기 신호에 가우스 확률 밀도 함수를 적합하여 주위 대기의 평균 연직 속도와 스펙트럼 폭을 구하고, 강수 신호의 도플러 스펙트럼만 분리시켜 꼬리를 붙인 결과가 [그림 13.3(c)]이다. [그림 13.3(c)]

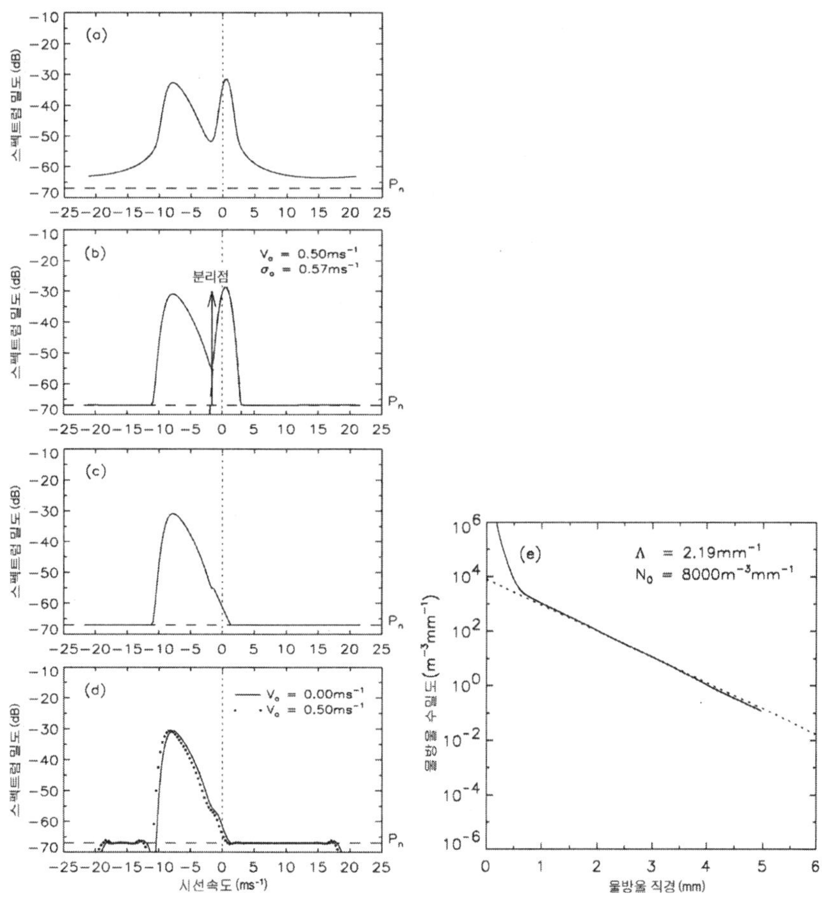

[그림 13.3] VHF 윈드프로파일러의 연직빔에서 얻은 도플러 스펙트럼에서 반복 디콘볼루션법으로 빗방울 크기 분포를 추정하는 과정

의 강수 신호에는 여전히 난류에 의한 스펙트럼의 확대 효과가 포함되어 있다. 따라서 [그림 13.3(b)]의 대기 신호의 평균 연직 속도 w와 스펙트럼 폭 σ_w로 만든 정규 가우스 확률 밀도 함수로 강수 신호를 디콘볼루션한 결과가 [그림 13.3(d)]이다. [그림 13.3(d)]에서 점선은 낙하 속도에 따른 강수 신호이고, 실선은 공기의 연직 속도를 고려한 종단 속도에 따른 강수 신호이다. 종단 속도에 따른 강수 신호에 종단 속도에 빗방울 크기 관계식과 빗방울 크기에 따른 수밀도 관계식을 적용하여 추정된 빗방울 크기 분포가 [그림 13.3(e)]이다. [그림 13.3(e)]에서 점선은 [그림 13.3(a)]의 모의 강수 신호로 입력된 마샬-파머 빗방울 크기 분포이며, 실선은 반복 디콘볼루션법으로 구현된 빗방울 크기 분포이다.

[그림 13.4]는 VHF 윈드프로파일러의 연직빔으로 관측된 실제 도플러 스펙트럼에서 고도별 주위 공기의 연직 속도, 스펙트럼 폭, 그리고 고도별 빗방울 크기 분포를 추정한 사례이다.

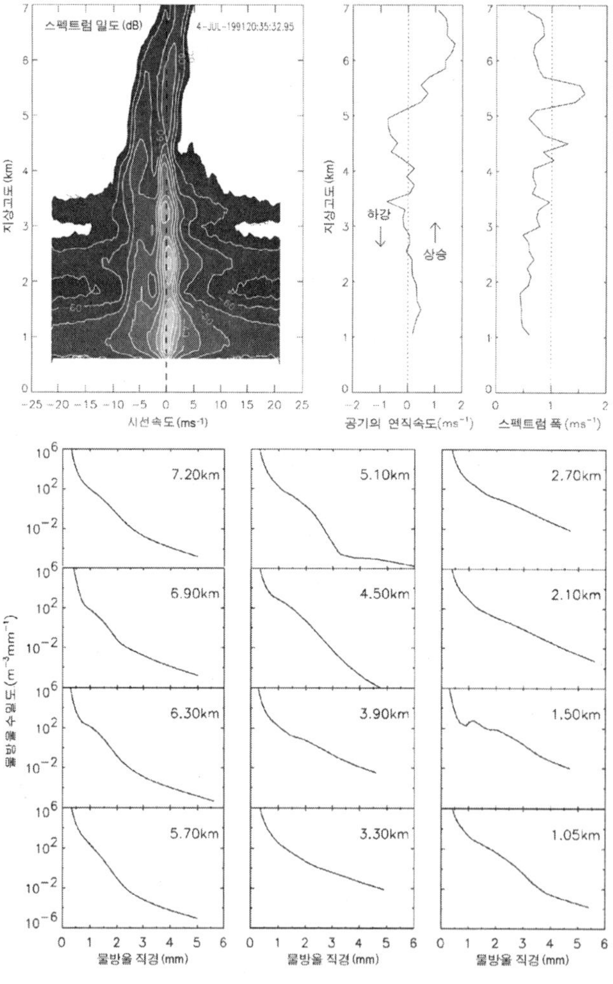

[그림 13.4] 일본 교토대학교의 대기 MU 레이더로 관측한 1분간 도플러 스펙트럼 자료에 반복 디콘볼루션법을 적용하여 얻은 고도별 빗방울 크기 분포

13.4 이중 파장법의 빗방울 크기 분포 추정

강수 입자에 의한 레일리 산란은 λ^{-4}에 비례하는 반면에, 대기굴절률의 불균질에 의한 브래그 산란은 $\lambda^{-1/3}$에 비례한다. 따라서 대기 신호의 산란 강도는 증가하고 강수 신호의 산란 강도는 상대적으로 약해지는 VHF 윈드프로파일러에서는 강수의 영향을 적게 받은 대기 신호의 도플러 스펙트럼을 얻을 수 있다. 반면에 강수 신호의 산란 강도가 상대적으로 커지는 UHF 윈드프로파일러에서는 청천대기의 영향이 적은 강수 신호의 도플러 스펙트럼을 얻을 수 있다. 이와 같이 두 파장에 의해 동시에 관측된 도플러 스펙트럼에서 파장별 산란 강도의 특성을 이용하여 빗방울 크기 분포를 추정하는 것이 이중 파장법이다.

이 방법은 추정 과정에 따라 2가지 방법으로 나눈다. 하나는 VHF 윈드프로파일러에서 관측된 대기 신호의 평균 연직 속도와 스펙트럼 폭을 구하고, 이 정보를 이용하여 UHF 윈드프로파일러에서 관측된 강수 신호의 난류 강도와 연직 속도의 효과를 수정한다. 이렇게 관측된 강수 신호를 수정 감마 함수에 의한 강수 신호와 비선형 함수로 근사시켜 빗방울 크기 분포를 추정한다. 다른 방법은 VHF 윈드프로파일러의 도플러 스펙트럼에서 주위 공기의 연직 속도와 스펙트럼 폭을 구한다. 그리고 지수 함수 빗방울 크기 분포, 단일 혹은 쌍가우스 빗방울 크기 분포를 적용하여 추정한 UHF 윈드프로파일러의 강수 신호 스펙트럼을 관측 스펙트럼에 비선형함수로 근사시켜 빗방울 크기 분포를 추정한다. 그러나 UHF 윈드프로파일러에서 낙하 속도에 따른 빗방울 크기 분포 스펙트럼을 추정하거나 VHF 윈드프로파일러에서 공기의 연직 속도와 스펙트럼 폭을 추정할 때 난류나 신호 누출 오차로 인한 스펙트럼 폭의 확대 효과가 전혀 반영되지 않는다는 단점이 있다.

13.5 권운의 얼음 크기 분포 추정

기후 시스템에서 권운은 지구 대기를 냉각시키거나 가열하는 역할을 한다. 따라서 권운의 광학 두께, 출현 고도, 그리고 미세 물리 특성은 매우 중요한 변수이다. 그러나 권운은 아주 높은 고도에 있어서 미세 물리 변수를 측정하거나 권운에 관련된 수평 바람시어, 연직 운동, 난류 특성 등을 관측하기 어렵다.

얼음의 전형적인 크기 분포는 0.05~0.5 mm이고 얼음 수분량이 0.001~0.05 gm^{-3}이다. VHF 윈드프로파일러에서 얼음의 레일리 산란에 의한 강수 신호와 주위 공기의 브래그 산란에 의한 대기 신호는 비슷한 강도로 수신되기 때문에 산란 신호만으로 둘을 구별하기 어렵다. 스펙트럼 폭도 이것을 구별할 만한 정보를 제공하지 못한다. 얼음의 낙하 속도는 그 크기가 0.1~1.0 mm일 때 0.1~1.0 ms^{-1}정도로 상당히 작지만 고위도에서 대기 운동의 연직 속도는 0.5 ms^{-1} 이하이고 고도 수백 m로 평균된 대기 운동의 연직 속도는 크게 변하지 않는다. 따라서 윈드프로파일러에서 연직 속도로 강수 신호와 대기 신호를 구별할 수 있다.

VHF 윈드프로파일러의 연직빔에서 구형의 얼음에 의한 도플러 스펙트럼 $S_i(D)$는 식 (13.2)에 따라 다음과 같다.

$$S_i(D) = D^6 N_i(D) \frac{dD}{dv} \tag{13.8}$$

여기서 $N_i(D)$는 권운의 얼음 크기 분포로 다음과 같이 감마 함수로 나타낸다.

$$N_i(D) = N_0 D \exp\left(-4.67 \frac{D}{D_m}\right) \tag{13.9}$$

여기서 N_0는 상수로서 정규 크기 분포인 경우에 1이고, D_m은 얼음 크기의 중앙값이다. D_m에 0.1~0.5 mm의 값을 부여하여 얼음 크기 분포에 따른 도플러 스펙트럼을 구한다. 그리고 이것을 관측 도플러 스펙트럼에 적합하고 얼음 크기 D에 따른 얼음의 종단 속도 $V_i(D)$를 적용하여 얼음 크기 분포를 추정한다.

$$V_i(D) = aD^b \left(\frac{P}{P_o}\right)^{1/3} \tag{13.10}$$

여기서 a와 b는 입자의 모양과 크기에 좌우되는 계수이고, P와 P_o는 각각 구름 고도와 기준 고도에서 기압이다.

[그림 13.5]는 기둥 모양의 얼음을 가정하고 식 (13.8)~(13.10)에 D_m = 0.1, 0.2, 0.3, 0.4 mm을 대입하여 추정한 얼음에 의한 도플러 스펙트럼과 실제 관측된 도플러 스펙트럼이며, 관측 도플러 스펙트럼으로 추정한 얼음 크기의 중앙값에 대한 연직 분포이다.

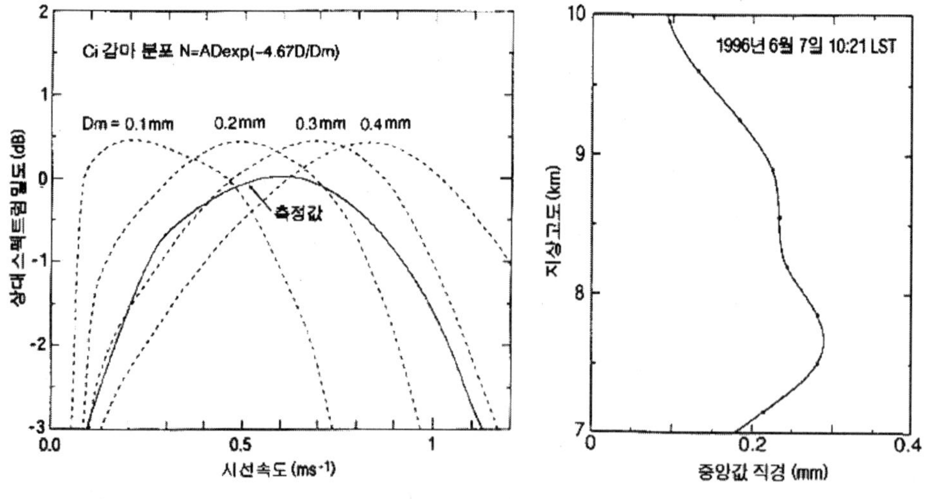

(a) 중앙값 크기가 0.1, 0.2, 0.3 0.4 mm인 얼음에 대해 추정한 도플러 스펙트럼(점선)과 관측 도플러 스펙트럼(실선)

(b) 관측 도플러 스펙트럼으로 추정한 얼음 크기의 중앙값에 대한 연직 분포

[그림 13.5] VHF 윈드프로파일러에서 관측된 도플러 스펙트럼을 이용한 권운의 얼음 크기 분포 추정

13.6 종단 속도와 빗방울 수밀도의 관계식

윈드프로파일러의 연직빔에서 얻은 도플러 스펙트럼의 강수 신호는 빗방울의 낙하 속도에 따른 도플러 스펙트럼이다. 그러나 빗방울의 크기는 종단 속도에 좌우된다. 따라서 도플러 스펙트럼에서 빗방울 크기 분포를 구하기 위해서는 낙하 속도에 따른 도플러 스펙트럼을 빗방울의 종단 속도에 따른 도플러 스펙트럼으로 전환해야 한다.

측정된 빗방울의 낙하 속도는 빗방울의 종단 속도와 공기의 연직 속도의 합으로 다음과 같다.

$$v_f = v_t + w \tag{13.11}$$

여기서 v_f는 측정된 빗방울의 낙하 속도이고, v_t는 빗방울의 종단 속도이다. w는 공기의 연직 속도이다. VHF 윈드프로파일러의 경우 빗방울의 낙하 속도와 공기의 연직 속도가 강수 신호와 대기 신호에서 독립적으로 측정되므로 식 (13.11)을 이용하면 빗방울의 종단 속도를 쉽게 추정할 수 있다. 여기에 빗방울의 종단 속도와 빗방울 크기의 관계식을 적용하면 빗방울 크기를 추정할 수 있다.

윈드프로파일러에서 빗방울 크기 분포를 추정하기 위한 빗방울의 종단 속도와 빗방울 크기의 관계식은 3가지 조건을 만족해야 한다. 첫째, 빗방울 크기의 대부분 범위 내에서 빗방울의 종단 속도를 비교적 정확하게 표현해야 한다. 둘째, 윈드프로파일러의 종단 속도에 따른 도플러 스펙트럼에서 빗방울 크기를 쉽게 얻을 수 있어야 한다. 셋째, 수신 전력과 빗방울 수밀도의 관계식에 포함되는 종단 속도에 따른 빗방울 크기의 도함수 (dv/dD)를 쉽게 유도할 수 있도록 모든 범위에서 연속이어야 한다.

위에서 언급한 조건을 만족하는 지상의 $v_t - D$ 관계식에 고도 보정 인자 $(\rho_o/\rho)^{m(D)}$를 적용하면 임의의 고도 z에서 빗방울 크기와 종단 속도의 관계식은 다음과 같다.

$$v_t = v_o \left(\frac{\rho_o}{\rho_z} \right)^{m(D)} \tag{13.12}$$

여기서 $m(D) = 0.375 + 0.025D$이다. 종단 속도가 $-2.5\ \mathrm{ms}^{-1} \le v_t < 0.0\ \mathrm{ms}^{-1}$인 경우에 $v_o = -4D$을 $-9.65\ \mathrm{ms}^{-1} < v_t < -2.5\ \mathrm{ms}^{-1}$인 경우에 $v_o = -9.65 + 10.3\exp(-0.6D)$을 적용한다. ρ_0와 ρ_z는 각각 지상과 고도 z에서 공기 밀도이며, v_t와 v_0는 각각 고도 z와 지상에서 빗방울 종단 속도(ms^{-1})로서 빗방울이 중력에 의해 지상으로 떨어지는 방향을 음(−)으로 정하였다. [그림 13.6]은 식 (13.12)로 계산한 지상(1,013 hPa), 850 hPa, 700 hPa, 그리고 600 hPa에서의 빗방울 크기에 따른 종단 속도에 대한 곡선이다.

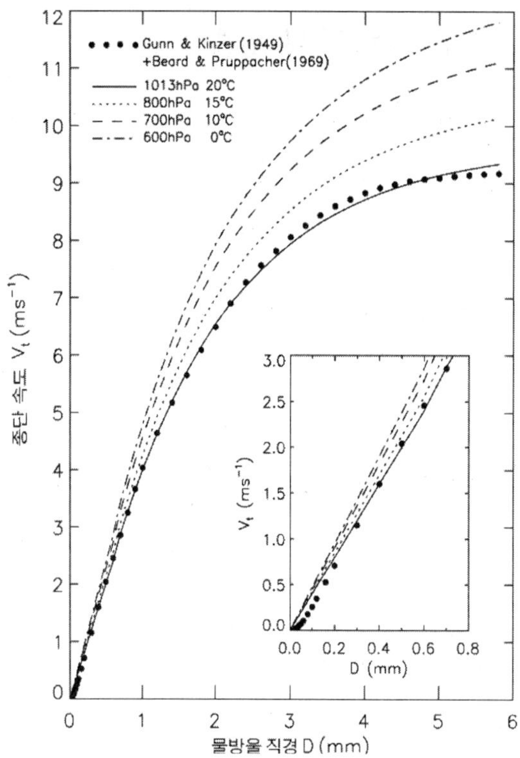

[그림 13.6] 지상(1,013 hPa), 850 hPa, 700 hPa, 그리고 600 hPa에서 빗방울 크기에 따른 종단 속도 분포

관측된 낙하 속도에 따른 도플러 스펙트럼을 종단 속도에 따른 도플러 스펙트럼으로 전환한 후에 빗방울 크기와 빗방울 수밀도를 추정할 수 있다. 종단 속도에 따른 빗방울의 크기는 식 (13.12)에서 다음과 같이 유도된 식으로 계산된다.

$$v_t = v_o \left(\frac{\rho_o}{\rho_z} \right)^{m(v_o)} \tag{13.13}$$

여기서 종단 속도가 $-2.5\,\mathrm{ms}^{-1} \le v_t < 0.0\,\mathrm{ms}^{-1}$인 경우에 $D = -0.25\,v_t$이고 $m(v_o) = 0.375 - 0.00625\,v_o$를, 종단 속도가 $-9.65\,\mathrm{ms}^{-1} < v_t < -2.5\,\mathrm{ms}^{-1}$인 경우에 $D = (-1/0.6)\ln[(9.65 + v_t)/10.3]$와 $m(v_o) = 0.375 - 0.04168\ln[(9.65 + v_o)/10.3]$을 적용한다.

종단 속도에 따른 빗방울의 수밀도는 식 (13.2)에서 다음과 같이 유도된다.

$$N(v_t) = S_p(v_t)\,D^{-6}\,\frac{dv_t}{dD} \tag{13.14}$$

종단 속도가 $-2.5\,\mathrm{ms}^{-1} \le v_t < 0.0\,\mathrm{ms}^{-1}$인 경우에 빗방울 크기에 따른 종단 속도의 도함수 dv_t/dD와 종단 속도에 따른 빗방울의 수밀도는 각각 다음과 같다.

$$\frac{dv_t}{dD} = -4.0 \tag{13.15}$$

$$N(v_t) = -S_p(v_t)(4.0)^7 v_t^{-6} \tag{13.16}$$

종단 속도가 $-9.65\ \mathrm{ms}^{-1} < v_t < -2.5\ \mathrm{ms}^{-1}$인 경우에 빗방울 크기에 따른 종단 속도의 도함수 dv_t/dD와 종단 속도에 따른 빗방울의 수밀도는 각각 다음과 같다.

$$\frac{dv_t}{dD} = -0.6(9.65 + v_t) \tag{13.17}$$

$$N(v_t) = -S_p(v_t)(0.6)^7(9.65 + v_t)\left[\ln\left(\frac{9.65 + v_t}{10.3}\right)\right]^{-6} \tag{13.18}$$

Chapter

14 중규모 대류계의 강수 구조 관측

UHF 윈드프로파일러는 강수 환경에서 난류에 의한 브래그 산란보다 강수 입자에 의한 레일리 산란에 더욱 민감하기 때문에 연직빔의 시선속도로 강수 입자의 낙하 속도를 직접 측정할 수 있고 신호대잡음비나 레이더 반사도가 강하게 나타난다. 따라서 UHF 윈드프로파일러의 관측 자료를 이용하여 밝은띠의 특성을 분석하기도 하고 강수 구조와 강수 세포에 따른 특성도 파악할 수도 있다.

14.1 밝은띠 분석

얼음 상태의 눈이 내리면서 0℃ 등온층을 만나게 되면 그 표면이 서서히 녹으면서 물로 젖는다. 이때의 얼음 입자는 윈드프로파일러에서 방사하는 전파를 강하게 산란시킨다. 이 얼음 입자가 더 아래로 내려오면서 완전히 물로 변하고 부피가 감소하면서 전파 산란이 급격하게 줄어든다. 이처럼 전파를 비정상적으로 강하게 산란하는 층이 녹는층이며, 이것으로 신호대잡음비나 레이더 반사도가 강하게 나타나는 띠가 밝은띠이다.

밝은띠 고도는 0℃ 등온층 고도에 대한 정보를 제공하며, 대기 수상체 분류에 중요한 기준을 제공하다. 밝은띠의 큰 강도는 레이더 반사도로 강수량을 추정하는데 있어서 지나치게 많은 강수량을 추정하게 한다. 따라서 밝은띠에 대한 정보는 기상 레이더를 이용하여 지상 강수량을 추정하고 강수 유형을 구분하는데 매우 중요하다.

겨울철에 층운형 강수 환경에서 윈드프로파일러의 연직빔으로 관측된 시선속도와 신호대잡음비는 [그림 14.1]과 같이 나타난다. 약 1 km 고도에 위치한 녹는층보다 높은 고도에서 눈의 낙하 속도는 약 1~2 ms^{-1}이지만 녹는층 아래에서 크게 증가하여 약 6~10 ms^{-1}에 이른다. 신호대잡음비는 녹는층으로 내려오면서 점차 증가하다가 녹는층에서 최대가 되고 그 이하에서 거의 일정하게 유지된다. 녹는층에서 신호대잡음비가 최대가 되는 것이 밝은띠에 해당한다. 이러한 특성 때문에 윈드프로파일러 관측에서 밝은띠는 일정한 고도에서 강하게 지속되며, 밝은띠 아래에서 연직빔의 시선속도가 급격하게 증가한다.

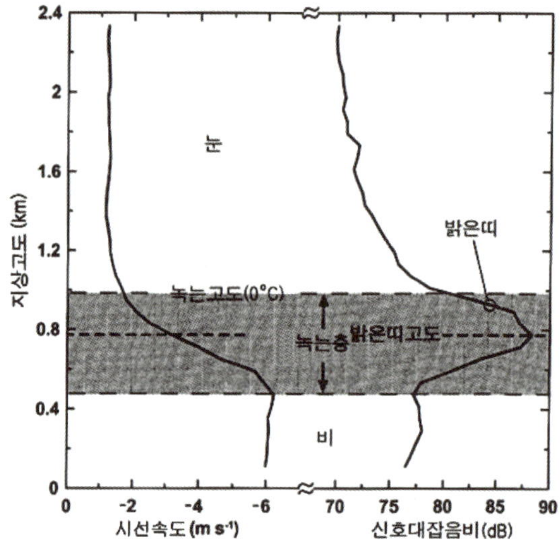

[그림 14.1] 층운형 강수가 있을 때 윈드프로파일러의 연직빔에서 관측된 시선속도와 신호대잡음비의 연직 분포

[그림 14.2]는 밝은띠의 전형적인 사례에서 관측된 수평 풍속, 신호대잡음비, 그리고 연직 풍속이다. 이 그림에서 연직 풍속은 상승할 경우에 노란색과 붉은색 계열로, 하강할

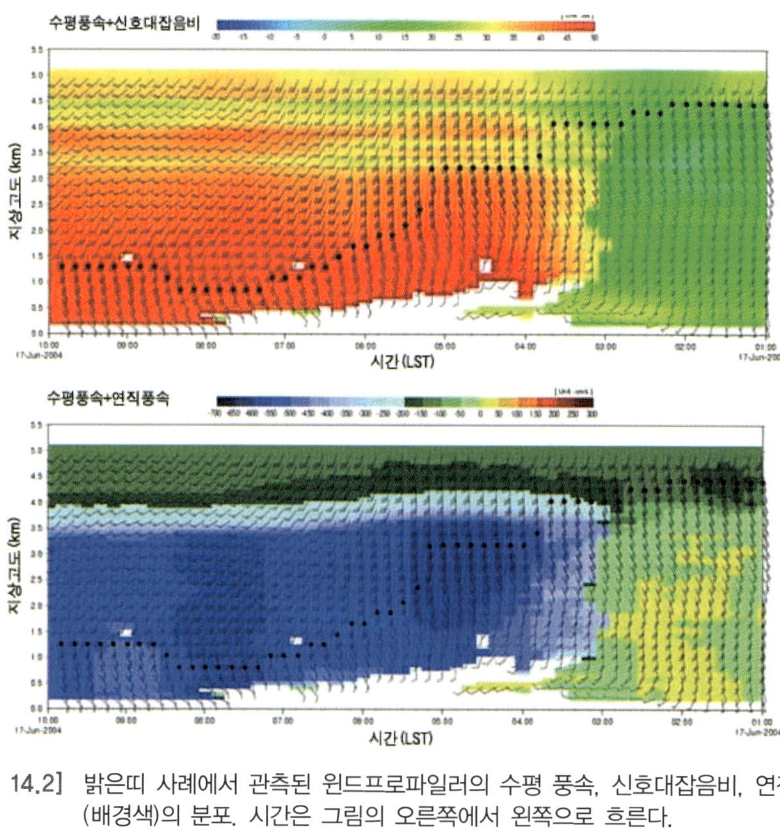

[그림 14.2] 밝은띠 사례에서 관측된 윈드프로파일러의 수평 풍속, 신호대잡음비, 연직 풍속(배경색)의 분포. 시간은 그림의 오른쪽에서 왼쪽으로 흐른다.

경우에는 눈과 비를 구분할 수 있도록 하강 속도가 0.1~2.0 ms^{-1}일 때는 녹색 계열로, 하강 속도가 2.1 ms^{-1} 이상일 때는 푸른색 계열로 표시하였다. 신호대잡음비를 보면 4 km에서 3.5 km 사이에 강하게 나타다가 3.5 km에서 3 km 사이에서 약해지고 그 아래에서 다시 강해진다. 연직 풍속을 보면 4 km 이상에서 2.0 ms^{-1} 이하인 녹색 계열이다가 4 km부터는 2.1 ms^{-1} 이상인 푸른색 계열로 급격하게 변하고 약 3.5 km 고도 아래부터 일정하게 유지된다. 이처럼 신호대잡음비도 크게 증가하고 연직 풍속도 급격하게 증가하는 4 km에서 3.5 km 사이가 밝은띠로 눈이 녹아서 비로 변하는 층이다.

14.2 강수 구조 분류

중규모 대류계는 발달과 소멸 과정에서 다양한 강수 구조를 가진다. 스콜선의 시공간적인 발달을 보여주는 중규모 대류계의 개념 모델이 [그림 14.3]이다. 여기서는 모루 구름과 함께, 수평으로 균일한 강수를 보이는 상황에서 레이더 반사도 인자의 연직 단면과 연직 분포를 보여준다.

스콜선의 중규모 대류계는 대류형 강수와 층상형 강수로 구분된다. 두 강수 구조 간의 전이 영역에서는 소멸하는 대류형 강수가 층상형 강수와 합쳐져서 중간 특성을 가진다. 층상형 강수는 눈이 녹으면서 낙하 속도가 증가하고 녹는층이 특징이다. 얕은 대류형은 따뜻한 비 과정이 발생하여 녹는층 아래에만 한정되어 강수 입자가 존재하며, 깊은 대류형은 녹는층의 고도 위에서 강수 입자가 있으나 녹는층의 특징이 보이지 않는다. 이러한 강수 유형에 따른 특징 때문에 윈드프로파일러의 연직빔에서 얻은 관측 자료를 분석하면 강수의 연직 구조에 따른 강수 유형을 구별할 수 있다.

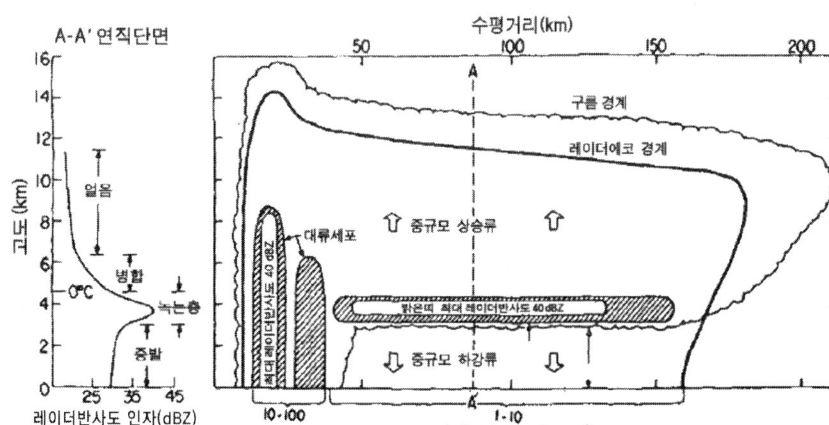

[그림 14.3] 스콜선의 레이더 반사도의 연직 단면과 층상형 강수 영역(A–A')의 레이더 반사도의 연직 분포(Leary and Houze, 1979)

윈드프로파일러의 연직빔으로 관측된 신호대잡음비 혹은 레이더 반사도 인자, 시선속도, 그리고 스펙트럼 폭으로 이변량 히스토그램을 분석하면 강수의 연직 구조에 따라 여러 가지의 강수 유형을 얻을 수 있다. [그림 14.4]는 이변량 히스토그램을 이용하여 강수 유형을 분류한 사례이다. 이변량 히스토그램은 고도별로 해당 변수의 발생 빈도를 표시한 것이다. 픽셀의 색은 해당 고도에서 해당 변수의 발생 퍼센트이다. 이 빈도 분포는 연직 구조를 명확하게 설명하지만 시간 변동이나 지속성에 대한 정보는 제공하지 않는다. 녹는층의 특징은 0℃ 등온선을 포함한 고도에서 시선속도의 변화를 계산하여 결정한다. 녹는층에서 시선속도의 최대 기울기가 녹는층 특징을 결정하는 변수이다. 스펙트럼 폭은 난류와 강수 입자 크기 분포에 좌우된다. 스펙트럼 폭에 포함된 정보는 강수 구름에 있는 미세 물리 과정에 대한 정보를 제공한다.

층상형 강수의 이변량 히스토그램을 보면, 레이더 반사도 인자의 발생 빈도에서 밝은띠가 뚜렷하게 나타나며, 밝은띠 아래에서 10~35 dBZe를 분포하고, 25 dBZe 근처가 가장

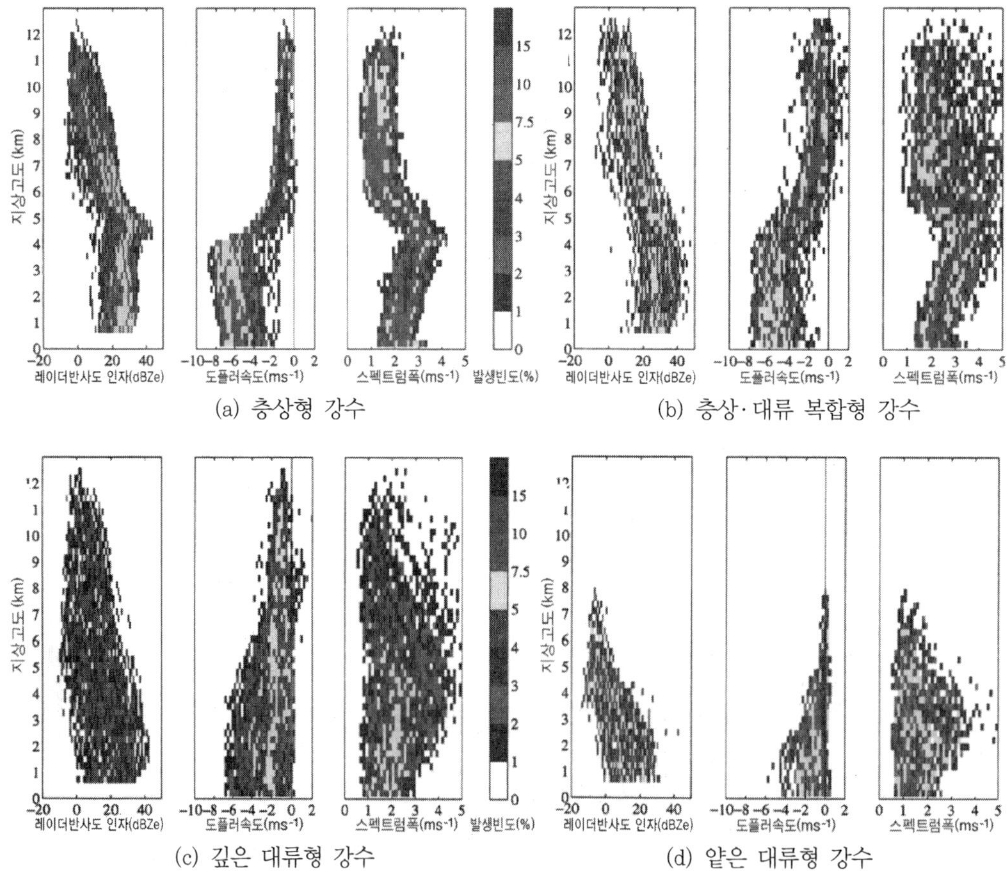

[그림 14.4] VHF 윈드프로파일러 관측 자료에 대해 이변량 히스토그램 분석을 적용하여 분류한 강수 유형(Williams et al., 1995)

높게 나타난다. 시선속도의 발생 빈도는 녹는층 위에서 매우 좁게 나타나고, 시선속도의 최대 빈도가 $-1\sim-2\,\mathrm{ms^{-1}}$에서 나타난다. 녹는층을 통과하면서 시선속도가 크게 변한다. 스펙트럼 폭의 발생 빈도는 녹는층 위에서 $1.25\,\mathrm{ms^{-1}}$에 중심을 두고 좁게 분포한다. 이것은 녹는층 위에서 난류 운동이 약하기 때문이다. 녹는층에서 스펙트럼 폭이 증가한다. 이것은 얼음 입자가 녹아 빗방울로 변하면서 빗방울 크기 분포가 넓어지기 때문이다.

층상·대류 복합형 강수는 층상형 강수와 관련된 녹는층을 포함하며, 녹는층 위에서 대류형 강수와 비슷하게 난류 운동이 증가한다. 따라서 녹는층 아래에서는 대류 상승과 하강 운동을 가져온 녹는층의 특징을 나타내며, 녹는층 이상에서는 일정한 값 이상의 스펙트럼 폭을 가지며 스펙트럼 폭 분포가 넓어진다. 시선속도의 발생 빈도를 보면 주요 빈도는 $-1\,\mathrm{ms^{-1}}$에 집중되지만 녹는층 위에서 $1\,\mathrm{ms^{-1}}$을 넘는 상승 운동이 있다. 상승하는 시선속도는 상승류에 의한 강수 입자의 운동이다. 녹는층 위에서 $-3\,\mathrm{ms^{-1}}$로 상승하는 시선속도가 있지만 빈번하지는 않다. 층상·대류 복합형 강수에서 밝은띠는 뚜렷하지 않다. 녹는층 고도에서 레이더 반사도 인자의 급격한 증가와 불연속이 있어서 층상형 강수에서 레이더 반사도 인자의 연직 분포와 비슷한 모양을 가진다.

깊은 대류형 강수와 얕은 대류형 강수를 분리시키는 강수 과정은 0℃ 등온층 위에서 강수 입자가 있는가이다. 이 고도 위에서 물이 얼고 녹는 것과 관련된 잠열이 역학 에너지와 관련되기 때문이다. 레이더 반사도 인자의 발생 빈도 하나만으로 강수 신호와 대기 신호를 구분하기 어렵다. 깊은 대류형 강수에서 레이더 반사도는 하부 대류권에서 0~40 dBZe로 매우 높은 고도까지 분포한다. 시선속도의 발생 빈도를 보면, 지상 부근에서 하강 속도가 $5\,\mathrm{ms^{-1}}$를 초과하지만 층상형과 층상·대류 복합형 강수에서 나타나는 무릎 모양의 시선속도 분포가 나타나지 않는다. 약 2 km의 낮은 고도에서도 상승 운동이 있다.

얕은 대류형 강수에서 레이더 반사도 인자는 낮은 고도에서 0~30 dBZe의 넓은 분포를 보인다. 약 5 km 이상의 높은 고도에서 나타나는 레이더 반사도 인자는 대기 신호일 수도 있다. 시선속도를 보면, 약 4 km 고도에 있는 $0\,\mathrm{ms^{-1}}$ 시선속도 근처에서 빗방울의 최대 빈도가 있지만 가장 낮은 고도에서 $-4\,\mathrm{ms^{-1}}$에 이른다. 이러한 특징은 얼음은 포함되지 않은 따뜻한 비의 강수 과정에서 나타난다.

14.3 강수 세포 분석

중규모 대류계를 구성하는 강수 세포의 발달 특징을 파악하는 것은 지상 강수량에 대한 실시간 감시에서 매우 중요하다. 대류형 강수 세포가 층상형 강수 세포로 변하면 중규모 대류계는 약화되고 강수 강도가 급격히 약해진다. 밝은띠가 보이는 층상형 강수 세포에서는 지속적으로 강수가 내린다.

겨울철에 눈이나 비가 내리는 중위도 지역에서 강수 유형의 감시도 매우 중요하다. 윈드프로파일러의 신호대잡음비나 레이더 반사도 인자에서 밝은띠 특성을 보이고 시선속도가 1~2 ms^{-1}이다가 급격하게 증가하는 층이 지상으로 하강하면 강수 형태가 비에서 눈으로 바뀐다.

[그림 14.5]는 윈드프로파일러의 연직빔으로 관측한 중규모 대류계에 대한 레이더 반사도 인자와 수평 풍속의 시간-고도 단면도이다. 30일 약 2324 LST부터 1일 0100 LST까지 연직으로 강하게 발달한 대류형 강수 세포가 나타난다. 그 이후로 약 0200 LST까지 약 1.5 km 고도에 밝은띠가 만들어지고 0200 LST 부근부터 2 km 고도 이하에서 남풍과 남서풍이 강해지면서 밝은띠가 2.5 km 고도로 상승한다. 지상에서 강수 강도는 대류형 강수 세포일 때 강해졌다가 밝은띠가 나타나면서 약해진다. [그림 14.6]도 [그림 14.5]와 비슷한 사례에 대한 레이더 반사도 인자와 연직 풍속분포이다. 레이더 반사도 인자의 연직 분포에서는 3개의 대류세포가 나타난다. 각 대류세포에서 높은 레이더 반사도 인자의 밝은띠는 녹는층과 관련되어 발생한다. 연직속도를 보면, 강수 입자의 낙하 속도가 약 5 km 고도 근처에서 급격하게 증가하여 밝은띠임을 확인할 수 있다. 지상 강수량은 1번째와 3번째의 강수 세포에서 기록되었고, 30 dBZe 이상의 레이더 반사도가 녹는층보다 높은 고도까지 나타나고 시선속도가 클 때 지상 강수량이 강하게 기록된다. 이것은 대류형 강수 세포에서 강수 강도가 강해지고 층상형 강수 세포에서 강수 강도가 약해지기 때문이다.

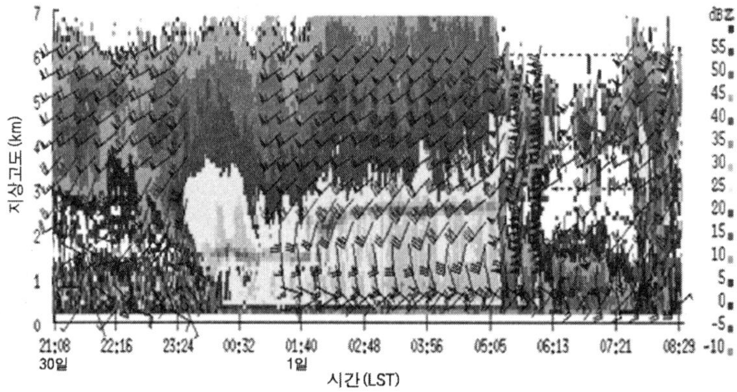

[그림 14.5] 윈드프로파일러의 연직빔으로 관측된 중규모 대류계의 레이더 반사도 인자와 수평 풍속 분포

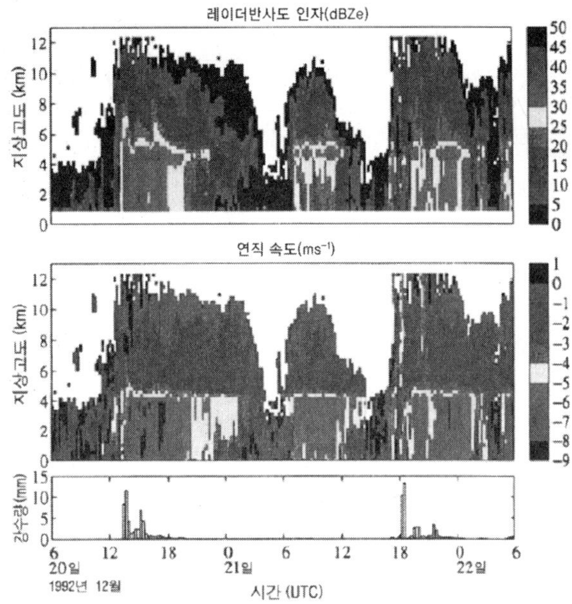

[그림 14.6] 윈드프로파일러의 연직빔으로 관측된 대류세포의 레이더 반사도 인자와 연직 속도 분포

[그림 14.7]은 온난전선, 한랭전선, 그리고 대설의 사례에서 관측된 수평 풍속, 신호대잡음비, 연직 풍속이다. 연직 풍속은 상승할 경우에 노란색과 붉은색 계열로 나타냈고, 하강할 경우에는 눈과 비를 구분할 수 있도록 하강 속도가 0.1~2.0 ms^{-1} 속도일 때는 녹색 계열로, 2.1 ms^{-1} 이상일 때는 푸른색 계열로 표시하였다. 온난전선 사례를 보면, 상공에 있는 온난전선면에서 눈이 녹아서 비로 변하고 이 층은 점차 하강하여 지상의 온난전선에서 비로 내린다. 한랭전선 사례를 보면, 한랭전선의 전면에 있는 강수 세포에서 눈이 비로 변하여 지상으로 내리다가 지상 한랭전선의 바로 앞에 까지 눈이 내린다. 그리고 한랭전선면 후면에서 눈이 비로 변하여 지상으로 내린다. 대설 사례를 보면, 강한 신호대잡음비가 4 km 고도까지 나타나 강수 세포가 강하게 발달함을 알 수 있고 이 강수 세포에서는 상공에서 지상까지 눈으로 내린다.

[그림 14.8]은 겨울철에 시베리아 고기압이 확장하면서 서해안에서 발달한 강설 세포가 내륙 지역에서 반복적으로 눈을 내리는 사례이다. 강설 세포는 고도 5 km 고도까지 크게 발달하고 3~4시간의 시간 간격으로 반복해서 나타난다. 이러한 관측 자료를 이용하면 겨울철 해상에서 발달하여 육지로 유입되면서 반복적으로 내리는 강설 현상의 반복 주기와 발달 정도를 실시간으로 파악할 수 있다.

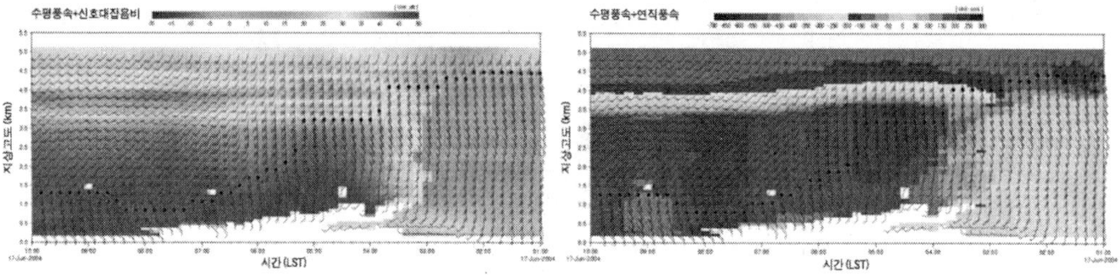

(a) 온난전선

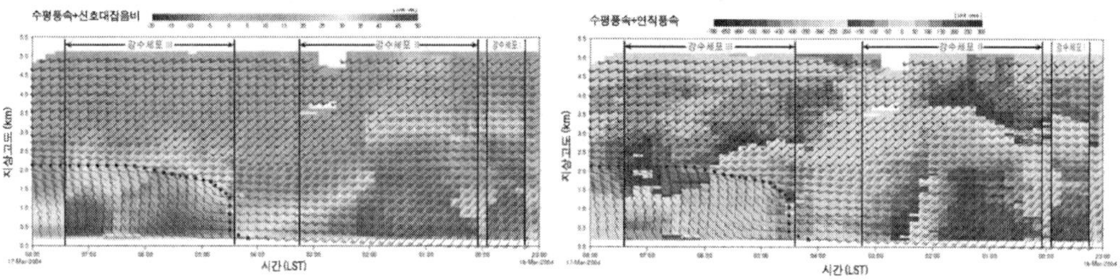

(b) 한랭전선

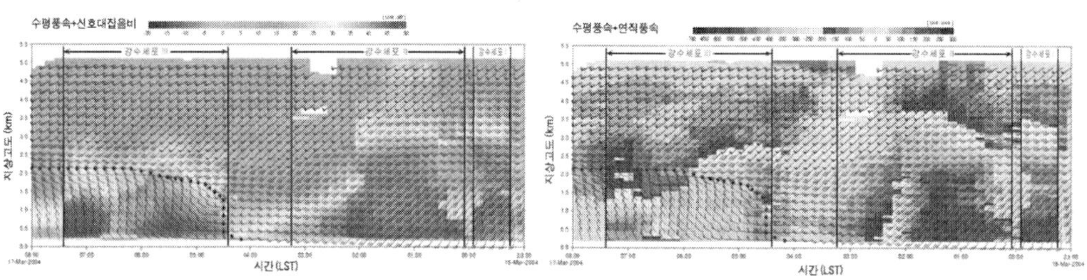

(c) 대설

[그림 14.7] 온난전선, 한랭전선, 대설 사례에서 관측된 윈드프로파일러의 수평 풍속, 신호대잡음비, 그리고 연직 풍속 분포. 시간은 그림의 오른쪽에서 왼쪽으로 흐른다.

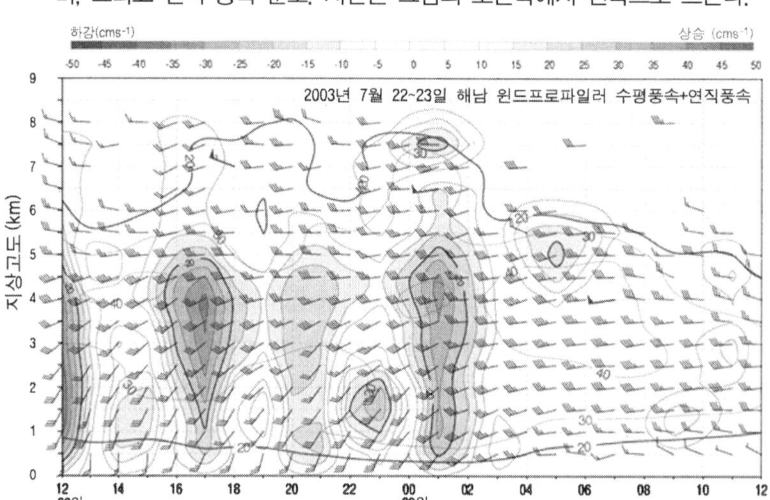

[그림 14.8] 윈드프로파일러의 연직빔으로 관측된 서해안 강설 세포의 수평 풍속과 연직 풍속 분포

Chapter

15 대기의 장기 변동 관측

최근에 장기간 관측된 VHF 윈드프로파일러로 대기의 장기 변동을 분석한 연구가 활발히 진행되고 있다. [그림 15.1]은 프랑스 란느므장 대기과학연구소에서 VHF 윈드프로파일러로 2001년 6월 1일부터 2007년 12월 31일까지 6년 6개월간 관측한 자료이다. 이 자료의 시간 분해능은 15분이고 고도 분해능은 375 m이며, 7일로 평활하였다. 이들 관측 자료의 대부분에서 반복되는 규칙성이 발견된다. 이 관측 자료를 평균하여 얻은 수평 풍속, 수평 풍향, 연직 풍속, 연직빔 레이더 반사도, 그리고 연직빔과 경사빔 수신 전력비의 연직 분포가 [그림 15.2]이다. 레이더 반사도과 함께 연직빔과 경사빔의 수신 전력비에서 최대값은 평균적인 대류권계면 고도인 12.5 km 고도에서 나타난다. 대류권계면의 아래쪽인 10.5 km 고도에서 최대풍이 나타난다. 연직 풍속 분포에서도 대류권에서 약 $-2\ \mathrm{cms^{-1}}$의 하강류가, 성층권에서는 $2\ \mathrm{cms^{-1}}$의 상승류가 나타난다. 그리고 상승류와 하강류의 변화는 최대풍 고도에서 나타나고 레이더 반사도가 다시 증가하는 10.5 km 고도에서 나타난다. 이러한 특성에 대한 설명은 아직 뚜렷하게 밝혀지지 않고 있다. [그림 15.3]은 대류권의 4 km와 성층권의 13 km에서 바람의 동서 성분, 남북 성분, 연직 성분, 연직빔 레이더 반사도에 대한 스펙트럼 분석자료이다. 15분 간격으로 얻은 관측 자료는 3,600초로 이동 평균하였다. 바람의 동서 성분과 남북 성분에 대한 스펙트럼 분석을 보면 두 고도에서 모두 0.5일에서 독립된 성분이 나타나는데, 이것은 반일 주기의 대기 조석에 대한 성분이다.

윈드프로파일러는 매우 저렴한 경비로 운영되면서 높은 시공간 분해능의 관측 자료를 연속으로 제공한다. 따라서 장기간 운영하여 얻은 윈드프로파일러의 관측 자료는 대류권과 성층권의 장기 변동을 분석하는데 매우 유용한 것이다.

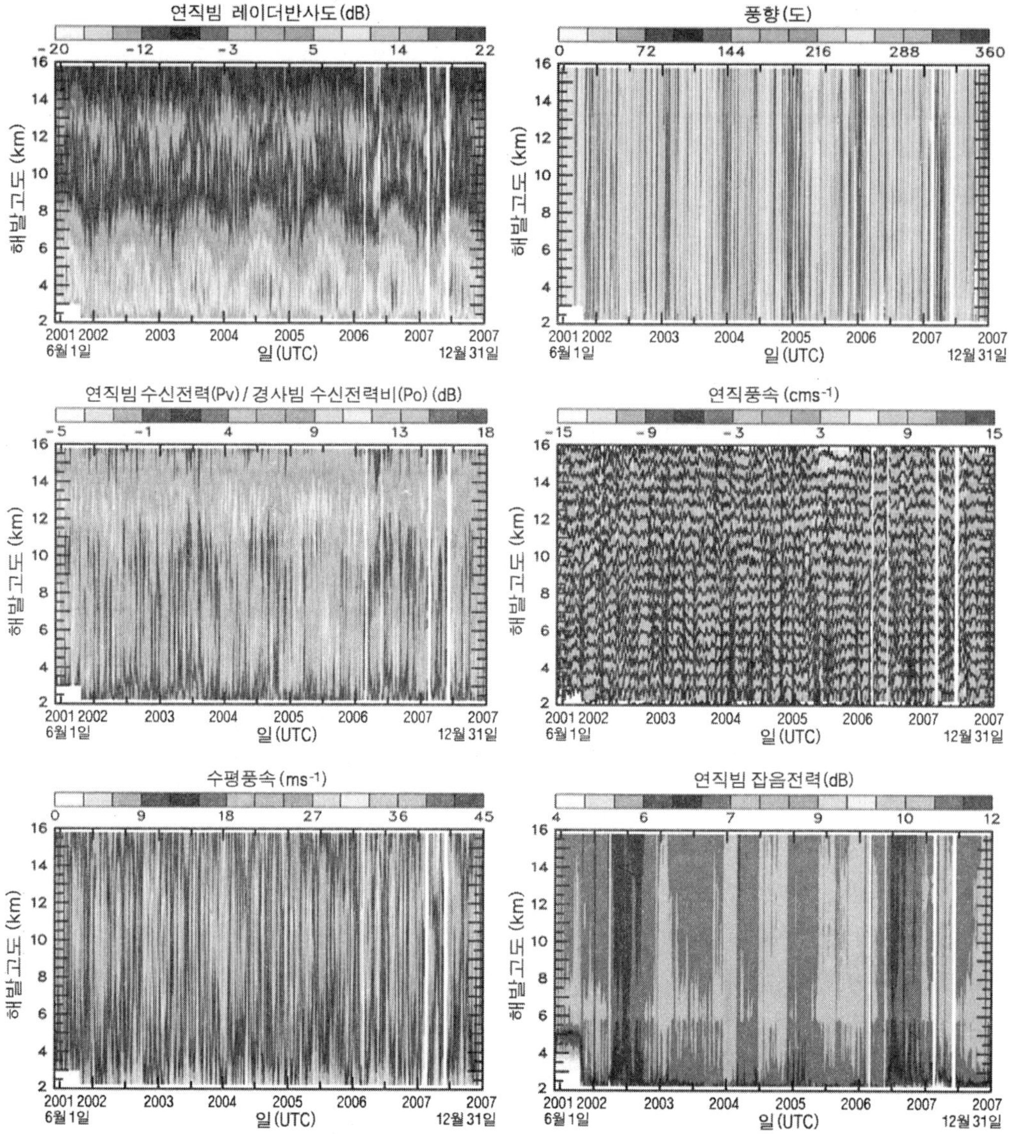

[그림 15.1] 프랑스 란느므장 대기과학연구소에서 얻은 2001년 6월 1일부터 2007년 12월 31일까지 6년 6개월 간의 VHF 윈드프로파일러 관측 자료

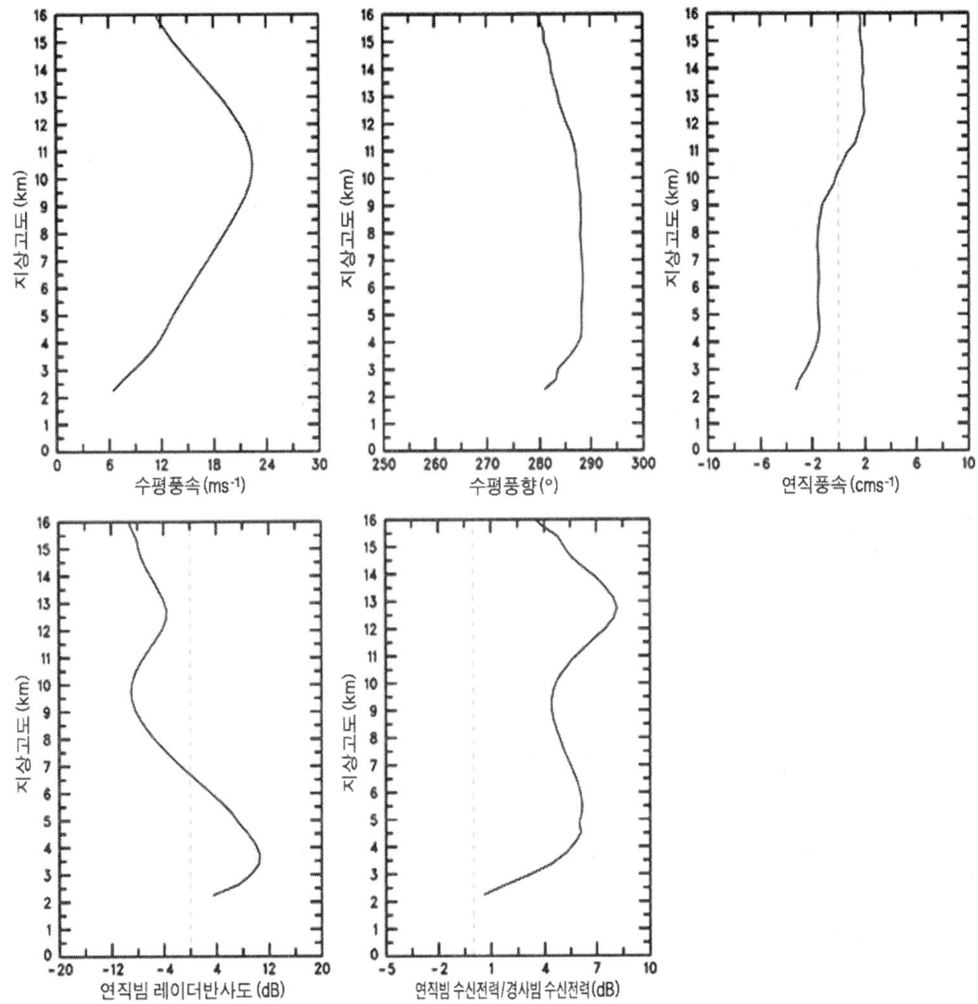

[그림 15.2] 프랑스 란느므장 대기과학연구소에서 얻은 2001년 6월 1일부터 2007년 12월 31일까지의 VHF 윈드프로파일러 관측 자료를 평균하여 얻은 수평 풍속, 수평 풍향, 연직 풍속, 연직빔 레이더 반사도, 그리고 연직빔과 경사빔 수신 전력비의 연직 분포

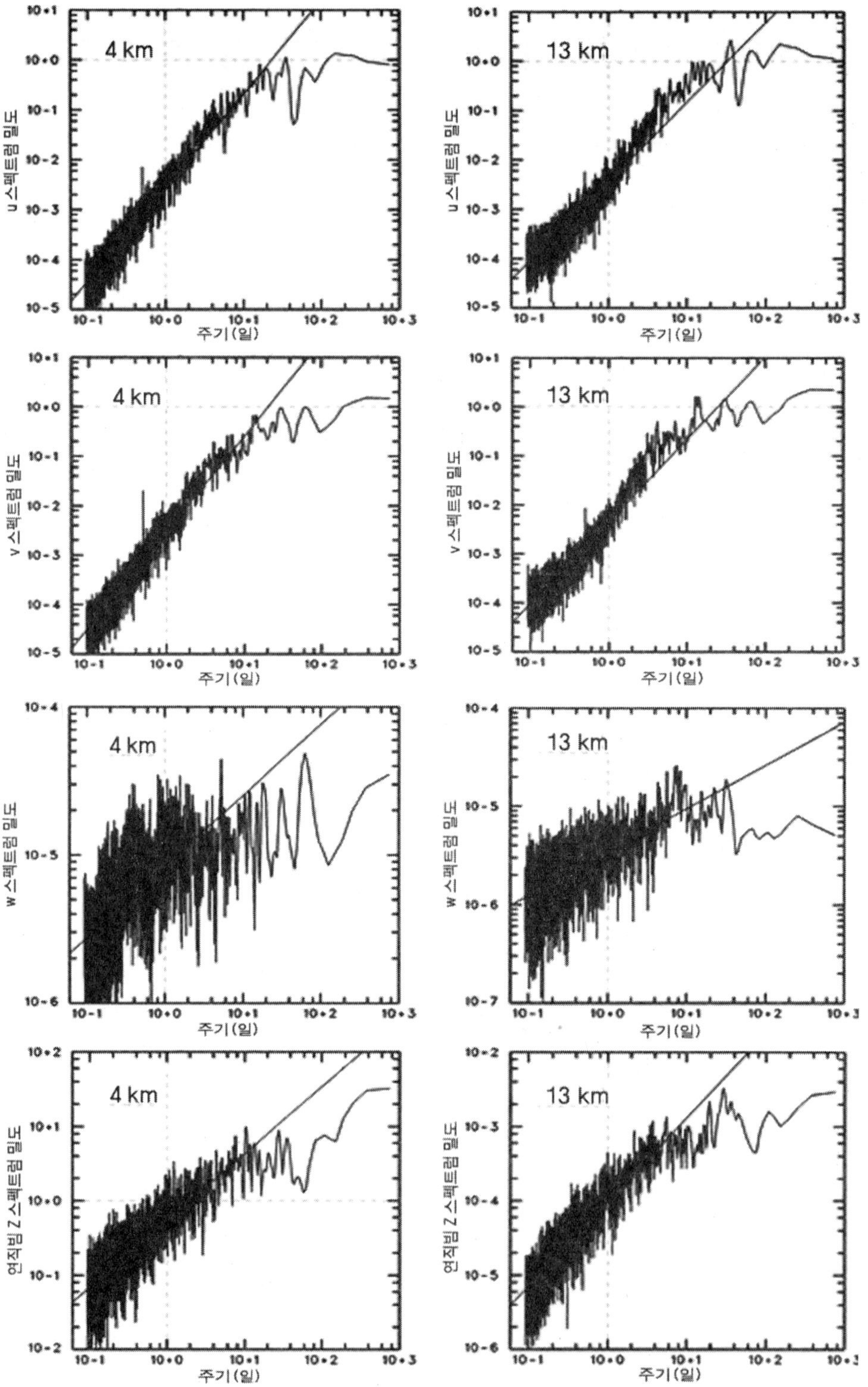

[그림 15.3] 대류권의 4 km와 성층권의 13 km에서 바람의 동서 성분(u), 남북 성분(v), 연직 성분 (w) 그리고 연직빔 레이더 반사도 인자(Z)에 대한 스펙트럼 분석 자료

:: 참고문헌 ::

▪ 제 1 장 ▪

Atlas, D., K. Hardy, 1966 : Radar analysis of the clear atmosphere: Angels. Progress in Radio Science 1963-1966: Proceedings, *15th General Assembly of the International Scientific Radio Union*, 401-469.

Atlas, D., 1965 : Angels in focus. *Radio Science*, **69D**, 871-875.

Balsley, B. B., and K. S. Gage, 1982 : On the use of radars for operational wind profiling. *Bulletin of the American Meteorological Society*, **63**, 1009-1018.

Balsley, B. B., and D. T. Farley, 1976 : Auroral zone winds detected near the tropopause with the Chatanika UHF Doppler radar. *Geophysical Research Letters*, **3**, 525-528.

Balsley, B. B., and K. S. Gage, 1980 : The MST radar technique: Potential for middle atmospheric studies. *Pure and Applied Geophysics*, **118**, 452-493.

Balsley, B. B., and K. S. Gage, 1981 : On the vertical incidence VHF backscattered power profile from the stratosphere. *Geophysical Research Letters*, **8**, 1173-1175.

Balsley, B. B., N. Cianos, D. T. Farley, and M. J. Baron, 1977 : Winds derived from radar measurements in the Arctic troposphere and stratosphere. *Journal of Applied Meteorology*, **16**, 1235-1239.

Benjamin, S. G., and B. E. Schwartz, 2000 : Impact of hourly assimilation of U. S. wind profiler data on national-scale 12-36 h forecasts using MAPS/RUC. Preprints, *9th International Workshop on Technical and Scientific Aspects of MST radar-MST 9 Combined with COST-76 Final Profiler Workshop*, Toulouse, France, p8.1.

Booker, H. G., and W. E. Gordon, 1950 : Theory of radio scattering in the troposphere. *Proceedings of the IEEE*, **38**, 401-412.

Bowles, K. L., 1958 : Observations of vertical incidence scatter from the ionosphere at 41 Mc/sec. *Physical Review Letters*, **1**, 454-455.

Browning, K. A., and D. Atlas, 1966 : Velocity characteristics of some clear air dot angels. *Journal of the Atmospheric Sciences*, **23**, 592-604.

Carter, D. A., and K. S. Gage, W. L. Ecklund, W. M. Angevine, P. E. Johnston, A. C. Riddle, J. Wilson, and C. R. Williams, 1995 : Developments in UHF lower tropospheric wind profiling at NOAA's Aeronomy Laboratory. *Radio. Science*, **30**, 977-1001.

Carter, D. A., W. L. Ecklund, K. S. Gage, M. Spowart, H. L. Cole, E. F. Chamberlain,

W. F. Dabberdt, and J. Wilson, 1992 : First test of a shipboard wind profiler. *Bulletin of the American Meteorological Society*, **73**, 1587-1592.

Chadwick, R. B., 1983 : Radar remote sensing of the clear atmosphere-Review and applications. *Proceedings of the IEEE*, **71**, 738-753.

Chisholm, J. H., P. A. Portmann, J. T. DeBettencourt, and J. F. Roche, 1955 : Investigations of angular scattering and multipath properties of tropospheric propagation of short radio waves beyond the horizon. *Proceedings of the IEEE*, **43**, 1317-1335.

Cowell, R. C., and A. W. Friend, 1936 : The D region of ionosphere. *Nature*, **137**, 782.

Cowell, R. C., and A. W. Friend, 1939 : Reflection of medium and short radio waves in the troposphere. *Nature*, **144**, 31.

Czechowsky, P., J. Klostermeyer, J. Röttger, R. Rüster, G. Schmidt, and R. F. Woodman, 1976 : The SOUSY VHF radar for tropospheric, stratospheric and mesospheric sounding. Preprints, *17th Conference on Radar Meteorology*, American Meteorological Society, Seattle, 349-353.

Dibbern, J., W. Monna, J. Nash, and G. Peters, 2003 : *Development of VHF/ UHF Wind Profilers and Vertical Sounders for Use in European Observing Systems-Final Report*. EUR 20614, COST Action 76, 433pp.

Dieminger, W., 1952 : On the causes of excessive absorption in the ionosphere on winter days. *Journal of Atmospheric and Solar-Terrestrial Physics*, **2**, 340-349.

du Castel, F., 1966 : *Tropospheric Radio Wave Propagation beyond the Horizon*. Pergamon, Oxford, 236pp.

Ecklund, W. L., D. A. Carter, and K. S. Gage, 1977 : Sounding of the lower atmosphere with a portable 50 MHz coherent radar. *Journal of Geophysical Research*, **82**, 4969- 4971.

Ecklund, W. L., D. A. Carter, and B. B. Balsley, 1988 : A UHF wind profiler for the boundary layer : Brief description and initial results. *Journal of Atmospheric and Oceanic Technology*, **5**, 432-441.

Ecklund, W. L., D. A. Carter, B. B. Balsley, P. E. Currier, and J. L. Green, 1990 : Field tests of a lower tropospheric wind profiler. *Radio Science*, **25**, 899-906.

Evans, J. V., 1969 : Theory and practice of ionosphere study by Thomson scatter radar. *Proceedings of the IEEE*, **57**, 496-530.

Farley, D. T., B. B. Balsley, W. E. Swartz, and C. La Hoz, 1979 : Tropical winds measured by the Arecibo radar. *Journal of Applied Meteorology*, **18**, 227-230.

Flock, W. L., and B. B. Balsley, 1967 : VHF radar returns from the D-region of equatorial ionosphere. *Journal of Geophysical Research*, **72**, 5537-5541.

Friend, A. W., 1940 : Developments in meteorological soundings by radio waves. *Journal of the Aeronautical Sciences*, **7**, 347-352.

Friend, A. W., 1949 : Theory and practice of tropospheric sounding by radar. *Proceedings of the Institute of Radio Engineers*, **37**, 116-138.

Frisch, A. S., B. L. Weber, R. G. Strauch, D. A. Merritt, and K. P. Moran, 1986 : The altitude coverage of the Colorado wind profilers at 50, 405, 915 MHz. *Journal of Atmospheric and Oceanic Technology*, **3**, 680-692.

Fukao, S., T., Tsuda, S. Kato, K. Wakasugi, and T. Makihira, 1985 : The MU radar with an active phased array system, 1. Antenna and power amplifiers. *Radio Science*, **20**, 1155-1168.

Fukao, S., T., Tsuda, T. Sato, S. Kato, K. Wakasugi, and T. Makihira, 1985 : The MU radar with an active phased array system, 2. In-house equipment. *Radio Science*, **20**, 1169-1176.

Fukao, S., T. Sato, N. Yamasaki, R. M. Harper, and S. Kato, 1982: Winds measured by a UHF Doppler radar and rawinsondes: comparisons made on twenty-six days (August-September 1977) at Arecibo, Puerto Rico. *Journal of Applied Meteorology*, **21**, 1357-1363.

Gage, K. S., and B. B. Balsley, 1978 : Doppler radar probing of the clear atmosphere. *Bulletin of the American Meteorological Society*, **59**, 1074-1093.

Gage, K. S., and J. L. Green, 1978 : Evidence for specular reflection from monostatic VHF radar observations of the stratosphere. *Radio Science*, **13**, 991-1001.

Gage, K. S., and S. J. Franke, 1995 : Technical and scientific aspects of MST radar. *Radio Science*, **30**, 975-976.

Gjessing, D. T., 1964 : Determination of isotropy properties of the tropospheric permittivity and wind velocity fields by radio-propagation methods. *Journal of Geophysical Research*, **69**, 569-581.

Gordon, W. E., 1958 : Incoherent scattering of radio waves by free electrons with applications to space exploration by radar. *Proceedings of the Institute of Radio Engineers*, **46**, 1824-1829.

Hardy, K. R., and K. S. Gage, 1990 : The history of radar studies of the clear atmosphere. *Radar in Meteorology*, American Meteorological Society, Boston, 806pp.

Hardy, K. R., 1972 : Studies of the clear atmosphere using high power radar. *Remote Sensing of the Atmosphere*, Report of Wave Propagation Laboratory NOAA/ERL.

Hardy, K. R., and I. Katz, 1969 : Probing the clear atmosphere with high power, high resolution radars. *Proceedings of the IEEE*, **57**, 468-480.

Hardy, K. R., D. Atlas, and K. M. Glover, 1966 : Multiwavelength backscatter from the clear atmosphere. *Journal of Geophysical Research*, **71**, 1537-1552.

Kropfli, R. A., I. Katz, T. G. Konrad, and E. B. Dobson, 1968 : Simultaneous radar reflectivity measurements and refractive index spectra in the clear atmosphere. *Radio Science*, **3**, 991-994.

Lane, J. A., 1969 : Radar echoes from clear air in relation to refractive index variations in the troposphere. *Proceedings of the IEEE*, London, **116**, 1656-1660.

Lane, J. A., and P. W. Sollum, 1965 : VHF transmission over distances of 140 and 300 km. *Proceedings of the IEEE*, London, **112**, 254-258.

Larsen, M. F., 1983 : Can a VHF Doppler radar provide synoptic wind data? A comparison of 30 days of radar an rawin data. *Monthly Weather Review*, **111**, 2047-2057.

Lhermitte, R. M., 1966 : Probing air motion by Doppler analysis of radar clear air returns. *Journal of the Atmospheric Sciences*, **23**, 575-591.

Martner, B. B., D. B. Wuertz, B. B. Stankov, R. G. Strauch, E. R. Westwater, K. S. Gage, W. L. Ecklund, C. L. Martin, and W. F. Dabberdt, 1993 : An evaluation of wind profiler, RASS and microwave radiometer performance. *Bulletin of the American Meteorological Society*, **74**, 599-613.

Megaw, E. C. S., 1950 : Scattering of electromagnetic waves by atmospheric turbulence. *Nature*, **166**, 1100-1104.

Neff, W. D., 1994 : Mesoscale air quality studies with meteorological remote sensing systems. *Internal Journal of Remote Sensing*, **15**, 393-426.

NOAA, 1994 : *Wind Profiler Assessment Report and Recommendations for Future Use*. National Weather Service and the office of Oceanic and Atmospheric Research, 141pp.

Rottger, J., and M. F. Larsen, 1990 : UHF/VHF radar techniques for atmospheric research and wind profiler applications. *Radar in Meteorology*, American Meteorological Society, Boston, 806pp.

Röttger, J., 1997 : Radar observations of the middle and lower atmosphere. *Incoherent Scatter Theory, Practice and Science*. Technical report 97/5, EISCAT Scientific Association, 263-314.

Röttger, J., 2009 : The initial decade of MST radars: looking back 30-40 years 1971-1981. Preprints, *12th International Workshop on Technical and Scientific Aspects of MST radar*,

Röttger, J., C. H. Liu, J. K. Chao, A. J. Chen, Y. H. Chu, I. -J. Fu, C. M. Huang, Y. W. Kiang, F. S. Kuo, C. H. Lin, and C. J. Pan, 1990 : The Chung Li VHF radar: Technical layout and a summary of initial results. *Radio Science*, **25**, 487-502.

Shapiro, M. A., T. Hample, and D. W. van de Kamp, 1984 : Radar wind profiler observations of front and jet streams. *Monthly Weather Review*, **112**, 1263-1266.

Strauch, R. G., D. A. Merritt, K. P. Moran, K. B. Earnshaw, and D. Van de Kamp, 1984 : The Colorado wind-profiling network. *Journal of Atmospheric and Oceanic Technology*, **1**, 37-49.

Tatarskii, V. I., 1961 : *Wave Propagation in a Turbulent Medium*. McGraw-Hill, New York, 285pp.

VanZandt, T. E., J. L. Green, K. S. Gage, and W. L. Clark, 1978 : Vertical profiles of reflectivity turbulence structure constant: Comparison of observations by the Sunset radar with a new theoretical model. *Radio Science*, **13**, 819-829.

Watson-Watt, R. A., L. H. Bainbridge-Bell, A. F., Wilkins, and E. G. Bowen, 1936 : Return of radio waves from the middle atmosphere. *Nature*, **137**, 866.

Weber, B. L., D. B. Wuertz, R. G. Strauch, D. A. Merritt, K. P. Moran, D. C. Law, D. van de Kamp, R. B. Chadwick, M. H. Ackley, M. F. Barth, N. L. Abshire, P. A. Miller, and T. W. Schlatter, 1990 : Preliminary evaluation of the first NOAA demonstration network wind profiler. *Journal of Atmospheric and Oceanic Technology*, **7**, 909-918.

Woodman, R. F., and A. Guillen, 1974 : Radar observations of winds and turbulence in the stratosphere and mesosphere. *Journal of the Atmospheric Sciences*, **31**, 493-505.

■ 제 2 장 ■

Bean, B. R., and E. J. Dutton, 1966 : *Radio Meteorology*. U. S. government Printing Office, Washington D. C., 435pp.

Doviak R. J., and D. S. Zrnic, 1992 : *Doppler Radar and Weather Observations*. Academic Press, 562pp.

Gage, K. S., B. B. Balsley, and J. L. Green, 1981 : A Fresnel scattering model for the specular echoes observed by VHF radar. *Radio Science*, **16**, 1447-1453.

Gage, K. S., W. L. Ecklund, and B. B. Balsley, 1985 : A modified Fresnel scattering model for the parameterization of Fresnel returns. *Radio Science*, **20**, 1493-1501.

Gossard, E. E, and R. G. Strauch, 1983 : *Radar Observation of Clear Air and Clouds*. Elsevier Science Publishing, New York, 280pp.

Hocking, W. K., 1985 : Measurement of turbulent energy dissipation rates in the middle atmosphere by radar techniques: A review. *Radio Science*, **20**, 1403-1422.

Marshall, J. M., 1971 : *A Radio Acoustic Sounding System for the Remote Measurement of Atmospheric Parameters*. Ph. D. thesis, Stanford University, USA.

Marshall, J. S., A. M. Peterson, and A. A. Barnes, Jr., 1972 : Combined radar-acoustic sounding system. *Applied Optics*, **11**, 108-112.

Ottersten, H., 1969 : Atmospheric structure and radar backscattering in clear air. *Radio Science*, **4**, 1179-1193.

Ottersten, H., 1969 : Mean vertical gradient of potential refractive index in turbulent mixing and radar detection of CAT. *Radio Science*, **4**, 1247-1249.

Probert-Jones, J. R., 1962 : The radar equation in meteorology. *Quarterly Journal of the Royal Meteorological Society*, **88**, 485.

Rinehart, R. E., 2010 : *Radar for Meteorologists*. 5th edition, Rinehart Publishing, 482pp.

Röttger, J., 1997 : Radar observations of the middle and lower atmosphere. *Incoherent Scatter Theory, Practice and Science*. Technical report 97/53, EISCAT Scientific Association, 263-314.

Sato, To, 1989 : Radar principles. *Handbook for Middle Atmosphere Program*, ICSU-SCOSTEP, **30**.

Sauvageot, H., 1992 : *Radar Meteorology*. Artech House, Boston, 384pp.

Tatarskii, V. I., 1961 : *Wave Propagation in a Turbulent Medium*. McGraw-Hill, 285pp.

Tatarskii, V. I., 1971 : *The Effects of the Turbulent Atmosphere on Wave Propagation*. U. S. Department of Commerce National Technical Information Service TT-68-50464.

van der Hoven, 1957 : Power spectrum of horizontal wind speed in the frequency range from 0.0007 to 900 cycles per hour. *Journal of Applied Meteorology*, **14**, 160-164.

■ 제 3 장 ■

Balsley, B. B., and W. L. Ecklund, 1972 : A portable coaxial colinear antenna. *IEEE Transactions on Antennas and Propagation*, **20**, 513-516.

Balsley, B. B., W. L. Ecklund, D. A. Carter, and A. C. Riddle, 1988 : A note on reducing the horizontal sidelobes of near-vertically directed CoCo arrays. *IEEE Transactions on Antennas and Propagation*, **36**, 139-141.

Balsley, B. B., W. L. Ecklund, D. A. Carter, and P. E. Johnston, 1980 : MST radar at Packer Flat, Alaska. *Radio Science*, **15**, 213-223.

Ochs, G. R., 1965 : *The large 50 Mc/s dipole array at Jicamarca radar observatory*. NBS Report 8772, U. S. Department of Commercial National Bureau of Standard, Boulder, Colorado, 61pp.

Wheeler, H. A., 1956 : A vertical antenna made of transposed sections of coaxial cable. *Institute of Radio Engineers Convention Record*, **4**, 160.

Rinehart, R. E., 2010 : *Radar for Meteorologists*. 5th edition, Rinehart Publishing, 482pp.

Judasz, T. J., W. L. Ecklund, and B. B. Balsley, 1987 : The coaxial colinear antenna: current distribution from the cylindrical antenna equation. *IEEE Transactions on*

Antennas and Propagation, **35**, 327-331.

日本氣象学会, 2003 : *ウインドプロフアイラー, 電波で探る大氣の流れ*. 氣象研究ノート 第205号、小林 隆久 編集, 202pp.

■ 제 4 장 ■

Gossard, E. E, and R. G. Strauch, 1983 : *Radar Observation of Clear Air and Clouds*. Elsevier Science Publishing, New York, 280pp.

Raghavan, S., 2007 : *Radar Meteorology*. Kluwer Academic Publishers, 564pp.

Rinehart, R. E., 2010 : *Radar for Meteorologists*. 5th edition, Rinehart Publishing, 482pp.

Sauvageot, H., 1992 : *Radar Meteorology*. Artech House, 384pp.

Skolnik, M. I., 2008 : *Radar Handbook*. 3rd edition, McGraw-Hill, 1328pp.

■ 제 5 장 ■

Hildebrand, P. H., and R. S. Sekhon, 1974 : Objective determination of the noise level in Doppler spectra. *Journal of Applied Meteorology*, **13**, 808-811.

Peterson, V. L., 1988 : *Wind Profiling*. Tycho Technology, Inc., 26pp.

Raghavan, S., 2007 : *Radar Meteorology*. Kluwer Academic Publishers, 564pp.

■ 제 6 장 ■

Barton, D. K., 1985 : Land clutter models for radar design and analysis. *Proceedings of the IEEE*, **73**, 198-204.

Becker, J. E., and J. C. Sureau, 1966 : Control of radar site environment by user of fences. *IEEE Trans. Antenna Propagation*, **14**, 768-778.

Brewster, K. A., and T. W. Schlatter, 1986 : Automated quality control of wind profiler data. Preprints, *11th Conference on Weather Forecasting and Analysis*, 171-176.

Brewster, K. A., and T. W. Schlatter, 1988 : Recent progress in automated quality control of wind profiler data. Preprints, *8th Conference on Numerical Weather Prediction*, 331-338.

Brewster, K. A., 1989 : Quality control of wind profiler data. *Profiler Training Manual No*. 2, Developed for the National Weather Service Office of Meteorology, NOAA/ERL/FSL, 39pp.

Cornman, L. B., R. K. Goodrich, C. S. Morse, and W. L. Ecklund, 1998 : A fuzzy logic method for improved moment estimation from Doppler spectra. *Journal of Atmospheric and Oceanic Technology*, **15**, 1287-1305.

Johnson, R. C., and H. Jasik, 1984 : *Antenna Engineering Handbook*. 2nd edition, McGraw-Hill, 1408pp.

Peterson, V. L., 1988: *Wind Profiling*. Tycho Technology, Inc., 26pp.

U. S. FCM, 1998: *Wind Profilers*: A Review. Federal Coordinator for Meteorological Services and Supporting Research, FCM-R14-1998.

WMO, 2003 : Operational aspects of wind profiler radars. *Instruments and Observing Methods, Report No. 79*, WMO/TD No. 1196, 91pp.

■ 제 7 장 ■

Barth, M. F., R. B. Chadwick, and D. W. van de Kamp, 1994 : Data processing algorithms used by NOAA's wind profiler demonstration network. *Annales Geophysicae*, **12**, 518-528.

Boisse, J. C., V. Klaus, and J. P. Aubagnac, 1999 : A wavelet transform technique for removing airplane echoes from ST radar signals. *Journal of Atmospheric and Oceanic Technology*, **16**, 334-346.

Brewster, K. A., 1989 : *Profiler Training Manual No. 2 : Quality Control of Wind Profiler Data*. Report prepared for the National Weather Service Office of Meteorology by NOAA/WPL, Boulder, 39pp.

Clothiaux, E. E., R. S. Penc, D. W. Thomson, T. P. Ackerman, and S. R. Williams, 1994 : A first-guess feature-based algorithm for estimating wind speed in clear-air Doppler radar spectra. *Journal of Atmospheric and Oceanic Technology*, **11**, 888-908.

Cohn, S. A., R. K. Goodrich, C. S. Morse, E. Karplus, S. W. Mueller, L. B. Corman, and R. A. Weekley, 2001 : Radial velocity and wind measurement with NIMA-NWCA: Comparison with human estimation and aircraft measurements. *Journal of Applied Meteorology*, **40**, 704-719.

Fischler M. A., and R. C. Bolles, 1981 : Random sample consensus: A paradigm for model fitting with applications to image analysis and automated cartograph. *Community Association Computing Machinery*, **24**, 381-395.

Gossard, E. E., 1997 : Automated editing of spectra from wind profilers. *NOAA Environmental Technology Laboratory Technical Memorandum*, 15pp.

Harris, F. J., 1978 : On the use of windows for harmonic analysis with the discrete Fourier transform. *Proceedings of the IEEE*, **66**, 51-83.

Jaquier, A., D. Ruffieux, and R. Stubi, 1997 : Multi-peak analysis and determination of characteristic heights with a low-tropospheric wind profiler. Preprints, *COST-76 Profiler Workshop*, 467-470.

Lehmann, V., and G. Teschke, 2001 : Wavelet based methods for improved wind profiler signal processing. *Annales Geophysicae*, **19**, 825-836.

Merritt, D. A., 1995: A statistical averaging method for wind profiler Doppler spectra. *Journal of Atmospheric and Oceanic Technology*, **12**, 985-995.

Merritt, D. A., T. L. Wilfong, A. J. Francavilla, D. B. Wuertz, M. K. Simon, and B. L. Weber, 1997 : Application of the prototype control, acquisition and signal processing engine for radars (CASPER) to wind profilers and RASS. Preprints, *28th Conference on Radar Meteorology*, 244-245.

Miller, P. A., M. F. Barth, D. W. va de Kamp, T. W. Schlatter, B. L. Weber, D. B. Wuertz, and K. A. Brewster, 1994 : An evaluation of two automated quality control methods designed for use with hourly wind profiler data. *Annales Geophysicae*, **12**, 711-724.

Morse, C. S., R. K. Goodrich, and L. B. Corman, 2002 : The NIMA method for improved moment estimation from Doppler spectra. *Journal of Atmospheric and Oceanic Technology*, **19**, 274-295.

Ralph, F. M., 1995 : Using radar-measured radial vertical velocities to distinguish precipitation scattering from clear-air scattering. *Journal of Atmospheric and Oceanic Technology*, **12**, 257-267.

Rao, Q., H. Hashiguchi, and S. Fukao, 2003 : Study on ground clutter prevention fences for boundary layer radars. *Radio Science*, **38**, 1030, doi:10.1029/2001RS002489.

Schumann, R. S., G. E. Taylor, F. J. Merceret, and T. L. Wilfong, 1999 : Performance characteristics of the Kennedy Space Center 50-MHz Doppler radar wind profiler using the median filter/first-quess data reduction algorithm. *Journal of Atmospheric and Oceanic Technology*, **16**, 532-549.

Steiner, A., and H. Richner, 1990: Deriving quality controlled wind profiles from profiler moment data. *Meteorologische Rundschau*, **42**, 101-108.

Weber, B. L., and D. B. Wuertz, 1991 : Quality control algorithm for profiler measurements of winds and temperatures. *ERL WPL-212, NOAA Technical Memorandum*, 32pp.

Wilczak, J. M., R. G. Strauch, F. M. Ralph, B. L. Weber, D. A. Merritt, J. R. Jordan, D. E. Wolfe, L. K. Lewis, D. B. Wuertz, J. E. Gatnor, S. A. McLaughlin, R. R. Rogers, A. C. Riddle, and T. S. Dye, 1995 : Contamination of wind profiler data by migrating birds: Characteristics of corrupted data and potential solutions. *Journal of Atmospheric and Oceanic Technology*, **12**, 449-467.

Wilfong, T. L., D. A. Merritt, R. J. Lataitis, B. L. Weber, D. B. Wuertz, and R. G. Strauch, 1999 : Optimal generation of radar wind profiler spectra. *Journal of Atmospheric and Oceanic Technology*, **16**, 723-733.

WMO, 2012 : Experience of the Japan Meteorological Agency with the operation of wind profiler. *Instrument and Observing Methods*, *Report No. 110*, 41pp.

Wolfe, A. D., and S. Cohn, 2003 : Wind profiler signal processing: Current and future technologies. *AMS Short Course on the Fundamentals of Boundary Layer Wind and Temperature Profiling Using Radar and Acoustic Techniques, 1-23.*

Wolfe, D. E., D. C. Welsh, B. L. Weber, D. B. Wuertz, J. E. Gaynor, and J. P. Ye, 1993 : Comparisons of quality control methods for low-level wind profiler data. Preprints, *8th Symposium of Meteorological Observations and Instrumentation*, 257-263.

■ 제 8 장 ■

Adachi, A., T. Kobayashi, K. S. Gage, D. A. Carter, L. M. Hartten, W. L. Clark, and M. Fukuda, 2004 : Evaluation of three-beam and four-beam profiler wind measurement techniques using a five-beam wind profiler and collocated meteorological tower. *Journal of Atmospheric and Oceanic Technology*, **22**, 1167-1180.

Adams, G. W., D. P. Edwards, and J. W. Brosnahan, 1985 : The imaging Doppler interferometer: Data analysis. *Radio Science*, **20**, 1481-1492.

Briggs, B. H., 1984 : The analysis of spaced sensor records by correlation techniques, in Middle Atmosphere Program. *Handbook for MAP, Vol. 13, Ground-based Techniques*, edited by R. Vincent, University of Illinois, Urbana, 13, 166-186.

Browning, K. A., D. Jerrett, J. Nash, T. Oakley and N. M. Roberts, 1998 : Cold frontal structure derived from radar wind profilers. *Meteorological Applications*, **5**, 67-74.

Caccia, J. -L., and T. -P. Cammas, 1998 : VHF-ST radar observations of an upper-level front using vertical and oblique-beam CN_2 measurements. *Monthly Weather Review*, **126**, 483-501.

Carlson, H. C. Jr., and N. Sundararaman, 1982 : Real-time jet stream tracking national benefit from an ST radar network for measuring atmospheric motions. *Bulletin of the American Meteorological Society*, **63**, 1019-1026.

Larsen, M. F., and J. Röttger, 1989 : The spaced antenna technique for radar wind profiling. *Journal of Atmospheric and Oceanic Technology*, **6**, 920-938.

Larsen, M. F., S. Fukao, O. Aruga, M. D. Yamanaka, T. Tsuda, and S. Kato, 1991 : A comparison of VHF radar vertical-velocity measurements by a direct vertical-beam method and by a VAD technique. *Journal of Atmospheric and Oceanic Technology*, **8**, 766-776.

Lucas, C., P. T. May, and R. A. Vincent, 2001 : An algorithm for the detection of fronts in wind profiler data. *Weather Forecasting*, **16**, 234-247.

May, P. T., K. J. Wilson, and B. F. Ryan, 1990 : VHF radar studies of cold fronts traversing southern Australia. *Beitraege zur Physik der Atmosphaere*, **63**, 257-269.

Neiman, P. J., and M. A. Shapiro, 1989 : Retrieving horizontal temperature gradients and advections from single-station wind-profiler observations. *Weather Forecasting*, **4**, 222-233.

Neiman, P. J., P. T. May, and M. A. Shapiro, 1992 : Radio Acoustic Sounding System (RASS) and wind profiler observations of lower and mid-tropospheric weather systems. *Monthly Weather Review*, **120**, 2298-2313.

Röttger, J., and R. A. Vincent, 1978 : VHF radar studies of tropospheric velocities and irregularities using spaced antenna techniques. *Geophysical Research Letters*, **5**, 917-920.

Seibert, P. 1993 : Convergence and accuracy of numerical methods for trajectory calculations. *Journal of Applied Meteorology*, **32**, 558-566.

Shibagaki, Y., M. D. Yamanaka, M. Kita-Fukase, H. Hashiguchi, Y. Maekawa, Y. Maekawa, and S. Fukao, 2003 : Meso-α-scale wind field and precipitating clouds in Typhoon 9426 (Orchid) observed by the MU radar. *Journal of The Meteorological Society of Japan*, **81**, 211-228.

Teshiba, M., H. Fujita, H. Hashiguchi, Y. Shibagaki, M. D. Yamanaka, and S. Fukao, 2005 : Detailed structure within a tropical cyclone "eye". *Geophysical Research Letters*, **32**, L24805, doi:10.1029/2005GL023242.

Teshiba, M., M. D. Yamanaka, H. Hashiguchi, Y. Shibagaki, Y. Ohno, and S. Fukao, 2004 : Secondary circulation within a tropical cyclone observed with L-band wind profilers. *Annales Geophysicae*, **22**, 3951-3958.

Vincent, R. A., and J. Röttger, 1980 : Spaced antenna VHF radar observations of tropospheric velocities and irregularities. *Radio Science*, **15**, 319-335.

■ 제 9 장 ■

Angevine, W. M., A. B. White, and S. K. Avery, 1994 : Boundary layer depth and entrainment zone characterization with a boundary-layer profiler. *Boundary-Layer Meteorology*, **68**, 375-385.

Angevine, W. M., and J. I. MacPherson, 1995 : Comparison of wind profiler and aircraft wind measurements at Chebogue Point, Nova Scotia. *Journal of Atmospheric and Oceanic Technology*, **12**, 421-426.

Angevine, W. M., P. S. Bakwin, and K. J. Davis, 1998 : Wind profiler and RASS measurements compared with measurements from a 450-m-tall tower. *Journal of Atmospheric and Oceanic Technology*, **15**, 818-825.

Angevine, W. M., R. J. Doviak, and Z. Sorbjan, 1994 : Remote sensing of vertical velocity variance and surface heat flux in a convective boundary layer. *Journal of Applied Meteorology*, **33**, 977-983.

Angevine, W. M., S. K. Avery, and G. L. Kok, 1993 : Virtual heat flux measurements from a boundary-layer profiler-RASS compared to aircraft measurements. *Journal of Applied Meteorology*, **32**, 1901-1907.

Angevine, W. M., S. K. Avery, W. L. Ecklund, and D. A. Carter, 1993 : Fluxes of heat and momentum measured with a boundary-layer wind profiler radar-radio acoustic sounding system. *Journal of Applied Meteorology*, **32**, 73-80.

Angevine, W. M., W. L. Ecklund, D. A. Carter, K. S. Gage, and K. P. Moran, 1994 : Improved radio acoustic sounding techniques. *Journal of Atmospheric and Oceanic Technology*, **11**, 42-49.

Beyrich, F., and A. Weill, 1993 : Some aspects of determining the stable boundary layer depth from Sodar data. *Boundary-Layer Meteorology*, **63**, 97-116.

Beyrich, F., and U. Georsdorf, 1995 : Composing the diurnal cycle of mixing height from simultaneous Sodar and Wind profiler measurements. *Boundary-Layer Meteorology*, **76**, 387-394.

Deardorff, J. W., G. E. Willis, and B. H. Stockton, 1980 : Laboratory studies of the entrainment zone of a convectively mixed layer. *Journal of Fluid Mechanics*, **100**, 41-64.

Dye, T. S., C. G. Lindsay, and J. A. Anderson, 1995 : Estimates of mixing depth from boundary layer radar profilers. *Proceedings, 9th Symposium on Meteorological Observations and Instrumentation*, American Meteorological Society, Charlotte, 156- 160.

Grimsdell, A. W., and W. M. Angevine, 1998 : Convective boundary layer height measurement with wind profilers and comparison to cloud base. *Journal of Atmospheric and Oceanic Technology*, **15**, 1331-1339.

Heo, B. -H., S. Jacoby-Koaly, K. -E. Kim, B. Campistron, B. Benech, and E. -S. Jung, 2003 : Use of the Doppler spectral width to improve the estimation of the convective boundary layer height from UHF wind profiler observations. *Journal of Atmospheric and Oceanic Technology*, **20**, 408-424.

Ruffieux, D., P. Viatte, and B. Hoegger, 1996 : Le wind profiler, un instrument pour mesure les profils verticaux de vent et les hauteurs de brouillard. *Publications de l'Association Internationale de Clmatologie*, **9**, 247-254.

Stull, R. B., 2003 : *An Introduction to Boundary Layer Meteorology*. Kluwer Academic Publishers, 666pp.

Sullivan, P. P., C. -H. Moeng, B. Stevens, D. H. Lenschow, and S. D. Mayor, 1998 : Structure of the entrainment zone capping the convective atmospheric boundary layer. *Journal of the Atmospheric Sciences*, **55**, 3042-3064.

Weill, A., C. Klapisz, B. Strauss, F. Baudin, C. Jaupart, P. Van Grunderbeck, and J. P. Goutorbe, 1980 : Measuring heat flux and structure functions of temperature fluctuations with an acoustic Doppler sodar. *Journal of Applied Meteorology*, **19**, 199-205.

White, A. B., 1993 : Mixing depth detection using 915-MHz radar reflectivity data. Proceedings, *8th Symposium on Meteorological Observations and Instrumentation*, American Meteorological Society, Anaheim, 248-250.

White, A. B., C. W. Fairall, and D. W. Thomson, 1991 : Radar observations of humidity variability in and above the marine atmospheric boundary layer. *Journal of*

Atmospheric and Oceanic Technology, **8**, 639-658.

Wyngaard, J. C., and M. A. LeMone, 1980 : Behavior of the refractive index structure parameter in the entraining convective boundary layer. *Journal of the Atmospheric Sciences*, **37**, 1573-1585.

■ 제 10 장 ■

Atlas, D., K. R. Hardy, K. M. Glover, I. Katz, and T. G. Konrad, 1966 : Tropopause detected by radar. *Science*, **153**, 1110-1112.

Campistron, B., Pointin, Y. B., Lohou, F., and Pagès J. -P., 1999 : Aspect sensitivity of VHF radar echoes observed in the middle and upper troposphere during the passage of a cut-off low. *Radio Science*, **34**, 667-779.

Gage, K. S., and J. L. Green, 1979 : Tropopause detection by partial specular reflection using VHF radar. *Science*, **203**, 1238-1240.

Gage, K. S., and J. L. Green, 1982 : An objective method for the determination of tropopause height from VHF radar observations. *Journal of Applied Meteorology*, **21**, 1150-1154.

Gage, K. S., J. L. Green, and T. E. VanZandt, 1978 : Vertical profiles of C_n^2 in the free atmosphere. Preprints, *18th Conference on Radar Meteorology*, American Meteorological Society, Atlanta, 80-87.

Gage, K. S., W. L. Ecklund, A. C. Riddle, and B. B. Balsley, 1986 : Objective tropopause height determination using low-resolution VHF radar observations. *Journal of Atmospheric and Oceanic Technology*, **3**, 248-254.

Gage, K. S., W. P. Birkemeie, and W. H. Jasperson, 1973 : Atmospheric stability measurements at tropopause altitude using forward-scatter CW radar. *Journal of Applied Meteorology*, **12**, 1205-1212.

Green, J. L., and K. S. Gage, 1980 : Observations of stable layers in the troposphere and stratosphere using VHF radar. *Radio Science*, **15**, 395-406.

Green, J. L., K. S. Gage, and T. E. VanZandt, 1978 : Three-dimensional wind observations of a jet stream using a VHF Doppler radar. Preprints, *18th Conference on Radar Meteorology*, American Meteorological Society, Atlanta, 184-189.

Heo, B. -H, and K. -E. Kim, 2003 : Estimation of the tropopause height using the vertical echo peak and aspect sensitivity characteristics of VHF radar. *Korean Journal of the Atmospheric Sciences*, **39**, 109-124.

Hocking, W. K., R. Rüster, and P. Czechowsky, 1986 : Absolute reflectivities aspect sensitivity of VHF radio wave scatterers measured with the SOUSY radar. *Journal of Atmospheric and Solar-Terrestrial Physics*, **48**, 131-144.

Jones, S. B., G. Vaughan, S. J. Reid, and H. G. J. Smit, 1994 : The nature of the tropopause as revealed by ozonesondes. *The Life Cycles of Extratropical Cyclones*. S. Gronas and

M. A. Shapiro. edition, Geophysical Institute, University of Bergen, 444-448.

Larsen, M. F., and J. Röttger, 1983 : Comparison of tropopause height and frontal boundary locations based on radar and radiosonde data. *Geophysical Research Letters*, **10**, 325-328.

Larsen, M. F., and J. Röttger, 1985 : Observations of frontal zone and tropopause structures with a VHF Doppler radar and radiosondes. *Radio Science*, **20**, 1223- 1232.

Price, J. D., and G. Vaughan, 1993 : The potential for stratosphere exchange in cut-off-low systems. *Quarterly Journal of the Royal Meteorological Society*, **119**, 343-365.

Reiter, E. R., M. E. Glasser, and J. D. Mahlman, 1969 : The role of the tropopause in the stratosphere-troposphere exchange processes. *Reviews of Geophysics and Space Physics*, **13**, 459-473.

Riddle, A, C., K. S. Gage, and B. B. Balsley, 1983 : An algorithm to monitor continuously the tropopause height using a VHF radar. Preprint, *21st Conference on Radar Meteorology*, American Meteorological Society, Edmonton, Canada, 153-155.

Röttger, J., 1980 : Structure and dynamics of the stratosphere and mesosphere revealed by VHF radar investigations. *Pure and Applied Geophysics*, **118**, 494-527.

Röttger, J., and C. H. Liu, 1978 : Partial reflection and scattering of VHF radar signals from the clear atmosphere. *Geophysical Research Letters*, **5**, 357-360.

Thuburn, J., and G. C. Craig, 1997 : GCM tests of theories for the height of the tropopause. *Journal of the Atmospheric Sciences*, **54**, 869-882.

Tsuda, T., T. Sato, K. Hirose, S. Fukao, and S. Kato, 1986 : MU radar observation of the aspect sensitivity of backscattered VHF echo power in the troposphere and lower stratosphere. *Radio Science*, **21**, 971-980.

Vaughan, G., A. Howells, and J. D. Price, 1995 : Use of MST radars to probe the mesoscale structure of the tropopause. *Tellus*, **47A**, 759-765.

Westwater, E. R., M. T. Decker, A. Zachs, and K. S. Gage, 1983 : Ground-based remote sensing of temperature profiles by a combination of microwave radiometry and radar. *Journal of Climate and Applied Meteorology*, **22**, 126-133.

■ 제 11 장 ■

Atlas, D., K. R. Hardy, and K. Naito, 1966 : Optimizing the detection of clear-air turbulence. *Journal of Applied Meteorology*, **5**, 450-460.

Atlas, D., R. C. Srivastava, and P. W. Sloss, 1969 : Wind shear and reflectivity gradient effects on Doppler radar spectra: Ⅱ. *Journal of Applied Meteorology*, **8**, 384-388.

Crane, R. K., 1970 : Measurement of clear air turbulence in the lower stratosphere using the Millstone Hill L-band radar. Preprints, *14th Conference on Radar Meteorology*,

American Meteorological Society, Tucson, 101-106.

Dibbern, J., W. Monna, J. Nash, and G. Peters, 2003 : *Development of VHF/ UHF Wind Profilers and Vertical Sounders for Use in European Observing Systems-Final Report*. EUR 20614, COST Action 76, 433pp.

Frisch, A. S., and S. F. Clifford, 1974 : A study of convective capped by a stable layer using Doppler radar and acoustic echo sounders. *Journal of the Atmospheric Sciences*, **31**, 1622-1628.

Fukao, S., M. D. Yamanaka, N. Ao, W. K. Hocking, T. Sato, M. Yamamoto, T. Nakamura, T. Tsuda, and S. Kato, 1994 : Seasonal variability of vertical eddy diffusivity in the middle atmosphere, 1. Three-year observations by the middle and upper atmosphere radar. *Journal of Geophysical Research*, **99**, 18973-18987.

Green, J., J. M. Warnock, R. H. Winkler, T. E. VanZandt, 1975 : A sensitive radar for the studies of winds, waves and turbulence in the troposphere, stratosphere and mesosphere. Preprints, *16th Conference on Radar Meteorology*, American Meteorological Society, Houston, 313-315.

Hocking, W. K., 1983 : On the extraction of atmospheric turbulence parameters from radar backscatter Doppler spectra, I. Theory. *Journal of Atmospheric and Solar-Terrestrial Physics*, **45**, 89-102.

Hocking, W. K., 1985 : Measurement of turbulent energy dissipation rates in the middle atmosphere by radar techniques: A review. *Radio Science*, **20**, 1403-1422.

Hocking, W. K., 1986 : Observation and measurements of turbulence in the middle atmosphere with a VHF radar. *Journal of Atmospheric and Solar-Terrestrial Physics*, **48**, 655-670.

Hocking, W. K., 1988 : Two years of continuous measurements of turbulence parameters in the upper mesosphere and lower thermosphere made with a 2-MHz. *Journal of Geophysical Research*, **16**, 2475-2491.

Hocking, W. K., S. Fukao, T. Tsuda, M. Yamamoto, T. Sato, and S. Kato, 1990 : Aspect sensitivity of stratospheric VHF radio wave scatterers, particularly above 15-km altitude. *Radio Science*, **25**, 613-627.

Nastrom, G. D., 1997 : Doppler radar spectral width broadening due to beamwidth and wind shear. *Annales Geophysicae*, **15**, 786-796.

Pepler, S. J., G. Vaughan, and D. A. Hooper, 1998 : Detection of turbulence around jet streams using a VHF radar. *Quarterly Journal of the Royal Meteorological Society*, **124**, 447-462.

Shapiro, M. A., 1976 : The role of turbulent heat flux in the generation of potential vorticity in the vicinity of upper level jet stream systems. *Monthly Weather Review*, **104**, 892-906.

Sloss, P. W., and D. Atlas, 1968 : Wind shear and reflectivity gradient effects on Doppler radar spectra. *Journal of the Atmospheric Sciences*, **25**, 1080-1089.

Weinstock, J., 1981 : Energy-dissipation rates of turbulence in the stable free atmosphere. *Journal of the Atmospheric Sciences*, **38**, 880-883.

WMO, 1992 : *International Meteorological Vocabulary*. Geneva, 784pp.

■ 제 12 장 ■

Adachi, A., W. L. Clark, L. M. Hartten, K. S. Gage, and T. Kobayashi, 2004 : An observational study of a shallow gravity current triggered by katabatic flow. *Annales Geophysicae*, **22**, 3937-3950.

Gossard, E. E., J. H. Richter, and D. Atlas, 1970 : Internal waves in the atmosphere from high-resolution radar measurements. *Journal of Geophysical Research*, **75**, 3523-3536.

Kim, Y. -H., and J-. J. Baik, 1998 : Effects of background stability on density currents. *Korean Journal of the Atmospheric Sciences*, **34**, 154-168.

Ralph, F. M., C. Mazaudier, M. Crochet, and S. V. Venkateswaran, 1993 : Doppler sodar and radar wind-profiler observations of gravity-wave activity associated with a gravity current. *Monthly Weather Review*, **121**, 444-463.

Serafimovich, S., P. Hoffmann, D. Peters, and V. Lehmann, 2005 : Investigation of inertia-gravity waves in the upper troposphere/lower stratosphere over Northern Germany observed with collocated VHF/UHF radars. *Atmospheric Chemistry and Physics*, **5**, 295-310.

Trexler, C. M., and S. E. Koch, 2000 : The life cycle of a mesoscale gravity wave as observed by a network of Doppler wind profilers. *Monthly Weather Review*, **128**, 2423-2446.

■ 제 13 장 ■

Atlas, D., 1990: *Radar in Meteorology*. American Meteorological Society, 806pp.

Atlas, D., R. C. Srivastava, and R. S. Sekhon, 1973 : Doppler radar characteristics of precipitation at vertical incidence. *Reviews of Geophysics and Space Physics*, **11**, 1-35.

Beard, K. V., 1977 : Terminal velocity adjustment for cloud and precipitation drops aloft. *Journal of the Atmospheric Sciences*, **34**, 1293-1298.

Beard, K. V., 1985 : Simple altitude adjustments to raindrop velocities for Doppler radar analysis. *Journal of Atmospheric and Oceanic Technology*, **2**, 468-471.

Beard, K. V., and H. R. Pruppacher, 1969 : A determination of the terminal velocity and drag of small water drops by means of a wind tunnel. *Journal of the Atmospheric Sciences*, **26**, 1066-1072.

Dowling, D. R., and L. F. Radke, 1990 : A summary of the physical properties of cirrus clouds. *Journal of Applied Meteorology*, **29**, 970-977.

du Toit, P. S., 1967 : Doppler radar observation of drop sizes in continuous rain. *Journal of Applied Meteorology*, **6**, 1082-1087.

Fukao, S., K. Wakasugi, T. Sato, S. Morimoto, T. Tsuda, I. Hirota, I. Kimura, and S. Kato, 1985 : Direct measurement of air and precipitation particle motion by VHF Doppler radar. *Nature*, **316**, 712-714.

Fukao, S., K. Wakasugi, T. Sato, T. Tsuda, I. Kimura, M. Takeuchi, M. Matsuo, and S. Kato, 1985 : Simultaneous observation of precipitating atmosphere by VHF band C/Ku band radars. *Radio Science*, **20**, 622-630.

Gage, K. S., C. R. Williams, and W. L. Ecklund, 1995 : Application of the 915 MHz profiler for diagnosing and classifying tropical precipitating cloud systems. *Meteorology and Atmospheric Physics*, 450-465.

Gossard, E. E., 1994 : Measurement of cloud droplet size spectra by Doppler radar. *Journal of Atmospheric and Oceanic Technology*, **11**, 712-726.

Gossard, E. E., and R. G. Strauch, 1989 : Further guide for the retrieval of dropsize distributions in water clouds with a ground-based clear-air-sensing Doppler radar observations. *NOAA/ERL Special Documentation*, 43pp.

Gossard, E. E., R. G. Strauch, and R. R. Rogers, 1990 : Evolution of dropsize distribution in liquid precipitation observed by ground-based Doppler radar. *Journal of Atmospheric and Oceanic Technology*, 7, 815-828.

Gultepe, I., A. J. Heymsfield, and D. H. Lenschow, 1990 : A comparison of vertical velocity in cirrus obtained from aircraft and lidar divergence measurements during FIRE. *Journal of Atmospheric and Oceanic Technology*, 7, 58-66.

Gunn, R., and G. D. Kinzer, 1949 : The terminal velocity of fall for water droplets in stagnant air. *Journal of Meteorology*, **6**, 243-248.

Hauser, D., and P. Amayenc, 1981: A new method for deducing hydrometeor-size distribution and vertical air motions from Doppler radar measurements at vertical incidence. *Journal of Applied Meteorology*, **20**, 547-555.

Heymsfield, A. J., 1978 : The characteristics of graupel particles in northeastern Colorado cumulus congestus clouds. *Journal of the Atmospheric Sciences*, **35**, 284295.

Illingworth, A. J., 1988 : The formation of rain in convective clouds. *Nature*, **336**, 754-756.

Kobayashi, T., A. Adachi, T. Nagai, and S. Asano, 1999 : Detection of cirrus clouds with UHF wind-profiling radar. *Journal of Atmospheric and Oceanic Technology*, **16**, 298-304.

List, R., N. R. Donaldson, and R. E. Stewart, 1987 : Temporal evolution of drop spectra to collisional equilibrium in steady and pulsating rain. *Journal of the Atmospheric Sciences*, **44**, 362-372.

Maguire, W. B., and S. K. Avert, 1994 : Retrieval of raindrop size distribution using two Doppler wind profilers: model sensitivity testing. *Journal of Applied Meteorology*, **33**, 1623-1635.

Marshall, J. S., and W. M. Palmer, 1948 : The distribution of raindrops with size. *Journal of Meteorology*, **5**, 165-166.

Mason, B. J., 1971 : *The Physics of Clouds*. Clarendon Press, 659pp.

Mason, B. J., and J. B. Andrews, 1960 : Drop-size distribution from various type of rain. *Quarterly Journal of the Royal Meteorological Society*, **86**, 346-353.

Matrosov, S. Y., B. W. Orr, R. A. Kropfli, and J. B. Snider, 1994 : Retrieval of vertical profiles of cirrus cloud microphysical parameters from Doppler radar and infrared radiometer measurements. *Journal of Applied Meteorology*, **33**, 617-626.

Orr, B. W., and B. E. Martner, 1996 : Detection of weakly precipitating winter clouds by a NOAA 404-MHz wind profiler. *Journal of Atmospheric and Oceanic Technology*, **13**, 570-580.

Orr, B. W., and R. A. Kropfli, 1993 : Estimation of cirrus cloud particle fall speeds from vertically pointing Doppler radar. Preprints, *26th International Conference on Radar Meteorology*, American Meteorological Society, Norman, 588-590.

Pruppacher, H. R., and J. D. Klett, 1997 : *Microphysics of Clouds and Precipitation*. 2nd edition, Kluwer Academic Publishers, 954pp.

Rajopadhyaya, D. K., P. T. May, and R. A. Vincent, 1993 : A general approach to the retrieval of raindrop size distributions from wind profiler Doppler spectra: Modeling result. *Journal of Atmospheric and Oceanic Technology*, **10**, 710-717.

Rogers, R. R., and R. J. Pilié, 1962 : Radar measurements of drop-size distribution. *Journal of the Atmospheric Sciences*, **19**, 503-506.

Sangren, K. L., P. S. Ray, G. B. Walker, 1984 : A comparison of techniques to estimate vertical air motions and raindrop size distributions. *Journal of Atmospheric and Oceanic Technology*, **1**, 152-165.

Sato, T., and R. F. Woodman, 1982 : Spectral parameter estimation of CAT radar echoes in the presence of fading clutter. *Radio Science*, **17**, 817-826.

Sato, T., H. Doji, H. Iwai, I. Kimura, S. Fukao, M. Yamamoto, T. Tsuda, and S. Kato, 1990 : Computer processing for deriving drop-size distributions and vertical air velocities from VHF Doppler radar spectra. *Radio Science*, **25**, 961-973.

Srivastava, R. C., 1990 : A method for improving rain estimates from vertical-incidence Doppler radar observations. *Journal of Atmospheric and Oceanic Technology*, **7**,

769-773.

Starr, D. O. C., and S. T. Cox, 1985 : Cirrus clouds. Part I: Cirrus cloud model. *Journal of the Atmospheric Sciences*, **42**, 2663-2681.

Tennekes, H., and J. L. Lumley, 1973 : A First Course in Turbulence. MIT press, 300pp.

Uplinger, W. G., 1981 : A new formula for raindrop terminal velocity. Preprint, *20th Conference on Radar Meteorology*, American Meteorological Society, Boston, 389-391.

Wakasugi, K., A. Mizutani, M. Matsuo, S. Fukao, and S. Kato, 1986 : A direct method for deriving drop-size distribution and vertical air velocities from VHF Doppler radar spectra. *Journal of Atmospheric and Oceanic Technology*, **3**, 623-629.

Wakasugi, K., A. Mizutani, M. Matsuo, S. Fukao, and S. Kato, 1987 : Further discussion on deriving drop-size distribution and vertical air velocities from VHF Doppler radar spectra. *Journal of Atmospheric and Oceanic Technology*, **4**, 170-179.

Wakasugi, K., S. Fukao, S. Kato, A. Mizutani, and M. Matsuo, 1985 : Air and precipitation particle motions within a cold front measured by the MU VHF radar. *Radio Science*, **20**, 1240-1253.

Walker, G. B., and P. S. Ray, 1974 : Precipitation characteristics at vertical incidence from multiple wave-length Doppler radars. *Journal of the Atmospheric Sciences*, **3**, 1948-1951.

Willis, P. T., 1984 : Functional fits to some observed drop size distributions and parameterization of rain. *Journal of the Atmospheric Sciences*, **41**, 1648-1661.

■ 제 14 장 ■

Battan, L. J., 1964 : Some observations of vertical velocities and precipitation sizes in a thunderstorm. *Journal of Applied Meteorology*, **3**, 415-420.

Currier, P. E., S. K. Avery, B. B. Balsley, K. S. Gage, and W. L. Ecklund, 1992 : Combined use of 50 MHz and 915 MHz wind profilers in the estimation of raindrop size distributions. *Geophysical Research Letters*, **19**, 1017-1020.

Gage, K. S., C. R. Williams, and W. L. Ecklund, 1994 : A new tool for diagnosing tropical convective cloud systems. *Bulletin of the American Meteorological Society*, **75**, 2289-2294.

Gossard, E. E., 1988 : Measuring drop-size distributions in clouds with a clear-air-sensing Doppler radar. *Journal of Atmospheric and Oceanic Technology*, **5**, 640-649.

Leary, C. A., and R. A. Houze Jr., 1979 : Melting and evaporation of hydrometeors in precipitation from the anvil clouds of deep tropical convection. *Journal of the Atmospheric Sciences*, **36**, 669-679.

Probert-Jones, J. R., and W. G. Harper, 1961 : Vertical air motion in showers as revealed by Doppler radar. Preprint, *9th Weather Radar Conference*, American Meteorological Society, Boston, 225-232.

Ralph, F. M., and P. J. Neiman, 1996 : Precipitation identification from radar wind profiler spectral moment data: Vertical velocity histograms. velocity variance, and signal power vertical velocity correlations. *Journal of Atmospheric and Oceanic Technology*, **13**, 545-559.

Rao, T. N., N. V P. Kirankumar, B. Radhakrishna, and D. N. Rao, 2008 : Classification of tropical precipitating systems using wind profiler spectral moments. Part II: statistical characteristics of rainfall systems and sensitivity analysis. *Journal of Atmospheric and Oceanic Technology*, **25**, 898-908.

Rogers, R. R., D. Baumgardner, S. A. Eithier, D. A. Carter, and W. L. Ecklund, 1993: Comparison of raindrop size distributions measured by radar wind profiler and by airplane. *Journal of Applied Meteorology*, **32**, 694-699.

Williams, C. R., K. S. Gage, and W. L. Ecklund, 1995 : Classification of precipitating clouds in the tropics using 915-MHz wind profilers. *Journal of Atmospheric and Oceanic Technology*, **12**, 996-1012.

Wuertz, D. B., B. L. Weber, R. G. Strauch, A. S. Frisch, C. G. Little, D. A. Merritt, K. P. Moran, and D. C. Welsh, 1988 : Effects of precipitation on UHF wind profiler measurements. *Journal of Atmospheric and Oceanic Technology*, **5**, 450-465.

Yoe, J. G., M. F. Larsen, and E. J. Zipser, 1992 : VHF wind-profiler data quality and comparison of methods for deducing horizontal and vertical air motions in a mesoscale convective storm. *Journal of Atmospheric and Oceanic Technology*, **9**, 713-727.

■ 제 15 장 ■

Holton, J. R., 1975 : The Dynamic Meteorology of the Stratosphere and Mesosphere. *Meteorological Monographs*, **15**, American Meteorological Society, Boston, 218pp

:: 영어 용어 목록 ::

AFGL (Air Force Geophysical Laboratory) 미 공군 지구물리연구소
AL (Aeronomy Laboratory) 미국 국립 대기과학연구소(NCAR) 고층대기연구실
angel echo 천사 에코
angular width 각 폭
anisotropic turbulence 이방성 난류
anisotropic 이방성
antenna 안테나
aspect sensitivity 방향 감도
atmospheric boundary layer radar 대기경계층 레이더
backscattering cross section 후방산란 단면적
Blackman window 블랙맨 창
Blackman-Harris window 블랙맨-해리스 창
BLR (Boundary Layer Rader) 대기경계층 레이더
boxcar window 사각형 창
BPF (Band Pass Filter) 대역 통과 필터
Bragg scattering 브래그 산란
buoyancy flux 부력속
circulator 서큘레이터
clear-air radar 청천대기 레이더
coaxial-collinear dipole 동축 선상 쌍극
CoCo (coaxial colinear) antenna 동축 선상 안테나
coherent backscatter radar 간섭 후방산란 레이더
coherent integration 간섭 적분
coherent scattering 간섭 산란
coherent signal 간섭 신호
COHO (Coherent Oscillator) 간섭 발진기
Colorado Wind-profiling Network 콜로라도 윈드프로파일러 관측망
consensus average 정합 평균
convective boundary layer 대류경계층
cosine window 코사인 창
COST (European Cooperation in the Field of Scientific and Technical Research) 유럽과학기술연구협력체

creeping flow 포복 흐름
cut-off frequency 차단 주파수
CWINDE (COST Wind Initiative for a Network Demonstration in Europe) 유럽 윈드프로파일러 관측망
DBS (Doppler Beam Swinging) 도플러 빔 회전
DC offset 직류 치우침
diffuse reflection 확산 반사
directional antenna 지향성 안테나
directivity 지향도
duty ratio 작동비
dynamic range 다이나믹 레인지
echo power ratio 수신 전력비
EISCAT (European Incoherent Scatter Scientific Association) 유럽 비간섭산란체과학연합
entrainment zone 유입대
EPA (Environmental Protection Agency) 미국 환경부
FAR (False Alarm Rate) 오검출율
far field 원거리장
FFT (Fast Fourier Transform) 고속 푸리에 변환
fitting 적합
FM-CW (Frequency Modulation-Continuos Wave) 주파수 변조 연속 전파
forward-scatter continuous wave radar 전방산란 CW 레이더
Fresnel reflection 프레넬 반사
Fresnel scattering model 프레넬 산란 모델
Fresnel scattering 프레넬 산란
generalized potential refractivity index 일반잠재굴절률
Hanning window 해닝 창
HF (High Frequency) 단파
IF Intermediate Frequency 중간 주파수
incoherent integration 비간섭 적분
incoherent scatter radar 비간섭 산란 레이더
incoherent scatter technique 비간섭 산란 기법
incoherent signal 비간섭 신호
inertial subrange 관성 소영역
inner scale 내부 규모
integral scale 적분 규모
interferometry 간섭법
ionosonde 이온존데

ionosphere 이온권
IPP (Inter-Pulse Period) 펄스 반복 주기
isotropic antenna 등방성 안테나
isotropic turbulence 등방성 난류
isotropic 등방성
Kaiser-Bessel window 카이저-베셀 창
Kolmogorov's microscale 콜모고로브 미규모
KWPN (KMA Wind Profiler Network) 한국 기상청의 윈드프로파일러 관측망
LPF (Low Pass Filter) 저역 통과 필터
LST (Local Standard Time) 지방 표준시
main lobe 주방사부
maximum echo power gradient 최대 수신 전력 기울기
maximum echo power 최대 수신 전력
maximum entropy method 최대 엔트로피법
maximum unambiguous range 유효 관측거리
maximum unambiguous velocity 유효 시선속도
MF (Medium Frequency) 중파
modulator 변조기
MST rader(Mesosphere Stratosphere Troposphere) MST(중간권·성층권·대류권) 레이더
MU rader(Middle and Upper atmosphere) MU(중층·고층 대기) 레이더
multiple trip return 다중 왕복 에코
near field 근거리장
NOAA (National Oceanic and Atmosphere Administration) 미국 해양대기청
noise level 잡음 수준
noise power 잡음 전력
NPN (National Profiler Network) 미국 윈드프로파일러 관측망
NWS (National Weather Service) 미국 기상청
Nyquist folding number 유효 관측 속도 접힘수
Nyquist velocity 유효 속도
oblique radar beam 경사빔
outer scale 외곽 규모
partial reflection 부분 반사
peak power 최대 전력
Pekeris scattering 페커리스 산란
phantom echo 유령 에코
phase shifter 위상 변환기
phased array antenna 위상 배열 안테나

phasing power 위상 전력
pin diode 핀 다이오드
POD (Probability of Detection) 검출율
power transistor 전력 트랜지스터
PRF (Pulse Repetition Frequency) 펄스 반복 주파수
PRT (Pulse Repetition Time) 펄스 반복 시간
pulse-to-pulse coding 펄스 간 코팅
radar reflectivity 레이더 반사도
radar reflectivity factor 레이더 반사도 인자
radio interference 전파 간섭
raindrop size distribution 빗방울 크기 분포
random error 우연 오차
range folding 전파거리 접힘
range gate 전파거리 표본점
range resolution 전파거리 분해능
range unfolding 전파거리 펼침
Rayleigh scattering 레일리 산란
real time processor 실시간 프로세서
receiver disconnected time 수신기 단절 시간
receiver 수신기
reflection 반사
refractive index structure function 대기굴절률 구조함수
refractive index structure parameter 대기굴절률 구조변수
refractive index 대기굴절률
refractivity 대기굴절지수
RFI (Radio Frequency Interference) 무선 주파수 간섭
SAD (Spaced Antenna Drift technique) SAD 기법
scatter 산란체
scattering cross section 산란 단면적
side lobe 부방사부
signal detectability 신호검출도
signal level 신호 수준
signal power 신호 전력
skewness 비대칭도
SNR (Signal-to-Noise Ratio) 신호대잡음비
SOUSY (Sounding System) radar 독일 막스-프랑크연구소 SOUSY 대기 레이더
spectral broadening 스펙트럼 확대

specular reflection 거울면 반사
ST (Stratosphere Troposphere) radar ST (성층권·대류권) 대기 레이더
STALO (Stable Local Oscillator) 국부 발진기
superheterodyne 슈퍼헤테로다인
T/R switch 송수신 절환 스위치
taper 테이퍼
Taylor's microscale 테일러 미규모
thermal scattering 열 산란
Thomson scattering 톰슨 산란
timing noise 때맞춤 잡음
TOGA COARE (Tropical Ocean Global Atmosphere Coupled Ocean-Atmosphere Response Experiment) 열대대기 집중관측 프로그램
total reflection 전반사
transmitter 발신기
triangular window 삼각 창
turbulent kinetic energy 난류 에너지
UTC (Universal Time Coordinated) 세계 표준시
velocity folding 속도 접힘
velocity unfolding 속도 펼침
VHF (Very High Frequency) 초단파
viscous subrange 점성 소영역
VLF (Very Long Frequency) 장파
wagon wheel effect 마차 바퀴 효과
wavelet transform 웨이블릿 변환
WINDAS (Wind Profiler Network and Data Acquisition System) 일본 기상청의 윈드프로파일러 관측망
window function 창함수
windowing 창처리
WPDN (Wind Profiler Demonstration Network) 미국 해양대기청의 윈드프로파일러 검증 관측망
WPL (Wave Propagation Laboratory) 미국 해양대기청 전파연구소
WPR (Wind Profiler Radar) 윈드프로파일러 레이더

:: 찾아보기 ::

[저자약력]

허복행(許福行, Bok-Haeng Heo)

- 경북대학교 지구과학교육과 졸업
- 경북대학교 대학원 천문대기과학과 레이더기상학 박사
- (前) 기상레이더센터 레이더분석과장
- (前) 기상청 관측정책과장
- (現) 기상청 기후변화감시센터장
- (現) 경북대학교 천문대기과학과 겸임교수
- (現) 세계기상기구(WMO) 기술위원회 기상측기 및 관측법위원회(CIMO) 한국위원

정가 19,000원

윈드프로파일러와 대기탐측

2014년 2월 5일 초판 인쇄

2014년 2월 15일 초판 발행

저 자 : 허 복 행

발행자 : 우 명 찬 · 송 준

발행처 : 홍릉과학출판사

주 소 : ㉾ 142-885 서울시 강북구 인수봉로 50길 10

등 록 : 1976년 10월 21일 제5-66호

전 화 : 999-2274~5, 903-7037

팩 스 : 905-6729

ISBN : 979-11-5600-026-6

hongpub@hongpub.co.kr

www.hongpub.co.kr

저자와의 협의하에 인지생략